BB

Management

Das Vorstellungsgespräch

Die beliebteste Art, Mitarbeiter auszuwählen

von

Professor Dr. Heinz Knebel
Hamburg

und

Dipl.-Psych. Fritz Westermann
Hamburg

17., vollständig überarbeitete und ergänzte Auflage 2004

Mit 53 Abbildungen

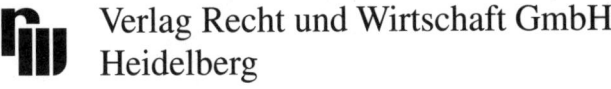 Verlag Recht und Wirtschaft GmbH
Heidelberg

Bibliografische Information Der Deutschen Bibliothek

Die Deutsche Bibliothek verzeichnet diese Publikation in der Deutschen Nationalbibliografie; detaillierte bibliografische Daten sind im Internet über http://dnb.ddb.de abrufbar.

ISBN 3-8005-7308-3

© 2003   Verlag Recht und Wirtschaft GmbH, Heidelberg

Druckvorstufe: H&S Team für Fotosatz GmbH, 68775 Ketsch

Druck und Verarbeitung: Progressdruck GmbH, 67346 Speyer

Umschlagentwurf: Rainer Schmitt, 68199 Mannheim

♾ Gedruckt auf säurefreiem, alterungsbeständigem Papier, hergestellt aus chlorfrei gebleichtem Zellstoff (TCF-Norm)

Printed in Germany

Vorwort zur 17. Auflage

Der Arbeitsmarkt ist unverändert gekennzeichnet durch eine hohe Arbeitslosenquote. Dies hat eine Flut von Bewerbungen zur Folge, mit denen sich Manager bei der Suche von geeigneten Mitarbeitern auseinandersetzen müssen.

Es sollte für die Unternehmen in einer solchen Zeit einfacher sein, zwischen mehreren Bewerbern den Richtigen auszuwählen. Die Wirklichkeit sieht allerdings oft anders aus.

Es gibt auch heute immer nur wenige unter einer größeren Zahl von Bewerbern, die in einer Vorstellungsrunde sofort begeistern und mit ihrem Können und Engagement das Unternehmen voranbringen könnten.

Und diejenigen herauszufiltern, ist unverändert schwierig, zumal auch die Bewerber sich zwischenzeitlich durch eine große Zahl von Informationen zielgerichteter auf ihre Vorstellung vorbereiten und dabei versuchen, sich ins rechte Licht zu setzen.

Die Zahl der Fehlentscheidungen ist dadurch kaum kleiner geworden. Die Folge sind Fehlinvestitionen in Personal, die durch die heutige Kündigungsschutzpraxis dem Unternehmen oft sehr teuer werden.

Das muss nicht so sein. Im Gegenteil: Die Wahrscheinlichkeit, unter vielen Bewerbern einen oder mehrere zu finden, die die Anforderung erfüllen werden, ist nicht klein.

Aber dieses gute Ergebnis kostet viel Zeit und Mühe.

Eine treffsichere Entscheidungsanalyse bedarf guter Vorbereitungen, intensiver Gespräche und gewissenhafter Nacharbeit. Es hilft nicht, sich dabei allein auf die langjährigen Erfahrungen im Umgang mit Menschen und Personalführung zu verlassen, um die Zahl der Fehlentscheidungen zu reduzieren.

Dazu bedarf es mehrerer intensiver Analysen, die hier beschrieben werden, in deren Mittelpunkt nach allen Umfragen aber auch heute immer noch das persönliche Gespräch für die endgültige Entscheidung steht.

Und weil das nun mal so ist, sollte dieses Gespräch durch einen hohen Erkenntnisstand in der Gesprächsführung mit Bewerbern gekennzeichnet sein, um so die Chance einer erfolgreichen Auswahl abzusichern. Das steht im Mittelpunkt unserer Ausführungen.

Dieses Buch soll nicht wissenschaftlichen Ansprüchen genügen, obwohl es von Experten immer wieder zitiert wird. Es ist aus der Praxis für die Praxis geschrieben.

Es berichtet über langjährige Erfahrungen vieler Verantwortlicher mit Vorstellungsgesprächen.

Es berichtet über bittere Erfahrungen mit Fehlentscheidungen und gelungene Versuche, die Auswahl erfolgreicher zu gestalten.

Und es ist der Mühe Wert:

Denn noch immer sind es letztlich die unterschiedlichen Menschen, die mit ihrer unterschiedlichen Qualifikation, Kreativität und Aktivität darüber entscheiden, wie erfolgreich oder nicht sich das Unternehmen am Markt entwickelt.

Die vorliegende erneut völlig überarbeitete und ergänzte 17. Auflage des „Vorstellungsgespräch" legt deshalb besonderen Wert darauf, dem Praktiker zeitgemäße Hilfestellung zu geben. Sie enthält zahlreiche neue Arbeitsvorlagen, praktische Tipps und Hilfestellungen zu immer wichtiger werdenden Themen wie z.b:

• E-Recruiting,
• PC-gestütztes Bewerber-Auswahlmanagement,
• Telefoninterviews,
• Einstellungsinterviews im internationalen Kontext,
• Nutzbarmachen der „Bauchdiagnose" für die beste Entscheidung,
• prozessuale Diagnostik,
• wichtige Explorationsfelder zur Einschätzung der Persönlichkeit,
• Tipps zum Umgang mit internationalen Bewerbern,
• Interview-Training.

Über Rückmeldungen zum Buch und Anregungen freuen sich die Autoren (Fritz.Westermann@web.de und heinzknebel@t-online.de).

Ganz besonders bedanken möchten wir uns für die hervorragende Unterstützung der Arbeit durch Frau Christina Zeep.

Hamburg, im November 2003

Heinz Knebel/Fritz Westermann

Inhaltsverzeichnis

1. Die Ziele des Vorstellungsgespräches

Die Praktiker sind trotz vieler auf psychologischer Grundlage neu entwickelter Auswahlverfahren immer noch der Auffassung: Das Vorstellungsgespräch ist die häufigste und beliebteste Form der Bewerberauslese. Die Handhabbarkeit, die Akzeptanz, die Ökonomie und der Glaube der Interviewer, dass sie persönlich gute Menschenkenntnisse haben, unterstützen das. Das begrüßen auch die Bewerber, wie Umfragen zeigen. Erfahrungen von Schuler (s. Abb. 1) und aus den USA bestätigen dies.

Abb. 1: Anwendungshäufigkeit von Verfahren zur internen Personalauswahl in großen deutschen Unternehmen (aus Schuler 2002). N = 105

Eignungsdiagnostische Verfahren	Anwendungshäufigkeit
Interview	82%
Vorschlag durch direkten Vorgesetzten	80%
Mitarbeiterbeurteilung	75%
probeweise Übertragung von Aufgaben der Zielposition	52%
Assessment Center	31%
Arbeitsprobe	19%
medizinische Begutachtung	13%

Manche Psychologen sehen die Bedeutung dieses Instruments skeptischer und fühlen sich durch viele Beispiele aus der Praxis bestätigt. Aber auch sie halten Interviews zur nochmaligen Überprüfung der Könnenskomponente und vor allem zur Ermittlung des Ausmaßes der Wollenskomponente für erforderlich (Sarges, Weinert: Personal 2000).

Stellt man die Validität (wissenschaftlich) in den Vordergrund und vergleicht das Vorstellungsgespräch mit anderen Auswahlverfahren, so stößt man auf eine merkwürdige Diskrepanz zwischen subjektiver Wertschätzung und empirischer Bewahrung (Schuler, Moser, 1995).

Der Streit über die geeignetste Form der Bewerberauswahl wird auch künftig nicht verstummen, weil es u. E. nie Verfahren geben wird, die es ermöglichen, die ganze Komplexität der Person mit ihren Emotionen und Denkkategorien in Abhängigkeit von den unterschiedlichsten Umgebungseinflüssen und Anforderungen zu erfassen. Das ist auch gut so! Nichts wäre für uns schlimmer. Das wertvolle Individuum Mensch wäre verloren.

Auch das Vorstellungsgespräch darf in seiner Aussagekraft nicht überbewertet werden. Es hat ganz bescheidene Ziele, die zu verfolgen aber für die Personalauswahl wichtig ist. Die Ergebnisse stellen dabei einen Beitrag zur treffsicheren Personalauswahlentscheidung dar, vor der sich kein Vorgesetzter drücken kann und darf und deren Folgen er zu verantworten hat. Das ist seine Pflicht, dafür wird er bezahlt. Damit diese Entscheidung so sorgfältig wie möglich getroffen werden kann, dazu soll dieses Buch beitragen.

Nichts ist schwieriger, als Menschen richtig zu beurteilen. Techniken allein reichen dafür nicht aus; sie sind nur Hilfen. Um Menschen zu mehr Offenheit und Natürlichkeit im Verhalten zu bringen, bedarf es viel Zeit, viel persönlicher Erfahrung im Umgang mit Menschen und großer Menschenkenntnis, ohne die es nicht geht. Einer der „Päpste" der Verhaltensforschung, Prof. Oswald Neuberger, weist in all seinen Ausführungen auf die Grenzen der Potenzialanalyse bei Bewerbern hin und rät dazu, das Thema zu entmystifizieren.

Manche Unternehmen – wie z.B. das Verlagshaus Gruner & Jahr – bekannten sich zur Personalauswahl nach Gefühl und lösten sich vom alten Ideal der objektiven Entscheidung, das doch nicht einzulösen ist (Managermagazin, Mai 1996, S. 229). Auch in anderen Unternehmen proben Manager die „Renaissance des Bauches", weil letztlich „die Chemie" zwischen Bewerber, Vorgesetzten und Kollegen für die endgültige erfolgreiche Integration in eine Arbeitsgruppe bestimmend ist. Das kollegiale Umfeld ist auch heute unverändert eines der wichtigsten Motivationsfaktoren, wie eine neuere Untersuchung (Abb. 2) zeigt. Vor diesem Hintergrund sollte jeder Leser die weiteren Ausführungen sehen.

Abb. 2: Motivationsfaktoren

– Zukunftssicherheit des Arbeitsplatzes	61	– Vorgesetzter, der Vorbild ist	35
– echte Freude an der Arbeit	54	– Möglichkeit zur Qualifikation und persönlichen Weiterbildung	32
– Anerkennung durch den Vorgesetzten	46	– Sprungbrett, beruflich voran- zukommen	29
– gute Bezahlung	40	– flexible Wochenarbeitszeit	26
– Möglichkeit, Berufs- und Privat- leben in Einklang zu bringen	37	– kein Stress	14
		– berufliches Ansehen	6

Das Vorstellungsgespräch hat nicht mehr, aber auch nicht weniger Ziele, als da sind:

1. Fehlende Angaben zur Person, zum Leistungsstand und zur Einsatzfähigkeit zu ermitteln.
2. Den Bewerber in persona zu sehen, sich einen „persönlichen Eindruck" zu verschaffen über die äußere Erscheinung, wie Auftreten, Haltung, Bewegung, Manieren, Sprache usw.
3. Einen Eindruck über wichtige Persönlichkeitswerte zu gewinnen: Was sind seine Ansichten, Überzeugungen? Ist er geistig rege? Wie ist seine Aufstiegs- und Leistungsmotivation?
4. Einen Hinweis über den Grad seiner Soziabilität zu bekommen. Wird er sich gut einordnen in die Arbeitsgruppe?
5. Erwartungen und Zielvorstellungen des Bewerbers ermitteln, damit diese nicht konträr sind.
6. Schließlich kommt es darauf an, ein Bild des Bewerbers zu erhalten, das soweit wie möglich der Wirklichkeit entspricht. Dabei werden schriftliche und mündliche Aussagen des Bewerbers miteinander verglichen.

Da der Interviewer, auch der *Bewerber,* mit der *Absicht* zum Gespräch erscheint, durch sein persönliches Auftreten und seine Gesprächslenkung den Gesprächsablauf für sich günstig zu gestalten, verläuft fast jedes Vorstellungsgespräch als eine Art Wettkampf zwischen dem Bewerber, der sich im günstigsten Licht zeigen will, und dem Interviewer des Unternehmens, der ein möglichst umfassendes und objektives Bild der Lebensgeschichte des Bewerbers haben möchte. Um die Vorstellungsgespräche mit dem größten Nutzen für beide Seiten zu führen, ist es unbedingt wichtig zu wissen, wo die größten Schwächen dieses Auswahlvorganges sind und entsprechende Vorkehrungen zu treffen (s. Kasten).

Wieso haben wir ein Problem bei der Auswahl von neuen Mitarbeitern?

In der Regel machen wir 5 Fehler:

1. Wir haben als Manager meistens nur eingeschränkte klare Vorstellungen davon, was der Neue im Unternehmen wirklich an seinem Arbeitsplatz machen soll – aber wie können wir es ihm dann so klar beschreiben oder erklären und mit seinen Fähigkeiten und Neigungen abgleichen, damit wir keine Fehlentscheidung fällen?
2. Wir haben eine genaue Vorstellung über die gewünschten Eigenschaften und Verhaltensweisen eines neuen Mitarbeiters – aber wie können wir unsere Vorstellung deutlich formulieren und herausbekommen, ob diese bei dem Neuen vorhanden sind?
3. Wir sprechen mit vielen Bewerbern, und wissen, dass diese aus gutem Recht sich selbst sehr positiv geben. Aber wie können wir erkennen, ob die Informationen und Eindrücke wirklich wahr sind?
4. Wir sind davon überzeugt, dass mehrere Eindrücke die Beurteilung des Bewerbers verbessern, doch warum messen wir dem eigenen persönlichen Eindruck die größte Bedeutung für die Entscheidung bei?
5. Wir wissen, dass wir eine bessere Entscheidung treffen, wenn wir uns ausführlicher, intensiver und sehr gut vorbereitet mit den Bewerbern auseinandersetzen. Aber warum nehmen wir uns dennoch dafür nicht genügend Zeit?

2. Die Vorbereitung des Vorstellungsgespräches

Es ist bekannt und bestätigt sich immer wieder, dass erfolgreiche Vorstellungsgespräche erst nach einer ausreichenden Vorbereitung zustande kommen. Trotzdem sind in den Personalabteilungen oder Fachbereichen die entscheidenden Führungskräfte immer wieder schnell bereit, spontane Entscheidungen zu fällen, die sich dann oft als nachteilig herausstellen. Nach einer Umfrage von E. Maudrich (Personalmagazin; 2. 1999, S. 32) gehen 41% aller Personalentscheider schlecht vorbereitet ins Vorstellungsgespräch. 8% kennen nicht einmal den Namen des Bewerbers. In 46% der Fälle wurden persönliche Qualitäten ganz außer Acht gelassen.

Jeder mit der Auswahl von Bewerbern Betraute muss sich daher vorher erst einmal klar darüber sein, dass seine Entscheidung zur Einstellung eines neuen Mitarbeiters eine beachtliche Investitionsentscheidung ist. Es gibt wenige betriebliche Situationen, in denen Führungskräfte über eine Investition in gleicher Höhe aufgrund eines persönlichen ersten Eindrucks von einer halben Stunde entscheiden, wie das nicht selten bei Einstellungen geschieht. Nicht umsonst werden betrieblicherseits für solche Entscheidungen meist umfangreiche Untersuchungen und Analysen angefertigt, um die Rentabilität der Investition zu prüfen.

Zu den wichtigsten Vorbereitungen für den Personalchef gehören im Einzelnen:

1. Das Vorhandensein einer detaillierten Stellenbeschreibung und eines Anforderungsprofils.
2. Die genaue Analyse und kritische Beurteilung der vorher zu beschaffenden Bewerbungsunterlagen.
3. Die Organisation der äußeren Bedingungen für eine ungestörte Gesprächsführung.
4. Das Festlegen der Gesprächsteilnehmer und deren Rollenverteilung im Gespräch.
5. Der Aufbau eines Fragenkatalogs für die Informationssammlung.
6. Die administrative Organisation des Ablaufs, wie Empfang, Bewirtung, Kostenerstattung.

2. Die Vorbereitung des Vorstellungsgespräches

Nicht anders darf und kann es bei der Einstellung neuer Mitarbeiter sein. Da das Vorstellungsgespräch unverändert im Mittelpunkt der Personalauswahl bei Personalberatern und Personalleitern steht, müssen alle Möglichkeiten bedacht werden, wie durch geeignete Vorbereitungen die Effektivität des Gesprächs verbessert werden kann.

Diese Angaben gelten aber nicht allein nur für Unternehmer, Personalleiter oder andere Führungskräfte, die mit Einstellungen betraut sind. Auch der Bewerber wird sich systematisch auf seine Vorstellungsgespräche vorbereiten.

Führende Tageszeitungen, Banken und auch die Arbeitsämter verteilen seit längerem für diesen Zweck Broschüren für Bewerber, die recht gut und auch für Personalabteilungen empfehlenswert sind.

2.1 Klarheit über das Anforderungsprofil

Zur Vorbereitungen der Bewerberauswahl, der Bewerbungsanzeige sowie des Vorstellungsgespräches sind klare Vorstellungen darüber unerlässlich, welche Tätigkeiten an der zu besetzenden Position ausgeübt werden sollen und welche Qualifikation von dem Bewerber erwartet wird. Nicht selten sind Personalleiter hier überfragt, weil sie nicht genügend Informationen besitzen und auf den potenziellen Vorgesetzten verweisen müssen. Wenn sie dann – das ist in der Regel so – den ersten Kontakt mit dem Bewerber aufnehmen, können solche Wissenslücken peinliche Situationen herbeiführen. Deshalb benötigen alle Interviewer für das Vorstellungsgespräch zwei ganz wichtige Informationen:

– die Arbeits-, Aufgaben- oder Stellenbeschreibung,
– das Anforderungsprofil für die gesuchten Fähigkeiten und Eigenschaften.

Das Funktionsprofil oder Anforderungsprofil wird heute in zahlreichen Unternehmen bereits systematisch für viele Arbeitsplätze angelegt.

Dazu haben insbesondere beigetragen:

– die zunehmenden Anforderungsanalysen bei der Arbeits- und Leistungsbewertung mit entsprechender Festlegung von Anforderungs- und Leistungskriterien,
– das Vereinbaren von Arbeitszielen für den Arbeitsplatz,
– die Forderung der Betriebsräte zur Formulierung von Auswahlrichtlinien nach dem Betriebsverfassungsgesetz.

Solche arbeitsplatzbezogenen Anforderungsprofile sind zur Beurteilung der Eignung der Bewerber nahezu unerlässlich und weit verbreitet. Sie haben sich praktisch bewährt und können von jedem selbst vor dem Vorstellungsgespräch erstellt werden. Oft werden auch ganz allgemeine Anforderungs- und Verhaltensprofile verwendet, die dann vielseitig ausgewertet werden können.

Zu beachten bei der Ermittlung der Anforderungs- und Qualifikationskriterien sind die besonderen arbeitsplatzspezifischen Kriterien, was dazu führt, dass es für sehr unterschiedliche Funktionen (Arbeiter, Techniker, Sachbearbeiter, Spezialist, Führungskraft, Inland, Ausland, usw.) auch sehr unterschiedliche Kriterien geben kann. Und diese haben je nach Aufgabenstellung auch unterschiedliches Gewicht, was gerade für die Personalauslese (Erfüllungsgrad der Bewerber) von Bedeutung ist, weil kein Bewerber nun alle Kriterien optimal erfüllen wird, d. h. doch vertretbare Kompromisse nach Abwägung der verschiedenen Bewerber-angebote erforderlich werden.

Zum Beispiel für internationale Tätigkeiten (interkulturelles Management) könnte folgendes Anforderungsprofil eines Konzerns geeignet sein:
1. Persönliche Fähigkeiten
   − Komplexitätsbewältigung
   − Frustrationstoleranz
   − Empathie
   − Konfliktfähigkeit
   − Hohe Aufnahmefähigkeit
   − Persönliche kulturelle Identität
2. Sprachenkenntnisse
   Soziokulturelle Grundkenntnisse des Landes
3. Fachliche Qualifikation

In Kapitel 5.3 wird aufgezeigt, wie diesen Anforderungsprofilen Leistungprofile der Bewerber gegenübergestellt werden, wie Auswahlverfahren ablaufen, z.B. im Assessment-Center u. a. m.

Für die Praxis wissen wir aus leidvoller Erfahrung, dass diese Anforderungsprofile zwar allgemein schnell akzeptiert, aber seltener erstellt werden.

2. Die Vorbereitung des Vorstellungsgespräches

Es ist schon mit viel Arbeit verbunden, für jede zu besetzende Position eine Stellenbeschreibung und davon abgeleitet ein Anforderungsprofil zur Verfügung zu haben. Und diese immer auf dem aktuellen Stand, wo sich doch in der Arbeitswelt alles viel schneller verändert.

Die Führungskräfte brauchen dazu Hilfe und Anstoß. Und dies ist eine wichtige Dienstleistungs- und Beratungsaufgabe der Personalreferenten (siehe Abb. 3, Wegweiser zu maßgeschneiderten Anforderungsprofilen, und Abb. 5 + 6, Fragen und Arbeitshilfen).

Dieser Aufwand lohnt sich schon. Die Auswahl wird treffsicherer, die Verständigung zwischen den verschiedenen am Auswahlverfahren Beteiligten klarer und objektiver, und die Risiken einer Fehlentscheidung werden deutlich minimiert, ohne das Instrument deshalb zu überschätzen.

Insbesondere für den nachträglichen Vergleich verschiedener Bewerber für eine Position ist das Festhalten der Ergebnisse in der Analyse der Bewerbungsunterlagen und Gespräche anhand des Soll-Profiles unerlässlich.

Da auch jeder Bewerber daran interessiert ist, dass er auf dem Arbeitsplatz eine größtmögliche Zufriedenheit erreicht, was nur möglich ist, wenn er die gestellten Anforderungen gut bewältigt und somit Erfolgserlebnisse haben kann, dürfen solche Anforderungsprofile und Funktionsbeschreibungen nicht tabu sein. Im Gegenteil, sie sollten bereits in der Stellenausschreibung deutlich angesprochen werden.

Sie sind das Fundament jeder sinnvollen Bewerberauswahl! Ganz wichtig!

Hinweise zur schnellen Erstellung eines Anforderungsprofils

Inzwischen geht der Trend (aufgrund intensiver Veränderungsprozesse) weg von allzu starren und schnell veralteten Stellenbeschreibungen hin zu Funktionsbeschreibungen, die den dynamischen Charakter von Positionen besser erfassen. Hierzu werden Job-Families zusammengeführt und als Kompetenzfelder definiert. In diese fließen verschiedene Kompetenzebenen wie z.B. Erfahrung, Wissen, Können, Kennen, Wollen, ... ein.

Die Gretchenfrage dabei lautet: Was unterscheidet einen erfolgreichen von einem weniger erfolgreichen Mitarbeiter? Sarges empfiehlt zur Gewinnung eines Kompetenzprofils die „Phantomfotos" der drei besten Mitarbeiter übereinander zu legen und hieraus das „Idealbild" zu konstruieren. Anhand der Frage „Wer macht das nicht so gut?" können dann durch die Gegenprobe auch Negativaspekte zur weiteren Ausdifferenzierung einfließen.

Eine weitere praxisbewährte Methode zur schnellen Definition von Anforderungsprofilen besteht darin, sich auf die wichtigsten vier bis fünf Positionsziele der zu besetzenden Funktion für das nächste Jahr zu konzentrieren. Aus jedem Positionsziel werden dann die wesentlichen Aufgaben ermittelt. Den zur Aufgabenerfüllung erforderlichen Kernkompetenzen werden schließlich entsprechende „Verhaltensanker", also Verhaltenbeschreibungen, zugeordnet. Diese wiederum liefern zahlreiche wichtige Thematiken, aus denen sich sofort – auch für das Interview – konkrete Fragen ergeben.

Abb. 3: Wegweiser zum „maßgeschneiderten" Anforderungsprofil

Alter
Hier spielt die Überlegung eine Rolle:
a) Suche ich einen Mitarbeiter mit
   Erfahrung,
   Reife,
   Urteil,
   Ausgewogenheit;
b) steht der Aspekt der Innovation im Vordergrund?

Werdegang
a) Brauche ich den Bewerber mit „Bilderbuchwerdegang", weil mir an diesem Platz lückenlose Erfahrung wichtig ist?
b) Kann ich mir einen „Seiteneinsteiger" vorstellen, weil ich mir vom unkonventionellen Ansatz einiges erhoffe?

Persönlichkeitsstruktur
Hier ist eine Reihe von Überlegungen nötig:
a) Brauche ich eine Führungspersönlichkeit, dann muss ich an Qualitäten denken wie:
   Persönlichkeitsstärke,
   Eigenständigkeit,
   Entschlossenheit,
   Selbstbehauptung,
   Durchsetzungskraft,
   Fähigkeit, überzeugend,
   zwingend,
   motivierend zu wirken.
   Ich muss nach Profil, Kontur,
   Souveränität Ausschau halten.

19

2. Die Vorbereitung des Vorstellungsgespräches

(Forts. Abb. 3)

b) Brauche ich eine „Sachautorität", dann treten Eigenschaften der Persönlichkeitsstärke und -wirkung zurück, dafür solche der Sachkompetenz in den Vordergrund: Helikopterqualität, Überzeugungsfähigkeit durch Können.

c) Ist es ein Mitarbeiter, den ich brauche, der teamfähig, kooperativ sein soll, so treten all die Eigenschaften der Selbstbehauptung und Durchsetzung in den Hintergrund. Hingegen muss ich nach Eigenschaften der Anpassung, Einordnung des WIR suchen.

Persönlichkeitsqualitäten

Interaktion
Je nach der Struktur (s. o.) muss ich hier einsetzen:
Führungseigenschaften,
Helikopterqualitäten,
Mitarbeitertugenden.

Belastbarkeit
Stresstoleranz,
Frustrationstoleranz,
Selbstbeherrschung,
Gesundheit (und was tut er selbst dafür?).

Sachqualifikation
Je nach Aufgabenstellung liegt sie mehr im Bereich des
– Denkens und Planens,
– Verwaltens und Ordnens,
– Organisierens und Umsetzens,
– Handelns.

Zukunftsaspekt
Zeigt der Bewerber Aufgeschlossenheit für Weiterentwicklung?
Kann man auch über Schwächen mit ihm reden?
Zeigt er aktives Streben nach Weiterentwicklung?
Nutzt er gebotene Gelegenheiten?
Wirkt er lern- und entwicklungsfähig?
Hat er Karriereambitionen?
Wie sind seine Zielvorstellungen?

Quelle: Affemann U., Beiträge aus Wissenschaft + Praxis, Heft 2/1991

Vorlage eines Anforderungsprofils typischer Schlüsselqualifikationen

Damit die besonderen Schlüsselqualifikationen der Lernmotivation und -fähigkeit angemessen berücksichtigt werden, ist hier ein Anforderungsprofil mit den typischen zeitgemäßen Schlüsselqualifikationen dargestellt (in Anlehnung an Eilles-Mathiessen u.a., 2002).

Abb. 4: Anforderungsprofil

Intellektuelle Fähigkeiten

Auffassungsgabe	Kann neue Sachverhalte schnell begreifen und sich aneignen
Konzentrationsfähigkeit	Kann Aufmerksamkeit auf eng umgrenzte Sachverhalte ausrichten, lässt sich nicht durch Störungen von der Bearbeitung der Aufgabe abhalten
Kreatives Denken	Kann bestehende Zusammenhänge neu kombinieren oder unkonventionelle bzw. neuartige Ideen entwickeln
Problemlösefähigkeit	Kann Probleme erkennen, analysieren und Lösungsmöglichkeiten entwickeln

Motivation/Engagement

Durchhaltevermögen/ Zielstrebigkeit	Kann den eigenen Standpunkt bzw. die eigenen Ziele gegen Probleme und Widerstände verfolgen
Eigeninitiative	Entwickelt aktiv Vorschläge und Ideen, übernimmt selbstständig Aufgaben und setzt Projekte in Gang
Leistungsbereitschaft	Identifiziert sich in hohem Maße mit der beruflichen Aufgabe und führt selbstgesuchte oder übertragene Aufgaben besonders gut aus
Lernbereitschaft	Kann Lernsituationen einschließlich Alltagserfahrungen nutzen, um das eigene (Arbeits-) Verhalten zu verbessern

2. Die Vorbereitung des Vorstellungsgespräches

(Forts. Abb. 4)

Handlungskompetenzen

Belastbarkeit (Stressbewältigung)	Kann belastende Situationen bewältigen und ökonomisch mit der eigenen Energie umgehen
Entscheidungsfähigkeit	Kann sich für eine Alternative entscheiden und die damit verbundene Verantwortung übernehmen
Selbstständiges Arbeiten/ Selbstmanagement	Kann sowohl die eigene Arbeit organisieren, als auch sich selbst motivieren und mit Schwierigkeiten umgehen
Sorgfalt/Gewissen- haftigkeit	Kann sorgsam sowie genau arbeiten und dabei Fehler möglichst vermeiden bzw. beheben

Anforderungen im Umgang mit anderen

Soziale Kompetenz

Durchsetzungsfähigkeit	Kann den eigenen Standpunkt auch gegen den Widerstand anderer durchsetzen
Empathie/Soziale Wahrnehmung	Nimmt die Gefühle anderer wahr und versetzt sich in die Situation des anderen hinein
Konfliktfähigkeit/ Konfliktmanagement akzeptieren.	Kann eigene oder zwischenmenschliche Konflikte wahrnehmen, ansprechen bzw. die Existenz von Konflikten akzeptieren
Kommunikative Kompetenzen	Kann sich sprachlich präzise, flüssig und differenziert ausdrücken
Kooperationsfähigkeit/ Teamfähigkeit	Kann mit anderen effektiv und in guter Arbeits- atmosphäre zusammenarbeiten

Führungskompetenzen

Delegationsfähigkeit	Delegiert Aufgaben, die von Mitarbeitern eigen- verantwortlich ausgeführt werden können
Fähigkeit zur Motivation der Mitarbeiter	Kann Mitarbeiter durch Überzeugung oder Anerkennung zum Verfolgen der Arbeitsziele motivieren

Feedback-Fähigkeit	Kann Anerkennung aussprechen und Kritik angemessen ausdrücken
Verantwortungsübernahme	Übernimmt Verantwortung für die Konsequenzen der eigenen Handlungen und die der unterstellten Mitarbeiter
Zielsetzungsfähigkeit	Setzt auf die individuellen Kompetenzen der Mitarbeiter abgestimmte konkrete, realistische und herausfordernde Ziele

Quelle: Schlüsselqualifikationen, 2002

Softskills, Fähigkeiten zur Bewältigung so genannter „weicher Faktoren" (Softfacts) im Unternehmen werden also immer wichtiger. Nicht nur die fachliche sondern auch die persönliche Passung ist deshalb zu beachten. Die in Abbildung 7 + 8 aufgeführten Arbeitshilfen zur Erstellung eines Anforderungsprofils berücksichtigten deshalb Softskills in besonderer Weise.

2. Die Vorbereitung des Vorstellungsgespräches

Abb. 5: Fragen zum Anforderungsprofil

... *(Arbeitsplatzbezeichnung)*

1. Welche Schulausbildung ist normalerweise für die Ausübung der Funktion erforderlich?

   Welche praktische Ausbildung ist normalerweise für die Ausübung der Funktion erforderlich?

   ---

2. Bedarf es bei der unter 1. genannten Ausbildung für diese Funktion normalerweise noch einer Berufserfahrung?

   Wenn ja, wie sollte diese Erfahrung gewonnen worden sein?

   Dauer der erforderlichen Berufserfahrung? (Jahre/Monate/Wochen)

   ---

3. Auf welche geistigen Fähigkeiten kommt es bei der Funktion besonders an, und wofür werden sie benötigt (z. B. welche Probleme müssen erkannt, analysiert und bewertet werden; welche Ideen müssen entwickelt werden)?

   ---

4. Erfordert die Funktion besondere Entscheidungsfreudigkeit?

   Wenn ja, wofür?

   Oder Planungs- und Entscheidungsfähigkeit?

   Wenn ja, bei welchen Aufgaben?

   ---

5. Ist für die Funktion eine bestimmte Handfertigkeit oder Körpergewandtheit erforderlich?

Wenn ja, für welche Tätigkeit?

----

6. Bei welchen Aufgaben und mit welchen Personen muss der Funktionsinhaber zusammenarbeiten und dementsprechend Kontakte pflegen?

(Angabe über Form, Zweck, Häufigkeit und Ebene der Kontaktpflege sowie Angabe, ob Kontaktpflege inner- oder außerbetrieblich)

Erfordert die Funktion das Koordinieren von Arbeitsabläufen und/oder den Einsatz von Personen?

Wenn ja, wer oder was ist zu koordinieren?

----

7. Ist der Funktionsinhaber Führungskraft?

Wenn ja, wie viele Mitarbeiter mit welchen Funktionen sind ihm direkt unterstellt?

----

8. Beschreiben Sie kurz die Aufgaben und deren betriebliche Bedeutung, für die der Mitarbeiter selbst verantwortlich ist:

Welche Aufgaben erfordern einen besonderen Grad der Selbstständigkeit, und wodurch ist der Entscheidungsspielraum des Funktionsinhabers gekennzeichnet?

----

2. Die Vorbereitung des Vorstellungsgespräches

(Forts. Abb. 5)

9. Für welche Betriebsmittel ist der Funktionsinhaber verantwortlich, und wie hoch ist die Wahrscheinlichkeit von Schadensfällen?

---

10. Werden Sinne und Nerven des Funktionsinhabers besonders beansprucht?

Wenn ja, wodurch?

---

11. Ist der Funktionsinhaber bei seiner Tätigkeit einer besonderen körperlichen Beanspruchung ausgesetzt?

Wenn ja, wodurch?

---

12. Wird die Arbeit des Funktionsinhabers durch besondere Umgebungseinflüsse beeinträchtigt?

Wenn ja, wodurch?
z. B. Staub, Öl, Klima   Nässe, Gase, Dämpfe
Fett, Schmutz   hinderliche Schutzkleidung
Blendung, Erkältungsgefahr   Erschütterung
Lichtmangel   Lärm

---

13. Ist die Arbeit auch von einer Frau/einem Mann ausführbar?

---

14. Ist auf dem Arbeitsplatz ein Schwerbeschädigter einsetzbar?

---

15. Ist die Arbeit von Teilzeitbeschäftigten ausführbar?

---

16. Welches ist die günstigste Arbeitszeit?

Abb. 6: Arbeitshilfe zur Erstellung eines Anforderungsprofils

Unternehmen/Bereich:	Position/Vakanz:	Gehalt/Titel:

Ohne Führungsaufgabe	Führungsaufgabe	Führungsspanne:_____ MA

Hauptaufgaben und Tätigkeiten:	Gewichtung nach:	
	Bedeutung	Zeitanteil in %

Erforderliche Qualifikationen für diese Vakanz: **Ausbildung:** Lehre: Studium:	Erforderlich	Wünschenswert/ von Vorteil
Berufliche Qualifikation / Praxis: Einschlägige Erfahrungen / Qualifikation:		
Kenntnisse der Branche:		
Projekterfahrung:		
Besondere Fähigkeiten/Spezialwissen:		
EDV/PC-Kenntnisse:		
Fremdsprache/n: Wie oft ergeben sich Situationen/Anlässe, in denen diese Fremdsprache/n benötigt wird/werden?		

27

2. Die Vorbereitung des Vorstellungsgespräches

Abb. 7: Softskills

Welche der folgenden Softskills sollten für diese Funktion beim
Stelleninhaber/-in stark ausgeprägt sein?

Unternehmerische Aktivität Bemerkungen:	○ stark ausgeprägt	○ von Vorteil
Wandel und Innovation Bemerkungen:	○ stark ausgeprägt	○ von Vorteil
Kundenorientiertes Verhalten Bemerkungen:	○ stark ausgeprägt	○ von Vorteil
Denken und Arbeitsstil Bemerkungen:	○ stark ausgeprägt	○ von Vorteil
Kontaktfähigkeit/soziale Kompetenz Bemerkungen:	○ stark ausgeprägt	○ von Vorteil
Konfliktbereitschaft/Standfestigkeit Bemerkungen:	○ stark ausgeprägt	○ von Vorteil
Auftreten/(Re-)Präsentation Bemerkungen:	○ stark ausgeprägt	○ von Vorteil
Führungsverhalten Bemerkungen:	○ stark ausgeprägt	○ von Vorteil

Schnittstelle zu anderen Fachbereichen:

Entwicklungsperspektiven für Stelleninhaber/-in:

Sonstige Informationen zum Auswahlprozess (Umzugskosten, Appartement,
Anzeige, Wohnungssuche, etc.)

Geplante Maßnahmen: Anzeige:_____ Gespräche:_____

(Einzel-)AC:_____

Abb. 8: Erklärungen zu Softskills

Unternehmerische Aktivität:
- Wird er/sie Ergebnisse herbeiführen?
- Wird er/sie Alternativen fordern und bewerten?
- Wird er/sie Ergebnisse auf Qualität und Termintreue hinterfragen?
- Wird er/sie Kosten-Nutzen-Relationen für das Unternehmen beachten und ökonomisch entscheiden müssen?

Wandel und Innovation:
- Wird er/sie neue, ungewöhnliche Wege und innovative Lösungen suchen müssen?
- Wird er/sie schnell auf veränderte Aufgabenstellungen reagieren müssen?
- Wird er/sie Chancen und Risiken abwägen?
- Wird er/sie sich von seinem eigenen Erfahrungsschatz lösen müssen?

Kundenorientiertes Verhalten:
- Wird er/sie persönlich, telefonisch auf Kunden zugehen?
- Wird er/sie auf Beschwerden von Kunden eingehen müssen?
- Wird er/sie gezielt Anforderungen und Wünsche von Kunden ermitteln müssen?

Denken und Arbeitsstil:
- Wird er/sie Zusammenhänge in komplexen Sachverhalten erkennen müssen?
- Wird er/sie Prioritäten setzen und eine realistische Zeitplanung aufstellen müssen?

Kontaktfähigkeit/soziale Kompetenz:
- Wird er/sie aktiv Kontakte aufnehmen?
- Wird er/sie mit Gesprächspartnern verhandeln?
- Wird er/sie Sichtweisen anderer einnehmen und Reaktionen/Gefühle anderer nachvollziehen müssen?

Konfliktbereitschaft/Standfestigkeit:
- Wird er/sie den eigenen Standpunkt vertreten und Verantwortung für eigenes übernehmen müssen?
- Wird er/sie sich gegen Widerstände behaupten und diese bewältigen müssen?

Auftreten/(Re-)Präsentation:
- Wird er/sie plausibel begründen, Ideen verkaufen, überzeugend und schlüssig argumentieren müssen?
- Wird er/sie Probleme/Sachverhalte einfach und übersichtlich darstellen müssen?
- Wird er/sie Präsentationstechniken, -medien beherrschen müssen?
- Wird er/sie souverän auftreten müssen?

Führungsverhalten:
- Wird er/sie eindeutige Aufgabenstellungen und Ziele formulieren müssen?
- Wird er/sie Ziele vereinbaren müssen?
- Wird er/sie Lösungen zu Prozess- und Ablaufoptimierungen finden müssen?
- Wird er/sie delegieren und kontrollieren müssen?

2.2 Lebenslauf (Personalfragebogen)

Wie die Erfahrungen zeigen, ist der Lebenslauf für Experten die geeignetste Unterlage, um einen schnellen Überblick über die Entwicklung des Bewerbers zu erhalten. Bei einem intensiven Studium wird er zu einer Fundgrube von Feststellungen, die in Verbindung mit den Zeugnissen und dem späteren Vorstellungsgespräch eine Beurteilung des Bewerbers wesentlich verbessern. Zur Analyse des Lebenslaufes empfiehlt es sich, eine Gegenüberstellung von Fakten und dahinterstehenden Persönlichkeitsaspekten zu erstellen (s. Abb. 9).

Abb. 9: Fakten und Persönlichkeitsaspekte

Fakten	Dahinterstehende Persönlichkeitsaspekte
• Struktur der Darstellung	• Mobilität
• Werdegang	• Breite des Erfolgshintergrundes und des Wissenshorizontes
• Schulabschluss	
• Ausbildungszeit/Studium	• Leistungs- und Karrieremotivation
• Praktika	• Zielorientierung
• Qualifikation	• Einsatzbereitschaft/Engagement
	• Offenheit für neue Erfahrungen
	• Interessenschwerpunkte

Form und Inhalt des Lebenslaufes dürfen jedoch nicht überbewertet werden.

Es existieren zwei Hauptarten des Lebenslaufes, welche bei einer geeigneten Analyse für das folgende Gespräch relevante Fragestellungen aufkommen lassen (s. Abb. 10).

Abb. 10: Definition und Merkmal

Definition	Merkmal
Es gibt zwei Hauptarten des Lebenslaufes	
• Chronologischer Lebenslauf	In einem chronologischen Lebenslauf werden die beruflichen Erfahrungen einer Person nach Datum aufgelistet.
• Funktionaler Lebenslauf	In einem funktionalen Lebenslauf wird die Information mit einer besonderen Konzentration auf die angebotene Stelle hingeschrieben.
Analyse des Lebenslaufes	– Zeigt der Lebenslauf erkennbare Kontinuität und Zielausrichtung? – Zeigt der Lebenslauf eine gewisse Beharrlichkeit und Ausdauer in der beruflichen Entwicklung? – Ist neben der theoretischen die berufspraktische Ausbildung nicht zu kurz gekommen? – Kommt der Bewerber für diese Position überhaupt in Frage? – Sind Lücken im Zeitablauf vorhanden? – Welche Position hatte der Bewerber inne? – Welches, damit verbundene Erfahrungs- und Kompetenzspektrum weist er auf? – Scheint der Bewerber flexibel zu sein, oder weist er einen stark „behördlichen" Werdegang auf? – War der Aufstieg kontinuierlich? – Wie lange war die durchschnittliche Verweilzeit bei den unterschiedlichen Arbeitgebern? – Welche Gründe führten zum Wechsel in verschiedenen Positionen? – Stimmen die Zeitangaben im Lebenslauf mit den Zeitabschnitten in den Zeugnissen überein? – Gibt es besondere Ereignisse im Leben des Bewerbers? – Art, Größe und Ansehen des bisherigen Unternehmens? – Ist er mobil?

Quelle: David Walker, 2001

2. Die Vorbereitung des Vorstellungsgespräches

Die Beantwortung dieser Fragen gibt einen guten Überblick über die Entwicklung der Bewerber. Es muss jedoch davor gewarnt werden, diesen Unterlagen eine so große Bedeutung beizumessen, dass die Einstellungs-Interviews nur noch zur Bestätigung von Vorannahmen verwendet werden. Im Gegenteil, diese Angaben dienen als Informationsgrundlage für die Vorbereitung eines intensiven Vorstellungsgespräches (Abb. 11 + 12).

Außerdem ändern sich die Kriterien für die Beurteilung von Lebensläufen. Denn immer öfter können wir erleben, dass Lebensläufe junger Bewerber nach traditionellem Denken unverständlich, brüchig, ja zum Teil chaotisch sind. Aber dahinter steckt bereits eine kleine Persönlichkeit, die sich ganz schnell zum Shooting-Star im Unternehmen entwickeln kann: kreativ, initiativ, engagiert, querdenkend, mobil und flexibel.

Mainstream-Lebensläufe müssen nicht mehr sein! Vielmehr werden heutzutage vermehrt junge Leute mit Ecken und Kanten gesucht, die sich zielstrebig und eigenverantwortlich für eine Sache einsetzen. In der Vergangenheit waren Bewerber, die nicht den geraden Weg in den Beruf genommen haben, für viele Unternehmen unakzeptabel. Für etliche sind sie es noch heute.

Jedoch begreifen mehr und mehr Firmen, dass sie als Mitarbeiter Persönlichkeiten brauchen, die Ideen haben, sich einbringen und engagiert sind – und solche Menschen haben eben oft keinen geradlinigen Lebenslauf. Heute stehen die Chancen für diese Bewerber besser, auch wenn es die Besitzer stromlinienförmiger Lebensläufe nach wie vor leichter haben, da diese nicht unter dem Erklärungszwang stehen, einen „lückenhaften" Lebenslauf rechtfertigen zu müssen.

Wichtig ist allerdings, dass der Bewerber – wo möglich – in seinen Ecken und Kanten selbst Stärken sieht und sie auch so darstellt. Denn solange eine Lücke erklärbar ist, da sind sich die Personalchefs einig, stellt sie kaum ein Problem dar. Doch vielen Bewerbern fehlt dazu der Mut! Und sind die Lücken mal unter keinen Umständen positiv erklärbar, ist es immer noch sinnvoller, damit offen umzugehen, als zu versuchen, sie unter den Teppich zu kehren.

Abb. 11: Lebenslauf-Übersicht (übersichtlich; informativ)

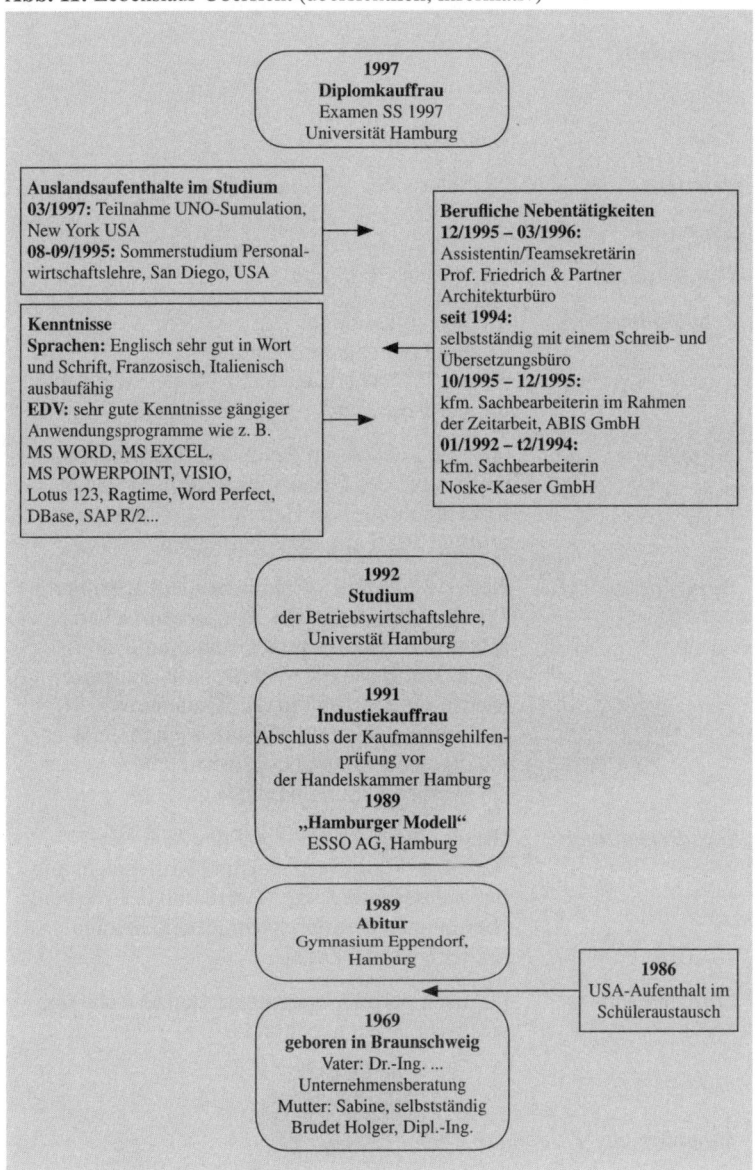

Abb. 12: Lebenslauf

Lebenslauf

Name:	Hans Martin
geboren:	28. September 1958 in Berlin
Staatsangehörigkeit:	deutsch
Famlienstand:	verheiratet / 2 Kinder
Schulbildung:	4 Jahre Volksschule 9 Jahre Gymnasium, Abitur 3 Jahre Wirtschaftsakademie Betriebswirt (grad.) mit der Note „gut"
Berufsausbildung:	3jährige Lehrzeit im Beruf des Industriekauf- mannes bei der Firma Wilfried Müller & Co., Maschinenfabrik in Hamburg, Lehrabschluss- prüfung 1980 mit „gut" bestanden
Berufsarbeit:	Nach der Lehrzeit weiterhin bei der Fa. Müller & Co. zunächst in der Abt. Betriebswirtschaft, später in der Korrespondenzabteilung tätig. Nach dem Besuch der Wirtschaftsakademie Eintritt am 1.4.1987 in die Reederei AG in Hamburg. Hier auch heute noch in unge- kündigter Stellung als stellvertretender Leiter der Werbeabteilung beschäftigt.
Berufserfahrung:	Gründliche Kenntnisse auf den Gebieten: Werbung, Marktforschung und Kostenrechnung. Besonderes Interesse gilt weiterhin der Werbung. Hier können überdurchschnittliche Erfolge nachgewiesen werden.
Sprachkenntnisse:	Englisch perfekt, brauchbare französische und spanische Sprachkenntnisse.

Hamburg, am 17. Januar 1998

2.3 Bewerbungsanschreiben

Die ideale Bewerbung ist schlüssig, geradeaus und ein bisschen originell. Es ist üblich, dass jede schriftliche Bewerbung ein Anschreiben enthält. Dieses Schreiben gibt den ersten Eindruck über den Bewerber.

Nicht selten erleben wir, dass sich aus der Form und dem Inhalt der Anschreiben bereits „Vorurteile" einstellen. Schreiben, die mit wenig Sorgfalt gefertigt worden sind, und jene, die den Leser vom Inhalt her abschrecken, führen leicht dazu, die gesamte Bewerbung im falschen Licht erscheinen zu lassen. Denn Anschreiben geben Auskunft über die Ausdrucksweise, und das Auftreten des Bewerbers. Manche Führungskräfte neigen dazu, schon das Anschreiben zu analysieren und daraus Eigenschaften und Verhalten der Person abzuleiten. In vielen Fällen stimmt das so gezeichnete Bild jedoch nicht.

Die Analyse des Anschreibens umfasst folgende Punkte:

Abb. 13: Analyse des Anschreibens

1. Der Ausdruck

vorwiegend verbaler Stil:	lebendig, frisch, ungekünstelt, ungezwungen
vorwiegend aktiv:	energisch
vorwiegend passiv:	handelt abwartend, betrachtend, versachlicht
vorwiegend substantivischer Stil:	distanziert bis steif gemacht, schwerfällig, maniriert, affektiert

2. Der Satzbau

vorwiegend einfacher Satzbau:	schlicht, unkompliziert, direkt
vorwiegend verschachtelter Satzbau:	unbeholfen, umständlich, geschroben, arrogant

3. Die Satzverbindungen

flüssig:	wendig, intelligent
steif und unbeholfen:	ungeschickt, Anpassungsmangel, Mangel an Einfühlung

4. Der Wortumfang

groß:	vielseitig, intelligent
gering:	unbeholfen, einseitig, unbeweglich

Inhalt und Form des Anschreibens sind insbesondere von untergeordneter Bedeutung, wenn die Unterlagen insgesamt vollständig sind. Die Analyse der Anschreiben – so interessant sie auch sind – dürfte zur wirklichen Entscheidung wenig beitragen. Auffallende Ausführungen im Anschreiben sollten höchstens aufmerksam machen und dazu dienen, entstandene Vorurteile mit den übrigen Bewerbungsunterlagen und insbesondere im Vorstellungsgespräch besonders genau zu überprüfen.

2.4 Interview-Leitfaden

Alle Vorstellungsgespräche werden in ihrem Aussagewert wesentlich verbessert, wenn sie einen „roten Faden" des Interviewers haben. Insbesondere wenn viele Personen für eine vakante Position interviewt und beurteilt werden sollen, bedarf es einer bestimmten gleichen Art der Fragestrukturen, um die Antworten miteinander vergleichen zu können.

Interviewleitfäden sind zusätzlich zwingend in Anlehnung an das Studium der Bewerbungsunterlagen zu erstellen, denn erfahrungsgemäß ergeben sich hierbei die wichtigsten Fragen zur Person.

In der Praxis existieren *verschiedenste* „Interview-Leitfäden" für Vorstellungsgespräche. Es hat sich sehr bewährt, solche „Interview-Leitfäden" halbstandardisiert anzuwenden, also nicht nur „abzuspulen", sondern je nach Situation im Gespräch heranzuziehen, zu verändern oder wegzulassen. Das setzt eine bestimmte Übung voraus. Viele Beispiele für die Praxis sind im Kapitel „Gesprächsinhalt" ausgeführt und erläutert und können direkt für die Gesprächsführung verwendet werden. Die flexible Handhabung eines Leitfadens sollte die natürliche Gesprächsführung unterstützen und nicht behindern.

Um den intensiven und längeren Informationsaustausch des Einstellungsgespräches optimal zu nutzen, kann man den Verlauf unterschiedlich stark strukturieren. Die vergleichende Gegenüberstellung unstrukturierter mit strukturierter Interviewführung ergibt folgendes Bild (Rastetter 1999):

Abb 14: Interview

Das unstrukturierte Interview	Das strukturierte Interview
▶ Es gibt keine festgelegten Fragen und/oder Bewertungsskalen,	▶ Eine Reihe von vorgegebenen, arbeitsplatzbezogenen Fragen, die allen Bewerbern für einen Arbeitsplatz gleichartig gestellt werden und meist auf Arbeitsplatzanalysen beruhen,
▶ Interviewer geben eine globale, subjektive Bewertung auf der Basis der erhaltenen Informationen ab,	▶ Interviewer, welche die Anforderungen des zu besetzenden Arbeitsplatzes kennen und in der Gesprächsführung geschult sind,
▶ Interviewer haben allgemeine Informationen über den Arbeitsplatz und seine Anforderungen,	▶ Interviewer, die keine Vorabinformation über die Bewerber haben,
▶ Interviewer sind nicht geschult und haben oft Vorinformationen über die Bewerber,	▶ mehrere Interviewer,
▶ Interviewer beurteilen schon während des Gesprächs die Eignung der Kandidaten.	▶ Trennung von Informationsaufnahme und -bewertung (die Bewertung erfolgt erst nach Abschluss des Interviews),
	▶ Bewertung der Bewerber auf unterschiedlichen Dimensionen, die im Anschluss mechanisch kombiniert werden.

Die Praxis zeigt, dass gerade wichtige zwischenmenschliche Prozesse wie das Feststellen von Sympathie und sich Verstehen, ein individuelles Eingehen auf den Bewerber, ein schneller Informationsaustausch und ganzheitlicher Eindruck nötig sind, um die Grundlage für eine positive Beziehung zu schaffen. Eine besondere Leitfrage lautet dabei: Stimmt die Chemie und die Passung zum jeweiligen, künftigen Umfeld? Auch sollte dem Bewerber ein offener Klärungsprozess ermöglicht werden, gerade im Hinblick auf ein Berufsumfeld, in dem durch dynamische und komplexe Aufgabenstrukturen die Eignungsvoraussetzungen nie vollständig bekannt sein können. Denn künftige Entwicklungen verlaufen immer weniger in Form einer Geraden als in einem Auf und Ab unterschiedlich

2. Die Vorbereitung des Vorstellungsgespräches

großer Ausschläge. Je langfristiger eine Person ins Unternehmen integriert werden soll, desto wichtiger ist die Frage der künftigen Passung und des Commitments zum Unternehmen. Deshalb sollte man auf keinen Fall diese wichtigen Klärungsfunktionen des Vorstellungsgespräches im Sinne einer übertriebenen Standardisierungsnorm opfern. Man setzt also nicht nur diese wertvollen Funktionen des Interviews aufs Spiel. Es besteht auch die Gefahr in einem überstrukturierten Interview im Extremfalle letztlich „schlecht konstruierte, aufwendige und teure Intelligenztests" durchzuführen (Rastetter1999). Überflüssig zu bemerken, welch verheerendes Bild hierdurch bei dem Bewerber entstehen kann, der überdies als zu umwerbender Kunde betrachtet werden sollte.

Das von Schuler entwickelte Multimodale Interview stellt eine sehr durchstrukturierte Variante dar (siehe auch Seite 75). Typisch sind für Schuler je ein Block jobrelevanter situativer Fragen und aus der Biographieforschung abgeleitete Items. Die komfortable Auswertung (Antwortbeispiele) und Beurteilung (Skalierung) erfolgen größtenteils schon während des Interviews anhand eines mitgelieferten Schemas. Das kann insbesondere dann Sinn machen, wenn es sich um sehr klar umrissene Aufgabenstellungen handelt, also um keine hierarchisch hochstehende Zielgruppe, sondern z.B. einen Sachbearbeiterbereich.

Jetter bietet ein Interview-PC-System mit automatisierten Anforderungsprofilen. Es ist individuell ausbaufähig. Die Ergebnisse lassen sich auch graphisch darstellen (Jetter 2003).

Sarges hingegen betont die Wichtigkeit eines „qualitativen Ansatzes". Er legt besonderen Wert auf biographische Informationen. Hierfür sind die wichtigen „Wechselsituationen des Lebenslaufs" und „Höhen und Tiefen" des bisherigen Werdegangs relevant (Sarges 1995, Sarges in Voß 94). Das „Sarges-Interview" bietet eine überzeugende Struktur zur Exploration und ist im Folgenden in einer verkürzten Fassung wiedergegeben (s. Abb. 15). Genauere Informationen hierzu sind bei Prof. Sarges & Partner erhältlich (Sarges & Partner, Westerauer Straße 4, D-23858 Barnitz; Tel. + 49(0)4533-1400, www.sarges-partner.de).

Alle drei Autoren empfehlen dringend ein zusätzliches Interviewtraining für die einstellenden Führungskräfte (siehe Teil Interview).

Abb. 15: Ablauf eines Gespächs

Gesprächseröffnung:

Ich möchte Sie jetzt etwas näher kennenlernen, d. h. ich möchte mir einen Eindruck verschaffen über Ihren persönlichen Hintergrund, Ihre Erziehung, Schul-, Berufs- und Hochschulausbildung und was sonst noch so eine Rolle spielt dabei. Am besten lassen Sie uns kurz zurückgehen in Ihre Kindheit und Jugend. Wir wollen dann Ihren Lebenslauf weiterverfolgen bis heute, um schließlich über Ihre Ziele und Pläne für die Zukunft sowie die Möglichkeiten bei uns zu reden. Einverstanden mit diesem Vorgehen?

Bitte geben Sie mir zunächst noch einmal, ca. eine Minute lang, einen kurzen Abriss Ihres Lebenslaufes.

Gesprächsdurchführung:

1. Familienhintergrund
1. Welche Gegebenheiten in Ihrem Elternhaus haben am meisten zu dem beigetragen, wie Sie heute sind?
   (Beruf, Interessen, Motive, Stärken, Schwächen, Wünsche, Wertvorstellungen und so weiter)
2. Was war die Erziehungsphilosophie und oder genauer: **der** bedeutsamste Erziehungsgrundsatz Ihrer Eltern?
3. Gab es andere Menschen, an denen Sie sich damals orientiert haben? – Was hat Ihnen an denen imponiert, was haben Sie bewundert?

2. Schule
Würden Sie mir bitte einen Überblick über Ihre Schulbildung geben. In welchen Schularten waren Sie? Wie waren Sie dort jeweils, Höhen und Tiefen usw.? – Was machten Sie mit Ihrer Zeit?
(Wenn die Antworten auf diese allgemeinen Fragen unvollständig sind, fragen Sie mit untenstehenden Fragen weitere Details ab).

1. Wie würden Sie Ihr Lernverhalten beschreiben? – Hatten Sie bestimmte Interessenschwerpunkte?
2. Hatten Sie irgendwelche Ämter oder Posten inne?
3. Welche Jobs haben Sie gemacht während der Schulzeit? – Welche Erfahrungen haben Sie dabei gesammelt?

(Forts. Abb. 15)

3. Bundeswehr/Zivildienst

1. Waren Sie bei der Bundeswehr?
   Wenn nein:
2. a) Wie kam es, dass Sie nicht dort waren?
   Wenn ja bzw. Ersatzdienst
   b) Geben Sie mir einen kurzen Abriss Ihrer Zeit beim Bund/im Ersatzdienst
   (Stellen Sie bei Bedarf noch (einige) nachfolgende Fragen, um Genaueres zu erfahren)
3. Wo sind Sie ausgebildet und später stationiert gewesen?
4. Was waren Ihre Aufgaben?
5. Wie weit sind Sie gekommen?
   (Herausfinden, warum schneller oder langsamer als üblich.)

4. Berufslaufbahn

Falls die Berufslaufbahn sehr ausgedehnt ist, behandeln Sie die früheren Phasen knapper (nur kurz Orte, Daten, Verantwortlichkeiten und Höhen und Tiefen), um mehr Zeit für die Besprechung der jüngeren beruflichen Vergangenheit zu haben.

Nun würde ich gerne etwas von Ihrer beruflichen Vergangenheit erfahren, von der Ausbildung bis heute, und zwar von jeder Ihrer beruflichen Stationen.
(Falls der Bewerber auch studiert hat, ist die Phase des Studiums entsprechend zu berücksichtigen; siehe unten unter „E. Studium").
Was ich jeweils wissen möchte, sage ich Ihnen jetzt, damit ich Sie nicht immer unterbrechen muss (langsam sprechen): Ich würde gern jeweils den Arbeitgeber wissen, die Dauer der Beschäftigung, Ihre Funktionsbezeichnung und Aufgaben, die Gehaltsverhältnisse; außerdem würde ich gern erfahren, was Ihre Erwartungen bei jedem Job waren und ob sie erfüllt wurden, was die am meisten und am wenigsten erfreulichen Aspekte waren. Schließlich interessiert mich noch, weshalb Sie den jeweiligen Job aufgegeben haben.

Weitere mögliche Fragen bei jedem Job:
1. Was waren die größten Probleme in diesem Job und wie wurden Sie damit fertig?
2. Wir alle machen ja Fehler. Was, würden Sie sagen, waren Ihre größten Fehler oder Fehlschläge in diesem Job?

3. Wie gern haben Sie mit Ihrem Vorgesetzten in diesem Job zusammengearbeitet und wo lagen seine Stärken und Schwächen aus Ihrer Sicht?
4. Was glauben Sie, sah Ihr Vorgesetzter als Ihre Stärken an, was eher als Schwächen und wie beurteilte er Ihr Gesamtverhalten?

5. Studium

Falls zweiter Bildungsweg oder erst Berufsausbildung, vorher danach fragen: Motive, äußere Anstöße, Erfahrungen, Probleme, Aktivitäten zur Zielerreichung etc.

Nun zu Ihrer Studienzeit. Würden Sie mir bitte in derselben Weise wie vorhin bei der Schulzeit darüber erzählen.
(Stellen Sie dann die folgenden Fragen, um vollständigere Daten zu erhalten als die aus den Antworten auf diese allgemeine Eingangsfrage.)

1. Warum haben Sie an diesen Hochschulen/Universitäten studiert?
2. Warum haben Sie gerade dieses Fachgebiet studiert?
   (Bei Wechseln und Kombinationen entsprechend nachfragen.)
3. Erzählen Sie mir über Ihre starken und schwachen Fächer.
4. Wie würden Sie Ihr Studienverhalten beschreiben?
5. Geben Sie mir einen kurzen Einblick in Ihre praktischen Arbeitserfahrungen während des Studiums – die Arten der Jobs und Praktika, ob während des Semesters oder in den Ferien, Anzahl der Stunden pro Woche und Ihre positiven und negativen Erfahrungen.

6. Ziele und Pläne für die Zukunft
Lassen Sie uns jetzt von Ihrer Zukunft sprechen:
1. Was erwarten Sie von Ihrer nächsten beruflichen Position? Was ist Ihnen wichtig, was möchten Sie vermeiden, was sind Ihre Wahlmöglichkeiten und wie bewerten Sie diese?
2. In fünf Jahren, wo möchten Sie dann stehen?
3. Was für Lebensziele haben Sie, abgesehen von Ihren beruflichen Zielen?

7. Ihre Firma
1. Wie unterscheidet sich nach Ihrer Meinung das, was wir verlangen und zu bieten haben, von Positionen bei anderen Firmen, an denen Sie auch interessiert waren?
2. Was sind die Vorteile bei uns? – Was die Nachteile?

(Forts. Abb. 15)

8. Selbsteinschätzung

Jetzt möchte ich Sie um eine offene und ehrliche Einschätzung Ihrer eigenen Person bitten.

1. Was sind Ihre Stärken, was mögen Sie an sich, was können Sie gut?

Normalerweise ist es ergiebig, nachfassende Fragen zu stellen und den Kandidaten zu drängen fortzufahren; z.B. könnten Sie sagen:

Gut. – Weiter. – Was noch?

Oder ergänzende Fragen wie:

2. Lassen Sie uns jetzt auf die andere Seite schauen: Was sind Ihre Schwachpunkte, Bereiche, in denen Sie sich noch verbessern können, die Sie nicht an sich mögen?

Geben Sie dem Kandidaten Zeit, ertragen Sie Pausen, drängen Sie ihn, weitere Schwachpunkte zu nennen, indem Sie fragen:

Was kommt Ihnen noch in den Sinn? Ja. – Weiter. – Das ist ok.

Manchmal genügt auch ein einfaches Lächeln oder Kopfnicken und Warten.

Bei Bedarf kann man mit folgenden Fragen noch weiter in die Tiefe gehen:

1. Wie unterscheidet sich der erste Eindruck, den Sie vermitteln, davon, wie Sie wirklich sind?

2. Wie würden 3 oder 4 Leute, die Sie gut kennen, Sie zutreffend beschreiben?

3. Ist Ihr Verhalten, sind Ihre Einstellungen und Ihre Persönlichkeit bei der Arbeit genauso wie außerhalb des Arbeitsbereiches? Welche Unterschiede sehen Sie da?

4. Was ärgert Sie am meisten an sich selbst?

5. Mit welcher Art von Menschen arbeiten Sie am liebsten zusammen? *(Fragen Sie getrennt für die Ebenen des Vorgesetzten, der Gleichgestellten und der Untergebenen.)*

6. Mit welcher Art von Menschen haben Sie die größten Schwierigkeiten?

9. Management – Für Kandidaten, die keine vorgängigen Management-Erfahrungen hatten:

1. Wie würden Sie Ihre Management-Philosophie beschreiben und wie, glauben Sie, wird Ihr Managementstil sein? – Wie wird sich Ihr Manager-Verhalten von dem anderer Manager unterscheiden?

2. Was glauben Sie, wie werden Ihre zukünftigen unterstellten Mitarbeiter in Ihrer ersten Führungsfunktion Ihre Stärken und Schwächen beschreiben?

Für Kandidaten, die schon Management-Erfahrung haben:

1. Wie würden Sie Ihre Management-Philosophie und Ihren Management-Stil beschreiben?
2. Was, glauben Sie, haben Ihre unterstellten Mitarbeiter als Ihre Stärken und Schwächen angesehen?
3. In welcher Hinsicht würden Sie Ihr Führungsverhalten gegenüber Unterstellten ändern wollen?
4. Erzählen sie mir von einigen Ihrer unterstellten Mitarbeiter. Vielleicht nehmen sie einen, den sie besonders schätzen, einen, von dem sie wenig halten und einen durchschnittlichen.
5. Wie haben Sie Ihre unterstellten Mitarbeiter trainiert und gefördert?

10. Arbeitsverhalten

1. Wie würden Sie Ihr Arbeitsverhalten beschreiben?
   Zur genaueren Datensammlung folgende Fragen:
2. Wie ist Ihr Arbeitstempo: eher langsam und gründlich, mittel oder schnell? – Und wenn es variiert, unter welchen Bedingungen?
3. Wie verhalten Sie sich unter Stress? – Welche Dinge irritieren Sie am meisten und wie gehen Sie damit um?
4. Für wie fleißig halten Sie sich? – Können Sie das mal illustrieren?
5. Welche Probleme oder Arbeitssituationen machen Ihnen am meisten Schwierigkeiten?
6. Geben Sie mir bitte einige Beispiele der für Sie wichtigsten Entscheidungen in den letzten 3 Jahren und was daraus geworden ist?
7. Was sind für Sie die schwierigsten Entscheidungen? – Warum?

11. Gesundheit

1. Haben Sie irgendwelche Handicaps oder körperlichen Einschränkungen, die Sie bei Ihrer Arbeit bei uns beeinträchtigen könnten?
   (Wenn ja, ärztliche Untersuchung.)
2. Wie viele Tage waren Sie im letzten Jahr krank?
   (Wenn mehr als 2 oder 3, nach Einzelheiten fragen.)

2. Die Vorbereitung des Vorstellungsgespräches

(Forts. Abb. 15)

12. Abschließende Fragen zur Person

Gibt es noch irgendwelche Dinge in Bezug auf Ihre Fähigkeiten/ Fertigkeiten, Ziele, Stärken/Schwächen usw., die ich noch nicht erfahren habe, die ich aber wissen sollte, um Ihr Potenzial und Ihre Eignung für eine erfolgreiche Tätigkeit bei uns zutreffend beurteilen zu können?
Dann bedanke ich mich für das Gespräch. Und wie fanden Sie unser Gespräch?

Quelle: Prof. Sarges & Partner; Interviewtraining (Seminarunterlagen)

Eine sehr verkürzte Fragesammlung stellt der Interviewleitfaden nach Rückle dar (s. Abb. 16).

Abb. 16: Interviewleitfaden nach Rückle

Welche *Berufsziele* haben Sie bisher verfolgt – wie kamen Sie zu diesen Zielen – was haben Sie dafür getan – was wurde daraus?

Was war bisher Ihr größter *beruflicher Erfolg* – wie kam es dazu – wie konkret war in der Situation das eigene Verhalten – wie war das Ergebnis – worauf wird der Erfolg zurückgeführt?

Wo stehen Sie in Ihrer Karriere – welche Veränderungen haben Sie in ihrer *bisherigen Berufskarriere* durchlebt – wie stehen Sie heute zu Ihrem Werdegang – was würden Sie aus heutiger Sicht anders machen – welche *Ziele und Ambitionen* haben Sie für die nächsten fünf Jahre – und welches sind Ihre persönlichen Entwicklungsziele – was wollen Sie dafür tun?

Welche *Idealvorstellung* haben Sie von Ihrem *Berufsleben* wieviel Prozent haben Sie davon erreicht – wodurch werden die noch fehlenden Anteile bedingt – welche Rolle macht Ihnen in Ihrem Beruf am meisten Freude?

Welche Rollen haben Sie in Ihrem *Privatleben* – wie ist Ihr privates Umfeld welche Einstellung besteht dort im Hinblick auf Karriere – wie verbringen Sie Ihre Freizeit – wie ist die momentane Balance zwischen Beruf und Freizeit – wie wäre der Idealzustand – welche Hemmnisse gibt es aus dem Privatleben für den Beruf und umgekehrt?

Was war der größte berufliche *Misserfolg* – wie kam es dazu – worin bestand er konkret – wie war die gefühlsmäßige Reaktion – welche Konsequenzen hatte der Misserfolg?

Welches sind Ihre *Stärken* – wie zeigen sich diese konkret – welche Vorteile resultieren daraus – welche Nachteile bringen sie mit sich?

Welche *Schwächen* sehen Sie bei sich – wie zeigen sie sich – wie wirken sie sich konkret aus – wie denken andere darüber – was haben Sie bereits zu deren Behebung getan?

Was ist die stärkste *Motivation,* der höchste Wert in Ihrem Leben – was ist Ihr *Lebensmotto* – woran kann ein Außenstehender das erkennen – welche Auswirkungen auf den Beruf resultieren daraus?

Welches Umfeld, welche Bedingungen brauchen Sie, um in Ihrem *beruflichen Umfeld* zufrieden und leistungsfähig zu sein – gab es Situationen, in denen diese Bedingungen fehlten – wie haben Sie darauf reagiert?

Wie verhalten Sie sich unter *Stress* – was bringt Sie in Stress?

Welche *Fähigkeiten* und *Fertigkeiten* möchten Sie verstärkt ausprägen – was möchten Sie noch lernen – welchen Aufwand sind Sie bereit zu treiben, um sich weiterzuentwickeln?

Quelle: Rückle, u. a. 1994

Mehr als eine Plauderstunde:
Was zu einem strukturierten Interview gehört

Zu einem wohlstrukturierten Bewerbungsgespräch kommt es nur, wenn es sorgfältig geplant wurde und diszipliniert geführt wird. Nach unseren Erfahrungen erfordert ein zweistündiges Gespräch eine mindestens ebenso lange Vorbereitungszeit, sollen über den Bewerber wertvolle Erkenntnisse gewonnen werden. Der wichtigste Teil der Vorbereitung besteht im Festlegen einer Liste von Fragen, die klären sollen, ob der Kandidat die für die offene Position erforderlichen Kompetenzen mitbringt. Es gilt, den Bewerber nach seinen Erfahrungen und Einstellungen zu befragen, statt ihn – wie in den meisten Vorstellungsgesprächen üblich – lediglich seinen Werdegang schildern zu lassen.

Ein schnell wachsender Konsumgüterhersteller suchte kürzlich nach einem neuen Vertriebsleiter. Wir entdeckten, dass für diese Position fünf

Kompetenzen relevant waren sowie eine Reihe fachlicher Qualifikationen. Nachstehend finden Sie einige der Fragen, die den Bewerbern gestellt wurden, um den Antworten anschließend die gewünschten Erkenntnisse entnehmen zu können. Diese Fragen bezogen sich nicht auf Ansichten oder allgemeine Dinge, sondern auf konkretes Arbeitsverhalten (s. Abb. 17).

Abb. 17: Kompetenz und Fragen

Kompetenz	*Gestellte Fragen*
Ergebnisorientiert denken	Waren Sie je an der Gründung eines neuen Unternehmens oder der Markteinführung eines neuen Produkts beteiligt? Welche speziellen Maßnahmen haben Sie ergriffen, um dem neuen Produkt zum Erfolg zu verhelfen? Schildern Sie das erfolgreichste Marketing- oder Kommunikationsprojekt, für das Sie je verantwortlich waren. Anhand welcher Maßstäbe haben Sie die Ergebnisse bewertet?
Teambezogen führen	Beschreiben Sie eine Phase, in der Sie ein Team zu größerer Effektivität gebracht haben. Was haben Sie zu diesem Zweck unternommen? In welcher Hinsicht hat das Team und das Unternehmen von Ihrem Vorgehen profitiert? Beschreiben Sie eine Situation, in der Sie beauftragt waren, ein besonders anspruchsvolles Teamvorhaben zu leiten? Auf welche Weise gelang es Ihnen, die Widerstände zu überwinden, auf die Sie stießen?
Strategisch denken	Welches sind die drei wichtigsten strategischen Herausforderungen, vor denen Ihr derzeitiges Unternehmen steht? Beschreiben Sie eine Situation, in der Sie persönlich daran beteiligt waren, eine dieser Herausforderungen zu bewältigen. Welche Maßnahmen entsprangen Ihrer Initiative?
Offenheit für den Wandel	Schildern Sie eine Zeit, in der Sie bei einem Vorschlag oder Vorhaben firmenintern auf Widerstand stießen, für den/das Sie verantwortlich waren.

Was taten Sie daraufhin?
Mit welchem Erfolg?
Würden Sie aus heutiger Sicht anders vorgehen?
Ausgehend von unserer Unternehmenskultur und den bei uns nötigen Veränderungen können Sie bestimmte Beispiele aus Ihrem Erfahrungsschatz nennen, die verdeutlichen könnten, dass Sie erfolgreich arbeiten und an der Position bei uns Freude haben würden?

Verhalten bei Termindruck	Beschreiben Sie einen Fall, bei dem Sie sich außerordentlich anstregen mussten, einen Termin einzuhalten. Wie ging das aus?

Quelle: Die Führungspositionen richtig besetzen, C. Fernández-Aráos, in: Havard Business Manager, 1/2000, Hamburg

Prüfliste zur Analyse von Bewerbungsunterlagen zur Vorbereitung auf das Vorstellungsgespräch

Die Analyse erfolgt nach *formalen und inhaltlichen* Gesichtspunkten. Z.B. werden im Allgemeinen folgende Aspekte *positiv* und deren Fehler *negativ* beurteilt:

Formalanalyse
– Alle Bewerbungsunterlagen sind ordentlich und sinnvoll zusammengestellt.
– Angaben in Unterlagen und Zeugnissen sind ausführlich und erlauben einen differenzierten Überblick.
– Angaben im Lebenslauf sind logisch und verständlich – inhaltlich und zeitlich – aufgeführt.
– Die schriftliche Darstellung ist präzis und eindeutig und hat Aussagekraft.

Inhaltsanalyse
– Schulen wurden selten gewechselt bzw. Klassen wurden nicht (oder kaum) wiederholt.
– Berufsausbildung wurde ohne Unterbrechung oder unverständlichen Wechsel zu Ende geführt.
– Berufsausbildung wurde in der üblichen Zeit abgeschlossen.
– Gute Ergebnisse ziehen sich durch alle Abschlussbeurteilungen hindurch.
– Darstellung der Leistungs- und Interessenschwerpunkte ist differenziert und fachspezifisch.

- Bisheriger Stellenwechsel nicht zu häufig bzw. zu kurzzeitig.
- Angegebene freiwillige Firmenwechsel sind unter dem Gesichtspunkt der Verbreiterung der eigenen Basis oder Spezialisierung durchgeführt worden.
- Bei freiwilligem Stellenwechsel wurden durchweg verantwortungsvollere und stärker herausfordernde Tätigkeiten übernommen.
- Stellenwechsel aufgrund von Rationalisierung oder Aufgabe des bisherigen Unternehmens entsprechen der Wirklichkeit (halten der Nachprüfung stand).

2.5 Telefoninterview

Inzwischen nehmen nicht nur Unternehmen mit Bewerbern telefonischen Kontakt auf, um Zusatzinformationen vor dem Einstellungs-Interview zu gewinnen. Weit häufiger hat sich auch die eigeninitiierte telefonische Bewerbung entwickelt. Sie wird immer mehr zum wirksamen Instrument der Arbeitsplatzsuche. Viele Unternehmen weisen bereits in ihren Anzeigen auf diese Möglichkeit hin, weil sich dadurch Zeit und Kosten für beide Seiten einsparen lassen.

Der Telefonkontakt bietet die Möglichkeit, mehr und bessere Bewerbungen zu erhalten. Er ermöglicht unentschlossenen Bewerbern in ungekündigten Positionen einen wenig aufwändigen, unverbindlichen und anonymen Erstkontakt.

Der Telefonkontakt gestattet es auch dem Unternehmen, einen ersten Eindruck vom Bewerber zu erhalten. Zusätzlich lässt sich die Zahl zweckloser Bewerbungen minimieren. Die Beteiligten müssen sich aber darüber im Klaren sein, dass zu einem erfolgreichen Telefoninterview auch eine gute Gesprächsvorbereitung gehört, die in Form eines Leitfadens verdeutlicht werden soll.

Das Telefoninterview dient also zur Entscheidungshilfe bei Bewerbern, bei denen eine Vorselektion durchgeführt werden soll oder aufgrund der Unterlagen keine eindeutige Entscheidung über eine Fortsetzung des Auswahlverfahrens möglich ist.

Letzteres insbesondere aufgrund:

- fehlender Unterlagen
- Lücken im Lebenslauf
- allgemeiner Unstimmigkeiten

- Praxiserfahrung
- Einstiegstermin
- Gehaltsvorstellungen
- Kündigungsfrist
- Bewerbungsgrund
- Perspektiven

Neben den sachlichen Informationen liefert ein Telefoninterview eine Reihe von Hinweisen zur Persönlichkeit des Bewerbers:

- Sprachgebrauch (Aussprache, Grammatik, Ausdrucksfähigkeit)
- Gesprächsbeteiligung (Spontaneität, Begeisterungs-/Reaktionsvermögen, Auffassungsgabe)
- Gesamteindruck (Dynamik, Motivation)

Beim Telefoninterview sollte insbesondere darauf geachtet werden, was „zwischen den Zeilen" herüberkommt. Ist der Bewerber spontan und wortgewandt, hat er klare Vorstellungen, wie ist die Redegeschwindigkeit?

Durch eine systematische Vorgehensweise führen Telefonkontakte bei der Suche nach dem geeigneten Mitarbeiter sehr effizient zum Ziel. Welche primären Schritte und technischen Voraussetzungen dafür bei der Planung und Durchführung der telefonischen Personalauswahl zu beachten sind, soll nun aufgezeigt werden.

Planung und Durchführung des Telefoninterviews

I. Vorbereitung

- Anforderungsprofil an den Kandidaten schicken
- Interviewer muss Gesprächstechnik beherrschen
- Vorher einen Fragebogen erstellen (s. Bsp.)
- Ggf. eine Service-Telefonnummer einrichten
- Telefonat mit Headset ausführen, damit die Hände frei bleiben

II. Allgemeine Telefontipps:

- Aufrecht sitzen, ggf. stehen, Konzentration überträgt sich ebenso wie positive Stimmung
- Kurze Sätze sprechen, evtl. wichtige Fakten zusammenfassen
- Arbeitsplatz organisieren (Anzeige, Stellenaushang, Terminkalender, Bewerbungsunterlagen)
- Bei Störungen Gespräch unterbrechen

2. Die Vorbereitung des Vorstellungsgespräches

- Vorab die zu klärenden Punkte notieren (offene Fragen, sachliche Unstimmigkeiten, alternatives Stellenangebot, Zwischenbescheid)
- Gut zuhören

III. Vorgehen:

- Zu Beginn des Gesprächs mit Namen und Unternehmen vorstellen; vergewissern, dass der Gesprächspartner die richtige Person ist, evtl. günstigen Zeitpunkt für erneuten Anruf erfragen.
- Begründung bzw. Anlass für das Telefonat deutlich machen (Wunsch nach Klärung offener Fragen).
- Gesprächsführung nach individueller Gesprächsentwicklung (Einleitung, offene Punkte klären, gezielt offene Fragen verwenden, z.b. „Wo liegt Ihr Interesse ...?", „Was halten Sie von dem Vorschlag ...?").
- Nicht den Eindruck vermitteln, dass es sich um ein Auswahltelefonat handelt, bei Absagen den Eindruck vermeiden, dass der Anruf maßgebend war (z. B. durch vorbauende Begründung, andere Bewerber, Unterlagen nicht unmittelbar zurücksenden).
- Gut auf das Gespräch anhand der Unterlagen vorbereiten; Telefonat nicht unnötig ausdehnen.
- Das Gespräch sollte sich auf bewerbungsrelevante Inhalte beziehen, daraus resultierende Hinweise auf persönliche Eigenschaften ergeben sich als „Nebenprodukt".
- Das Gespräch mit einer klaren Vereinbarung beenden (ggf. Terminvorschlag, weiteres Vorgehen erläutern, bei eher negativem Eindruck sich für die Informationen bedanken und Entscheidung über weiteres Vorgehen in den nächsten 1 bis 2 Wochen in Aussicht stellen und einhalten!).

IV. Mögliche Interviewfragen

- Was hat Sie veranlasst, sich auf diese Stelle zu bewerben? Was interessiert Sie besonders?
- In welchem Aufgabenbereich können Sie sich alternativ einen Einstieg vorstellen?
- Wo lagen die Schwerpunkte Ihrer Ausbildung, Erfahrungen in der Praxis?
- In Ihren Bewerbungsunterlagen fehlen noch einige Angaben zu ... . Würden Sie mir dazu bitte noch Informationen geben.
- Können Sie sich einen befristeten Einstieg in unserem Konzern vorstellen?
- Wo liegen Ihre Gehaltsvorstellungen?

Es ist wichtig, sich nach dem Telefonat unbedingt Notizen zu machen und den Eindruck zu reflektieren. Entscheidungen über weiteres Vorgehen sollten möglichst sofort gefällt werden, da sonst Überlagerungseffekte (z.B. mit anderen Telefoninterviews) wahrscheinlich sind.

Inzwischen haben Unternehmen entdeckt, dass Call-Center bei der Vorauswahl behilflich sein können, was noch kostensparender ist. Diese müssen aber speziell ausgebildete Interviewer beschäftigen. Spezielle Seminare werden (u.a. von DGfP) angeboten.

An den Bewerber werden im Rahmen des Telefoninterviews folgende Ansprüche gestellt:

Anforderungen des Personalleiters an den Bewerber

- Souveräne Gesprächsführung und kommunikative Grundhaltung
- Interesse am Unternehmen und an der Position
- Zielgerichtete, auf den Punkt gebrachte Antworten
- Ehrlichkeit der Person
- Initiative und Aktivität
- Angemessenes Selbstbewusstsein
- Eigenprofil des Bewerbers wird vermittelt
- Interaktive Gesprächsgestaltung ohne lange Monologe
- Gute Vorbereitung (Informationen über das Unternehmen, die Branche etc.)
- Klare eigene Vorstellung und Zielsetzungen

Negativ bewertet werden folgende Verhaltensweisen:

- Mangelnde Kommunikationsfähigkeit
- Abwartende, passive Gesprächshaltung
- Spärliche Schilderungen der eigenen Person, des Werdegangs bzw. der eigenen Vorstellungen und Interessen
- Mangelnde Vorbereitung
- Unsicherheit, unkontrollierte Nervosität
- Ungewissheit über das Unternehmen und eigene Wunschvorstellungen
- Unklare ausweichende Antworten
- Verwenden von Worthülsen

Dokumentationshilfen in Form einer Checkliste ermöglichen es, das Gespräch zu einem späteren Zeitpunkt nachzuvollziehen und eine standardisierte Bewertung vorzunehmen. Das vorliegende Beispiel eines Leitfadens zum Telefonieren kann beliebig verändert und erweitert, also optimal an Ihre Ansprüche angepasst werden.

51

2. Die Vorbereitung des Vorstellungsgespräches

Abb. 18: Leitfaden zum Telefoninterview

Herr/Frau _____

O Würden Sie mir bitte in Ergänzung zu Ihren Bewerbungsunterlagen noch weitere Informationen geben zu ....

O Welche Praxiserfahrungen haben Sie für die angestrebte Position? (Schwerpunkte der Ausbildung, Erfahrung in der Praxis)

O Was ist Ihre Motivation für den Stellenwechsel? Was reizt Sie an der Aufgabe?

O Wo liegt schwerpunktmäßig Ihr Interesse an einem Einsatz in diesem Bereich? Können Sie sich auch vorstellen in einer Position als .... tätig zu werden?

O Offene Punkte nach Unterlagen (Mobilität, Fremdsprachen, Kündigungsfrist, Eintrittsdatum).

O Wo liegen Ihre Gehaltsvorstellungen?

O Welche Fragen kann ich Ihnen beantworten?
   ⇨ Hinweis auf Internet-Auftritt www. ....

Gesprächs-Notizen:

Sprachlicher Ausdruck: deutlich – angenehm – nachlässig – redegewandt – umständlich – flüssig – wortreich – präzise

Gesprächsbeteiligung: aktiv – kontaktfreudig – stellt gute Fragen – treibt Gespräch voran – spontan – begeisterungsfähig – gute Auffassungsgabe

Gesamteindruck:

O Einladung zum Bewerbungsgespräch/AC   O Absage

Alter: Gespräch mit:
                                Datum:
                                Zeit:

Mit Hilfe des Telefoninterviews können also folgende Fragestellungen besonders gut beantwortet werden. Welchen Eindruck macht der Bewerber beim Erstkontakt am Telefon? Wie ausgeprägt sind seine Fähigkeiten zur spontanen Kommunikation?

Entscheidende Vorteile bietet das Telefoninterview auch für Positionen, die Fremdsprachenkenntnisse erfordern. Führen Sie einen Teil des Telefoninterviews in der Fremdsprache. Das sagt mehr aus über die Sprachkompetenzen als jede Eigeneinschätzung im Lebenslauf.

Häufig ist das so genannte Telescreen der erste Kontakt mit dem potentiellen neuen Mitarbeiter. Es ist also auch für das Unternehmen wichtig, einen professionellen Eindruck zu hinterlassen. Fragen Sie also den Bewerber eingangs, ob er Zeit für ein kurzes Telefongespräch hat oder ob Sie ggf. einen späteren Termin vereinbaren sollen. Auch wenn Sie durch den unangemeldeten Anruf beim Bewerber dessen Belastungsfähigkeit testen können, so sollten Sie trotzdem seinem Wunsch nach einem Telefontermin zu einem späteren Zeitpunkt stets entsprechen. Der Bewerber möchte sich vielleicht gern seine Unterlagen und Fragen kurzfristig zurecht legen können, zwecks optimaler eigener Vorbereitung.

Wahren Sie aber auf jeden Fall die Vertraulichkeit: Rufen Sie nie unter der Firmennummer an, sondern immer privat, vorzugsweise am frühen Abend. Skizzieren Sie kurz den geplanten Ablauf des Telefoninterviews und geben Sie dem Bewerber die Chance, Fragen zu stellen.

Sorgen Sie für eine entspannte Atmosphäre. Stellen Sie sich kurz vor und sagen Sie, warum Sie als ersten Schritt ein Telefoninterview machen. Ihre weiteren Fragen sollten zumindest folgende Themenkomplexe abdecken:

Abb. 19: Inhalt des Telefoninterviews (Zusammenfassung)

- Klärung etwaiger offener Punkte aus der Bewerbung
- Fach- und Branchenkenntnisse
- Beiträge, die der Bewerber zum Unternehmenserfolg leisten kann
- Hat der Bewerber Ideen und ist er gewillt diese einzubringen?
- Kommunikative Fähigkeiten: Aktives Zuhören, sprachliches Ausdrucksvermögen, Höflichkeit, Verständlichkeit
- Zielorientierung
- Veränderungs- und Lernbereitschaft
- Erwartungen des Bewerbers an seinen Chef
- Mobilität
- Motivation für den Wechsel
- Gehaltsvorstellung
- Verfügbarkeit

Bedanken Sie sich anschließend für das Gespräch und legen Sie gemeinsam mit dem Bewerber das weitere Vorgehen fest.

Und vergessen Sie bitte nicht, dass das erfolgreiche Telefonieren eine Kunst darstellt. Ihre Fragen sollten Sie sich selbstverständlich vorher notiert haben, denn das erhöht Ihr Aufnahmevermögen für die Feinheiten der Bewerberantworten. Eine Checkliste gibt dem Gespräch mehr Struktur, erhöht die Vergleichbarkeit und stellt sicher, dass Sie nichts Wichtiges vergessen haben. Ebenso verhält es sich mit einem Leitfaden oder einem strukturierten Fragenkatalog, der eine geeignete Basis für eine vergleichende Gesamtbeurteilung ermöglicht.

Telefonieren ist für manche Menschen schwieriger als das persönliche Gespräch! Es fehlen Ihnen Kommunikationsformen wie Gestik und Mimik. Außerdem transportiert eine Telefonleitung nur unzulänglich die „Chemie" zwischen zwei Menschen. Darüber hinaus müssen die Gesprächspartner gleichzeitig reden, notieren, u.U. den Hörer halten und mit Störungen von außen rechnen.

Deshalb ist vor allem wichtig: Nutzen Sie die Spielräume zur Improvisation und Auflockerung!

2.6 Organisation der äußeren Bedingungen für ein Vorstellungsgespräch

Sehr häufig ist zu beobachten, dass den äußeren Voraussetzungen für ein Vorstellungsgespräch zu wenig Beachtung geschenkt wird. Es reicht nicht aus, die Bewerbungsunterlagen zu analysieren und festzulegen, wer das Gespräch mit dem Bewerber führt. Für ein erfolgreiches Einstellungs-Interview sind viele Vorbereitungen zu treffen, will man die Effizienz des Gespräches und das Image des Unternehmens bei den Bewerbern verbessern. Leider ist die Praxis in diesen Punkten oft nicht so, wie sie sein sollte.

Unternehmen müssen an das Personalmarketing denken und an das Image gegenüber dem Bewerber als einem potenziellen Kunden. Kluge Unternehmen gehen daher folgendermaßen vor:

Sie sortieren die Bewerbungen in drei Kategorien und geben allen Bewerbern innerhalb von zwei Tagen nach Posteingang einen Bescheid.

Abb. 20: Kategorisierung der Bewerber

Kategorien	Vorgehensweise
1. Kategorie	Die Bewerber erhalten eine Einladung zum Vorstellungsgespräch mit dem Personalfragebogen und Informationen über die Anfahrt.
2. Kategorie	Diese Bewerber behält man in Reserve, falls die Vorstellungen mit der 1. Kategorie nicht erfolgreich verlaufen. Sie erhalten einen Zwischenbescheid.
3. Kategorie	Denjenigen Bewerbern, die nicht in Frage kommen, gibt man einen vertröstenden Bescheid wegen der großen Zahl der zu sichtenden Bewerbungen. Wenn man dann nach zwei Wochen die Bewerbungsunterlagen mit einer freundlichen Absage verschickt, wird der Bewerber das Ergebnis eher verkraften.

Kleine und größere Ärgernisse während der Bewerbung können dazu führen, dass gute Bewerber vorzeitig abspringen und eine schlechte Meinung über das Unternehmen mitnehmen. Imagebewusste Unternehmen sind daher aufgerufen, sich selbst öfter mit den Augen ihrer Bewerber zu sehen, die Konkurrenz in ihrem Verhalten gegenüber Bewerbern zu beobachten und geeignete Maßnahmen daraus abzuleiten.

Es gibt ganz bestimmte Verhaltensweisen, die im Unternehmen eingehalten und kontrolliert werden müssen.

Speziell für das Einstellungsgespräch haben erfahrene Unternehmen Checklisten entwickelt, die den Ablauf eines Einstellungsgespräches vereinheitlichen und vor allem für den Interviewer vereinfachen sollen.

2. Die Vorbereitung des Vorstellungsgespräches

Abb. 21: Empfehlungskatalog - Einstellungsinterview

Kontaktaufnahme	
Positive Eröffnung	• Zur Auflockerung: Erfrischung anbieten
	• Interesse an der Person erkennen lassen
	• Kenntnis der Bewerbungsunterlagen andeuten
Phase I.: Bewerbungs-Motive	
Gründe für Bewerbung	• Inwieweit ist dieses Unternehmen schon bekannt?
	• Spezieller Anlass für Bewerbung?
Gründe für den	• Anlass für Aufgabe jetziger Stellung?
Arbeitsplatzwechsel	• Wieso Anreiz durch Vakanz?
	• Künftige Entwicklungsvorstellungen?
Phase II.: Qualifikation	
Einzelheiten	Nachfragen:
	• Lücken im Bildungsgang/Abfolge Arbeitsverhältnisse ggfs. erklären, ergänzen
	• Auffälligkeiten, Abbrüche Diskontinuitäten im Lebenslauf, Zeugnisse, Nachweise ⇨ Vergleich Originale
Fachliche Anforderungen	• Aufgaben, Tätigkeiten, Kompetenzen, Arbeitsgebiet(e), hierarchische Einordnung, Unterstellungsverhältnisse
Weiterbildungsmaßnahmen,	• Teilnahme an internen/externen Fortbildungsbereitschaftveranstaltungen (EDV)?
Gesundheitszustand	• Einschlägige arbeitsplatzrelevante Krankheiten? (Aktualität, Dauer, Nachhaltigkeit)
ArbeitN-Schutzrechte	• Schwerbehindert?
	• Anwendbarkeit sonstiger ArbeitN-Schutzgesetze?
Eintrittstermin	• Kündigungsfristen?
Phase III.: Persönlicher Hintergrund	
Soziale, familiäre Situation	• Flexibilität (Ehe, Partnerschaft, Kinder)?
	• Mobilität (örtlich/regional/international)?
Ziele, Anspruchsniveau	• Motivation, Interessen, Karrierevorstellungen
Außerberufliches Engagement	• Ehrenämter (Kollisionsmöglichkeiten)?
	• Nebenerwerb (Inhalt, Einfluss auf Sozialversicherungspflicht)?
Vorstrafen	• Einschlägige Vorverurteilungen/Ermittlungsverfahren?
Phase IV.: Materielles	
Einkommen, Bezahlung	• Bisherige Lohn-/Gehaltshöhe (davon leistungsabhängige Anteile)?
	• Geldwerte Zusatzleistungen?
	• Einkommens-Vorstellungen?
Materieller Hintergrund	• Wiederholte Lohnpfändungen/Entgeltabtretungen
	• Saldo Verbindlichkeiten/Vermögenswerte?
Abschluss	
Fragen des Bewerbers	• z.B. Vertragskonditionen, Entgelt, Entwicklungsmöglichkeiten?
Quelle: Bellgardt (93)	

Das Einstellungs-Interview sollte in einer Umgebung stattfinden, die sowohl dem Interviewer als auch dem Kandidaten möglichst zusagt. Um ein erfolgreiches Vorstellungsgespräch führen zu können, müssen einige Rahmenbedingungen eingehalten werden:

Abb. 22: Organisation der äußeren Bedingungen

• **Gesprächspartner festlegen**	Der Bewerber sollte bereits im Einladungsschreiben darüber informiert werden, mit welchen Vertretern des Unternehmens er im Vorstellungsgespräch konfrontiert wird.
• **Reihenfolge der Bewerber festlegen**	Vermeiden Sie auf jeden Fall, dass sich die Bewerber begegnen. Klären Sie, welche Gesprächsteilnehmer in welcher Reihenfolge eingeladen werden sollten.
• **Genügend Zeit veranschlagen**	Es ist extrem wichtig, dass Sie genügend Zeit für das Gespräch einplanen und dass Sie pünktlich zum Gespräch erscheinen.
• **Unterbrechungen vermeiden**	Ebenso sollten jegliche Unterbrechungen durch Personen, Telefonate usw. vermieden werden.
• **Raum reservieren**	Weiterhin gehört die Raum- und Sitzfrage zu den organisatorischen Vorbereitungen. Wählen Sie einen separaten Raum, möglichst ohne Telefonanschluss. Bei der Sitzfrage sollten Sie dem Bewerber den Vortritt lassen – günstig ist, wenn es in diesem Raum eine Sitzecke gibt und Sie dem Bewerber gegenüber Platz nehmen.
• **Getränke anbieten**	Es ist üblich, dem Bewerber Getränke anzubieten. Es wirft ein schlechtes Licht auf den Bewerber, wenn er alkoholischen Getränken nicht abgeneigt ist oder von sich aus zu rauchen wünscht.
• **Beim Bewerber bedanken**	Zum Schluss des Gesprächs bedanken Sie sich beim Bewerber und führen ihn entweder selbst hinaus oder veranlassen es durch Ihre Sekretärin.

Quelle: Sabel, 2001, Bewerbungsgespräche

2. Die Vorbereitung des Vorstellungsgespräches

Vor allem sollte der Aspekt „genügend Zeit veranschlagen" ausreichend berücksichtigt werden. Denn, wenn alle Interviewer sich mehr Zeit für Vorstellungsgespräche nehmen würden, wäre die Zahl der Fehlentscheidungen deutlich geringer.

Abb. 23: Vorbereitung auf das Einstellungs-Interview

* Nehmen Sie sich etwa 1 bis 2 Stunden Zeit für das Interview.
* Definieren Sie das Anforderungsprofil der vakanten Position, d.h. die einzelnen Anforderungen, die die zu besetzende Position an den Stelleninhaber stellt.
* Klären Sie die Kompetenzen, Befugnisse und Entwicklungsmöglichkeiten der zu besetzenden Position, ihres finanziellen Rahmens (und evtl. mit ihr verbundenen internen und externen Weiterbildungsmöglichkeiten).
* Prägen Sie sich die Stellenbeschreibung der vakanten Position ein.
* Überlegen Sie sich, welche Fragen zu stellen sind.
* Benachrichtigen Sie rechtzeitig die anderen Gesprächsteilnehmer des Unternehmens über den Bewerber und den Vorstellungstermin.
* Informieren Sie rechtzeitig den unmittelbaren Vorgesetzten.
* Lassen Sie den Bewerber nicht erst jetzt den Personalfragebogen ausfüllen. Dieser ist ihm bereits zugeschickt worden mit der Bitte, ihn ausgefüllt zurückzuschicken oder beim Vorstellungsgespräch mitzubringen.
* Sie sollten dazu legitimiert sein, verbindliche Auskünfte erteilen zu können.
* Sehen Sie kurz vorher noch einmal die Bewerbungsunterlagen durch.
* Lassen Sie den Bewerber nicht warten.
* Lassen Sie den Bewerber an der Pforte abholen und verständigen Sie den Pförtner.

Zur Vereinfachung von Informationsaustausch und Datenabgleich versenden zahlreiche Unternehmen mit den Einladungsschreiben einen Personalfragebogen (s. Abb. 23a). Der Bewerber wird aufgefordert, ihn ausgefüllt zum Einstellungsinterview mitzubringen.

Abb. 23a: Personalfragebogen

1. Persönliche Daten

Vermerke der PA

Eintrittsdatum _____   Passbild

In Abteilung   als _____

Kst. _____   Pers.-Nr. _____

Name _____   Geburtsdatum _____

Vorname _____   Geburtsname _____

Straße, Nr. _____   bei   Geburtsort _____

PLZ _____   Wohnort _____   Geburtsland _____

Kreis _____   Telefon _____   Familienstand _____

Staatsangehörigkeit _____   Bei Ausländern:

Ausweis _____   Nr. _____   Arbeitserlaubnis bis _____

ausgestellt durch _____   am _____   Aufenthaltserlaubnis bis _____

Name und Geburtsdatum der Kinder unter 18 Jahren:

_____

_____

_____

Heimatadresse bei ausländischen Mitarbeitern:

_____

Bei Minderjährigen Name und Anschrift der Erziehungsberechtigten:

_____

Können Sie besondere Schutzrechte und Ansprüche geltend machen?
(Mutterschutz, Jugendschutz, Schwerbehinderter/Gleichgestellter o. ä.)

☐ Nein   ☐ Ja: _____

Im Falle einer Behinderung _____ Prozent _____

Liegen gesundheitliche Beeinträchtigungen vor, die Sie oder andere am Arbeitsplatz gefährden könnten?
☐ Nein   ☐ Ja: _____

Wer soll bei Unfällen benachrichtigt werden?

2. Daten zur Lohn- bzw. Gehaltsabrechnung

Steuerklasse _____   Konfession _____   Sozialversicherungs-Nr. _____

Krankenkasse _____   bisherige Geschäftsstelle _____

Sind Sie gegenwärtig Student(in)/Schüler(in)?   ☐ Nein   ☐ Ja

Auf welches Konto sollen Ihre Bezüge überwiesen werden? _____

Kontoinhaber _____

Bank/Sparkasse/Postscheck _____   Kto.-Nr. _____   BLZ _____

2. Die Vorbereitung des Vorstellungsgespräches

(Forts. Abb. 23a)

3. Berufliche Daten

Schulbildung

☐ Hauptschule   ☐ Hauptschule mit qualifiziertem Abschluss

☐ Mittlere Reife   ☐ Abitur

☐ Studium abgeschlossen mit _____

_____ Sonstige Schulbildung _____

_____

Berufsausbildung

☐ Nein   ☐ Ja, von _____ bis _____

_____ Abschluss als

Haben Sie eine Zusatzausbildung oder besondere Kenntnisse für den angestrebten Arbeitsplatz? (z.B. Fachkurse, besondere Berufserfahrung o.ä.)

_____

_____

_____

Beruflicher Werdegang

von	bis	als	bei

Welche Tätigkeit wollen Sie bei uns ausüben? _____

_____

Wie hoch ist Ihre Gehaltsforderung?

Monatlich brutto _____ EUR (Gehaltsempfänger)

Stundenlohn brutto _____ EUR (Lohnempfänger)

Wann können Sie bei uns eintreten? _____

Ich versichere, dass ich den Fragebogen wahrheitsgemäß ausgefüllt habe. Es ist mir bekannt, dass ich die Folgen auf Grund unvollständiger oder unrichtiger Angaben selbst zu tragen habe.

Ort, _____, den _____ 20 _____

                                                     Unterschrift

2.7 Rollenverteilung der Gesprächsteilnehmer

Vor der Einladung zum Vorstellungsgespräch ist zu klären, wer an den Gesprächen seitens des Unternehmens teilnehmen, informieren und Beurteilungen abgeben soll. Es wird sich erfahrungsgemäß als nützlich erweisen, wenn die Urteilsbildung für die spätere Entscheidung zur Einstellung nicht nur von einer, sondern mehreren Personen getroffen wird. Ergebnisse objektivieren sich, wenn mehrere Personen an der Urteilsbildung mitwirken. Es ist daher zweckmäßig festzulegen, dass vor Entscheidungen über Einstellungen im Unternehmen grundsätzlich Gespräche nicht nur von einer Person, sondern von mehreren durchgeführt werden, was nicht ausschließt, dass die Gespräche mit verschiedenen Interviewern nacheinander erfolgen können.

Welche Personen kommen üblicherweise seitens des Unternehmens für die Beurteilung der Bewerber und damit für das Führen des Vorstellungsgespräches in Frage?

- Der Personalleiter oder ein von ihm beauftragter Mitarbeiter der Personalabteilung
- Die Führungskraft des Bereiches, in dem die Stelle zu besetzen ist
- Der unmittelbare Vorgesetzte, mit dem der neue Mitarbeiter direkt zusammenarbeiten muss
- Der Betriebsrat
- Eine Gruppe von künftigen Kollegen (partizipative Personalauswahl).

Darüber hinaus muss für besondere Funktionen der Personenkreis erweitert werden. Bei manchen Auswahlverfahren von Beratern für internationale Toppositionen sprechen zuweilen bis zu 25 Personen aus vielen Ländern mit einem Kandidaten.

Und wer trägt eigentlich die Verantwortung für die Einstellung? Natürlich kann es nicht die zukünftige Führungskraft allein sein. Diese kann wechseln, und der Mitarbeiter bleibt weiterhin tätig.

Auch nicht allein die Personalabteilung, denn diese kann viele Dinge nicht übersehen, die für eine gedeihliche Zusammenarbeit mit dem Bewerber erforderlich sind.

Erfolgreiche Unternehmen betreiben Personalauslese mit viel Sorgfalt, denn davon hängt sehr viel ab, ob die Integration der Mitarbeiter und der Aufbau von Teams rasch vorankommen. Die besten Unternehmen investieren unglaublich viel Zeit in die Personalauslese und lassen nur das Linienmanagement darüber entscheiden. Die Personalauslese ist nämlich viel zu wichtig und sollte auf keinen Fall Stabsleuten aus dem Personalbereich allein überlassen werden. Die direkte Führungskraft sollte deshalb den Arbeitsvertrag mitunterschreiben und die Anlaufstelle am ersten Arbeitstag sein.

Bei der Auswahl achten erfolgreiche Unternehmen immer mehr auf die sog. „weichen" Qualifikationsmerkmale wie Teamfähigkeit und Serviceverhalten als auf die „harten" Daten eines Bewerbers. Hewlett Packard ist ein gutes Beispiel. Interessante Bewerber lassen mindestens ein Dutzend längere Interviews über sich ergehen. Im Vordergrund der Gespräche steht nicht nur die Frage, was jemand gelernt hat, sondern ob er auch ein guter Teamspieler ist. Immer häufiger werden auch Gruppengespräche mit den künftigen Kollegen organisiert, um die Auswahl hinsichtlich einer guten künftigen Zusammenarbeit zu verbessern (siehe Kapitel 5.3). Die Mitwirkung der künftigen Kollegen und Teammitglieder wird dabei immer wichtiger. Da muss die „Chemie" stimmen, wenn die Zusammenarbeit klappen soll. Bewerber selbst können hier auch sehr schnell fühlen, ob sie in das Arbeitsfeld hineinpassen oder nicht.

Auch damit nicht nur die Eignung für einen einzigen Arbeitsplatz bei der Auswahl berücksichtigt wird, bedarf es der maßgeblichen Mitwirkung vieler Personen.

Der angemessene Weg ist, dass bei der Auswahl neuer Mitarbeiter Einvernehmen zwischen Fachabteilungen einerseits und Personalabteilung andererseits herbeigeführt wird. Bei Einspruch einer der beiden Seiten oder wenn über die Eignungsreihenfolge kein Einvernehmen erzielt werden kann, kann der oder können die Kandidaten nicht berücksichtigt werden. Dadurch bleibt gewährleistet, dass die Grundsätze längerfristiger Personalpolitik erhalten bleiben.

Eine nicht unwichtige Rolle spielt dabei auch der Betriebsrat nach dem Betriebsverfassungsgesetz (BetrVG). Er hat berechtigten Anspruch auf Mitwirkung, wie sie in Abb. 24 wiedergegeben wird. Wichtig dabei ist, dass der Arbeitgeber verpflichtet ist, dem Betriebsrat die Bewerbungsunterlagen aller Bewerber auszuhändigen und bis zur Beschlussfassung über den Antrag auf Zustimmung, längstens für eine Woche, zu überlassen (BAG v. 3. 12. 1985)

Diese Aufteilung der *Entscheidungsverantwortung* ist sehr nützlich. Jeder dieser Interviewer beurteilt den Bewerber aus einer persönlichen Sicht.

Während der Personalleiter oder sein Mitarbeiter und der Betriebsrat in erster Linie die personalpolitischen Interessen des ganzen Unternehmens zu vertreten haben, wird die Abteilungsleitung die Beurteilung aus der Sicht des Bereichs und der direkte Vorgesetzte die Beurteilung aus der Sicht der unmittelbaren Zusammenarbeit treffen. Deshalb ist es von Vorteil für die richtige Auswahl des neuen Mitarbeiters, wenn alle dafür zuständigen Personen des Unternehmens den Bewerber kennenlernen, bevor die Entscheidung fällt

Man sollte sich nicht scheuen, weitere Gesprächsteilnehmer hinzuzuziehen, wenn das zweckmäßig erscheint. Auch ein betriebsfremder Personalberater kann mit der Auswahl beauftragt werden. In manchen Unternehmen werden speziell Psychologen für die Auswahl von neuen Mitarbeitern beschäftigt. Das alles darf jedoch nicht den Fachvorgesetzten von der Verantwortung bei der Auswahl ausschließen, denn er ist fortan für den erfolgreichen Einsatz des Mitarbeiters zuständig.

Bevor überlegt wird, ob die Gespräche gemeinsam oder getrennt und in welcher Reihenfolge durchgeführt werden, empfiehlt es sich in jedem Fall, eine generelle *Gesprächsaufteilung* zwischen den Interviewern vorher abzusprechen. Diese Gesprächsaufteilung zwischen den Interviewern soll nach sachlichen Gesichtspunkten erfolgen. Das bezieht sich sowohl auf die Informationsabgabe als auch auf die Informationsermittlung im Gespräch. Jeder soll den Teil des Gesprächs übernehmen, den er am besten übersehen und beurteilen kann oder muss. Nach den Erfahrungen kann folgende Aufteilung zweckmäßig sein (s. Abb. 24):

Abb. 24: Aufgabenverteilung der Gesprächsführenden für ein Vorstellungsgespräch

	Personalabteilung	Fachabteilung	direkter Vorgesetzter	Betriebsrat
Informations-übermittlung (Daten für den Bewerber)	*Allgemeine* Informationen über das Unternehmen und die Personalpolitik, z. B. Grundsätze der Entlohnung, Sozialleistungen, Führung, Organisation. *Speziell:* Bestandteile des Arbeits- und Tarifvertrages, Festlegen des Gehalts.	Allgemeine Informationen über Ziel und Aufgaben der Abteilung, Aufbau, Organisation und personelle Zusammensetzung der Abt. Allgemeine Bedingungen des Einsatzes am Arbeitsplatz. Bekanntmachen mit Vorgesetzten.	Genaue Beschreibung und Darstellung der Tätigkeit. Arbeitsbeispiele demonstrieren. Arbeitsplatz zeigen. Mit künftigen Kollegen, mit denen gemeinsam gearbeitet werden muss, bekannt machen und Gespräche herbeiführen.	Allgemeine Information über die Aufgaben der Betriebsratstätigkeit im Unternehmen. Aufbau und Organistion des Betriebsrates. Information über die Rechte und Pflichten der Mitarbeiter in Verbindung mit den tarifvertraglichen Bestimmungen.
Informations-ermittlung (Daten für die Beurteilung des Bewerbers)	Beurteilen der allgemeinen Qualifikation und persönlichen Eignung für das Unternehmen insgesamt sowie für die Beratung des Vorgesetzten. Ermitteln der Gehaltsvorstellungen und Wünsche des Bewerbers.	Beurteilen der persönlichen und fachlichen Eignung für den Bereich. Vergleichen des Anforderungsprofils des Arbeitsplatzes mit den Qualifikationen des Bewerbers. Ermitteln der Erwartungen des Bewerbers hinsichtlich seiner Tätigkeit und Einschätzen einer zu erwartenden Befriedigung bei dem Bewerber und Vorgesetzten.	Beurteilen der fachl. Eignung und Integrationsfähigkeit in die Arbeitsgruppe. Mitwirken bei der Entscheidungsfindung, ggf. Hinzuziehen von künftigen Kollegen für eine Urteilsfindung.	Prüft die Eignung für das Unternehmen lt. Bestimmungen des Betriebsverfassungsgesetzes. Prüft, ob kein Verstoß gegen Tarifvertrag vorliegt und niemand durch die Einstellung benachteiligt wird, ob insbesondere die Auswahlrichtlinien beachtet sind oder ob eine notwendige Ausschreibung unterblieben ist.

Eine abgesprochene Aufteilung der Informationsvermittlung unter den Gesprächsführenden gegenüber dem Bewerber nach den spezifischen Richtungen ist auch für den Bewerber und für das Unternehmen von großem Vorteil. Dadurch werden Wiederholungen vermieden und die Informationen vollständiger. Der Bewerber erhält wirklich alle Informationen, die er für seine Entscheidung braucht. Das ist sehr notwendig, auch wenn der Bewerber durch vertiefte Information zu dem Schluss gelangt, nicht im Unternehmen zu beginnen. Die gleichen Informationen hätten ihn sonst nach seiner Einstellung erreicht, was unter Umständen zu einer unnötigen Fluktuation und Unzufriedenheit geführt hätte. Eine vollständige Information des Bewerbers ist deshalb genauso wichtig wie eine umfassende Information über den Bewerber.

Auch das Sammeln von Informationen über den Bewerber ist erfolgreicher, wenn die Rollen vorher zwischen den Gesprächsteilnehmern festgelegt werden. Dadurch kann sich jeder auf seine Beurteilungskriterien konzentrieren. Die fachliche Beurteilung gehört nun einmal nicht in die Personalabteilung, die damit überfordert ist. Genauso muss eine zentrale Stelle – nämlich die Personalabteilung – das Einstellungsgehalt, wenn auch in Absprache mit dem Fachbereich, bestimmen. Nur so ist eine größere Entlohnungsgerechtigkeit zu erreichen.

Nach der Abgrenzung der Gesprächsziele stellt sich die Frage nach der *Reihenfolge* der Vorstellungen bei den verschiedenen Gesprächspartnern. Ein Gespräch, an dem alle Beteiligten gleich gemeinsam auftreten, ist bestimmt nicht immer von Vorteil für die Ergiebigkeit und schüchtert den Bewerber nur ein.

Meinungsunterschiede entstehen im Unternehmen weniger darüber, ob zunächst der Vorgesetzte der Abteilung und dann erst der direkte Vorgesetzte die Gespräche führen soll oder umgekehrt, sondern bei der Frage, ob der Bewerber zuerst im Fachbereich und dann erst in der Personalabteilung erscheinen soll oder umgekehrt. Dies ist allerdings ein entscheidender Punkt bei der Auswahl der Bewerber. Er muss daher betriebsindividuell festgelegt werden und wird dementsprechend verschieden gehandhabt.

Die Organisation des Vorstellungsgespräches ist in den Unternehmen unterschiedlich nach Größe und Organisation. Unter der Zielsetzung, so viele Beurteiler wie möglich für eine Entscheidung zu haben, haben sich folgende Abläufe bewährt:

1. Der Bewerber sucht zuerst die Personalabteilung auf, wo ggf. auch die Abrechnung der Reisekosten erfolgt.

2. Die Vorbereitung des Vorstellungsgespräches

2. Als Dienstleister und Berater werden von der Personalabteilung
   - fehlende Bewerbungsunterlagen vervollständigt,
   - erste Informationen über das Unternehmen gegeben,
   - erste persönliche Eindrücke von der Person geholt,
   - geprüft, ob der Bewerber ggf. auch anderweitig im Unternehmen tätig sein könnte,
   - die Begleitung zum Fachbereich durchgeführt.

3. Die *Fachabteilung* benachrichtigt die Personalabteilung, ob mit dem Bewerber eine Einigkeit in fachlicher und persönlicher Sicht für die Übernahme der Tätigkeit besteht oder nicht. Die Personalabteilung vereinbart dann mit dem Bewerber die vertraglichen Bestandteile des Arbeitsvertrages oder vermittelt ihn an eine andere Abteilung mit Bedarf.

4. Der Betriebsrat verschafft sich ein Urteil über die einzustellende Person und die getroffenen Vereinbarungen. Er billigt die Einstellung oder begründet seine Ablehnung (entsprechend § 99 des Betriebsverfassungsgesetzes).

Es besteht aber auch die Möglichkeit, dass die Vorstellungsgespräche nicht von den verschiedenen Stellen einzeln nacheinander erfolgen, sondern zum Teil gemeinsam. Nicht selten führen der Leiter der Fachabteilung und der direkte Vorgesetzte ihre Vorstellungsgespräche gemeinsam. Oder der Personalleiter nimmt an dem Gespräch in der Fachabteilung teil. Immer werden das gegenseitige Verständnis der Beteiligten, die anerkannte Abgrenzung der Aufgabenverteilung oder die spezielle Situation der Bewerbung auf die zu wählende zweckmäßigste Reihenfolge oder Kombination der Gesprächsteilnehmer Einfluss nehmen.

Einzeln geführte Gespräche können manchmal ergiebiger sein als das Gespräch zu dritt oder zu viert. Getrennt gesammelte Informationen und Beurteilungspunkte können aber erst zum gewünschten Erfolg führen, wenn im Anschluss an das Vorstellungsgespräch die Interviewer ihre Informationen untereinander und miteinander vergleichen. Die Summe und Kombinationen unterschiedlicher Informationen ermöglicht dem Unternehmen eine treffendere Beurteilung des Bewerbers und eine Entscheidung, die günstige Voraussetzungen für eine gedeihliche Zusammenarbeit bringt.

Wichtiger wird aber immer mehr die Erkenntnis, dass vom Personalwesen keine Bevormundung der für die Führung des Personals Verantwortlichen erfolgen darf. Die zunehmende Dezentralisierung von bisher zentralen Funktionen in neue operative Verantwortungsbereiche muss auch die Personalverantwortung umfassen.

Für die Beurteilung von Bewerbern für Spitzenarbeitsplätze wird der Aufwand wesentlich größer sein müssen, da auch die Tragweite einer Fehlentscheidung bedeutend größer ist.

2.8 E-Recruiting und PC-gestütztes Bewerberauswahl-Management

Im Internet hat der Stellenmarkt einen festen Platz. Immer mehr Unternehmen – insbesondere Großunternehmen – benutzen die Vorteile der Informationstechnologie nicht nur für solche innovative Rekrutierungsmethoden (z.b. Internet-Jobbörsen) sondern auch für das Bewerber-Management.

Tatsache ist, dass Interesse und Nutzung von Computer bzw. Internet stark ansteigen. Mehr als die Hälfte der deutschen Berufstätigen nutzt Online-Stellenmärkte bei der Jobsuche. Je höher die Qualifikation, desto größer ist auch der Anteil derer, die im Internet nach einer Stelle suchen. Das E-Recruiting eröffnet hierzu vielfältige Möglichkeiten. Die Anzahl der über das Internet angebotenen Stellen hat sich von 60.000 im Jahre 1999 auf 200.000 in 2000 mehr als verdreifacht – Tendenz steigend. Werden die online angebotenen Jobs der Bundesanstalt für Arbeit noch dazu gerechnet, sind es schon weit mehr als 600.000 virtuelle Stellenanzeigen.

Eine virtuell geschaltete Stellenanzeige erreicht also ggf. einen wesentlich größeren Interessenkreis als eine regionale Tageszeitung. Da die meisten Unternehmen durch eine firmeneigene Homepage im Internet vertreten sind, ist es nahe liegend, die offenen Stellen auf den eigenen Seiten auszuschreiben. Die Personalabteilung kann den Inhalt und den Umfang der Anzeige frei bestimmen. Um dem Interessenten oder Bewerber einen ersten Eindruck zu vermitteln, kann darüber hinaus eine Vielzahl an Informationen abgelegt werden.

Aber nicht nur die Internetseiten der Unternehmen sind mit Stellenanzeigen bestückt. Es existieren sog. Internet-Jobbörsen, die die Anzeigen von Unternehmen bündeln und diese ins World Wide Web stellen. In Europa gibt es mehr als 10.000 Internetseiten, auf denen Arbeitsplätze angeboten werden (FAZ, 24. 2. 2001, Beruf und Chance). Allein in Deutschland gibt es über 500 Jobbörsen. Der potenzielle Bewerber hat somit einen direkten Vergleich und kann nach seinen Wünschen selektieren. Die Jobbörsen erstellen darüber hinaus aber auch Bewerberdatenbanken, auf die der Personalmanager zugreifen kann. Jobbörsen dienen also auch als Vermittler zwischen Bewerber und Unternehmen.

Die Kosten einer virtuellen Stellenanzeige sind abhängig von der Schaltungsdauer, der Region sowie von den in Anspruch genommenen Dienstleistern. Für eine Anzeige, die vier Wochen im Netz stehen soll und digital eingereicht wird, verlangen die Jobbörsen zwischen 500 und 1.000 EUR. Die Zahl der Jobbörsen ist in den letzten Jahren stetig gestiegen.

Für die Entscheidung, welche Jobbörse für welche Anzeige bzw. welches Unternehmen geeignet ist, ist ein Blick auf die jeweils beteiligten Firmen und die Anzahl der geschalteten Annoncen in der Jobbörse hilfreich (s. Abb. 25).

Abb. 25: Stellenangebote im Internet

Rang	Jobbörse	Aktive Stellen- angebote 2002	Aktive Stellen- angebote 2001	Verände- rung in %
1	www.Jobversum.de	85000	65000	+ 31 %
2	www.Jobpilot.de	38969	34622	+ 13 %
2	www.Berufsstartaktuell.de	22877	13500	+ 69 %
3	www.Jobonline.de	10700	10100	+ 6 %
4	www.Stellenanzeigen.de	10458	36000	- 71 %
5	www.Stepstone.de	10400	23000	- 55 %
6	www.Jobs.de	9200	15000	- 39 %
7	www.Monster.de	>8000	k.A.	
8	www.Jobscout24.de	7000	k.A.	
9	www.Jobware	5200	8300	- 37 %

Quelle: Karle/Personalwirtschaft 2002

Auch für Unternehmen, die eine Stelle zu besetzen haben, bieten die Jobbörsen eine geeignete virtuelle Anlaufstelle auf der Suche nach Lebensläufen und anderen Informationen, um so den geeigneten Kandidaten zu finden. Die größte Chance auf Erfolg besteht hier bei den Bewerberdatenbanken der Jobbörsen.

Wie bereits erwähnt, bietet das Netz auch vielfältige Möglichkeiten für das Bewerber-Management. Hoch im Kurs stehen zurzeit auch zahlreiche computer- und onlinegestützte Auswahlverfahren. Doch was nutzt eine noch so ausgefeilte Prozedur, wenn sie nicht zum Erfolg führt?

Die Angebotspalette online- und rechnergestützter Personalauswahlverfahren wird immer größer. Ein qualitativ hochwertiges Produkt erkennen Sie an folgenden Punkten in Abb. 26:

Abb. 26: Checkliste für online- und computergestützte Auswahlverfahren

• Know-how	Hat der Anbieter Erfahrung in der Entwicklung und Konstruktion von eignungsdiagnostischen Verfahren? Gibt es qualifizierte Kooperationspartner?
• Aktualität	Wie aktuell sind die Vergleichsdaten, auf denen die Messergebnisse basieren? Die letzte Überprüfung sollte nicht mehr als fünf Jahre zurückliegen.
• Anforderungs-profil	Wichtig ist, dass die Anforderungprofile des Anbieters nicht auf vagen Eigenschaftsbegriffen basieren. Es müssen die Tätigkeiten konkret beschrieben sein, die für die zu besetzende Position entscheidend sind.
• Einbindung	Besteht die Möglichkeit, das Produkt in bereits vorhandene Personalmanagement-Softwaresysteme einzubinden?

Quelle: Michael Ziegelmayer, Psycho-Logik, 4/2001

Die Übersicht über online- und computergestützte Auswahlverfahren finden Sie unter www.haufe.de.

Häufig testen die Unternehmen den Nachwuchs bereits im Internet, bevor sie zur Bewerbung bitten. Die Bewerber müssen sich erst einmal als virtuelle Projektmitarbeiter bewähren. Gemeinsam mit einigen Mitstreitern steht ein gewisser Zeitrahmen zur Verfügung, sich im virtuellen Gruppenraum Gedanken über die Positionierung des Unternehmens zu machen, stets beobachtbar von den Personalmanagern, die mitverfolgen, wer sich wie verhält. Hat das virtuelle Projektteam dann seine Lösung ins Netz gestellt, steht jedem Bewerber eine kurze Zeitspanne zur Selbstreflexion zu. Er stellt sich unter anderem die Fragen: Wie ist es gelaufen? Welchen Nutzen habe ich daraus gezogen? Dann wird ausgewählt. Nur wer all dies mit Bravour meistert, wird ins Assessment Center eingeladen.

Nicht selten erhalten Bewerber eine CD-ROM mit Bewerbersoftware und dem Hinweis auf die Internet-Zugänge. Hier werden Fragen zu Motivation, Studium, Ziele etc. gestellt. Häufig ist auch eine Fallstudie zu bearbeiten.

2. Die Vorbereitung des Vorstellungsgesprächs

Diese Beispiele und etliche mehr zeigen, wie weit der Trend längst in Richtung elektronisch gestützter Vorauswahl vorangeschritten ist. Die dadurch gewonnene Arbeitsentlastung ist enorm. Aber Zweifel an der Aussagekraft sind berechtigt! Denn noch steckt die Forschung über das Antwortverhalten im Netz in den Kinderschuhen. So zeigen die Erfahrungen, dass Bewerber bereits im Telefoninterview schlechter abschneiden als in persönlichen Interviews, weil hier die Körpersprache wegfällt.

Ferner ist noch nicht geklärt, ob die Antworten im anonymen Netz nicht noch stärker im Sinne der sozialen Erwünschtheit ausfallen – schließlich weiß jeder halbwegs intelligente Bewerber, was die Personalexperten gerne lesen wollen. Auch das Problem der Identität ist ungelöst. Vielleicht war der Bewerber gar nicht der Verfasser des Fragebogens?

Dabei ist zu verdeutlichen, dass E-Recruitment keine ausschließlich substituierende Wirkung besitzt, sondern im Wesentlichen als Ergänzung zur traditionellen Personalbeschaffung besteht. Es erweitert die Möglichkeiten und bietet weitere Chancen, aber auch Risiken – wie bereits erwähnt. In einigen Jahren wird E-Recruitment integraler Bestandteil der Personalbeschaffung sein, und eine hier getroffene Unterscheidung wird obsolet. Heute gilt es, die PC-gestützte Bewerberauswahl und traditionelle Personalbeschaffung so einzusetzen, dass die jeweiligen Vorteile genutzt werden können.

Abschließend soll eine Gegenüberstellung der traditionellen Personalbeschaffung und der PC-gestützten Variante die Unterschiede dieser Verfahren verdeutlichen.

Abb. 27: Gegenüberstellung traditionelles Recruiting und E-Recruiting

Teil-Prozesse	Traditionelles Recruiting	E-Recruiting
Anzeigen-schaltung	• einmalig • nicht veränderbar • regional • Textbegrenzung • kostenintensiver	• kontinuierlich • veränderbar • regional/international • keine Textbegrenzung • kostengünstiger
Bewerbungs-eingang	• Papier • nicht steuerbar	• Digital + Papier • steuerbar
1. & 2. Sichtung	• manuell	• manuell + automatisierbar
Auswahlgespräch	• persönliche Anwesenheit	• persönliche Anwesenheit + • Raumunabhängigkeit
Arbeitsvertrag	• Papierform	• Papierform • digitale Form
Erfolgskontrolle	• manuelle Statistiken	• automatische Statistiken • kontinuierlich
Administration	• Medienbruch bei Stammdateneingabe • manuelle Erstellung der Korrespondenz/ Versand	• Medienbruchfrei • manuelle Erstellung der Korrespondenz • automatische Erstellung der Korrespondenz/ Versand
Allgemein	• zeitintensiv • persönlich	• Zeit sparend • persönlich/ unpersönlich • Interaktivität • Geschwindigkeit / Flexibilität • Recherchemöglich- keiten

Quelle: Beck, 2002, Professionelles E-Recruiting

2. Die Vorbereitung des Vorstellungsgespräches

Immer mehr Unternehmen – insbesondere Großunternehmen – benutzen die Vorteile der Informationstechnologie nicht nur für solche innovative Rekrutierungsmethoden, sondern auch für das Bewerber-Management. Eine große Flut von Bewerbern für freie Ausbildungs- und Arbeitsplätze macht dies immer notwendiger. Für eine solche Bewerber-Verwaltung gibt es inzwischen Softwarepakete von unterschiedlichen Anbietern (z.B. Jetter 2003, www.jetter-management.de)

Hier werden Anforderungsprofile zur Bewerbersuche und die personenbezogenen Bewerberdaten gespeichert. Die Programme bieten unterschiedliche Auswertungs- und Suchmöglichkeiten.

Der Interviewer erhält für sein Gespräch eine maschinell aufbereitete Unterlage. Ein Fragenkatalog wird spezifisch für die Abfrage bestimmter Eigenschaften erstellt. Standardtexte für die Korrespondenz mit dem Bewerber sind zur Auswahl gespeichert.

Daneben gibt es eine Archivdatenbank für späteren Rückgriff auf interessante Bewerber. Eine Terminüberwachung und Laufwegkontrolle der Bewerbung im Haus gehören genauso dazu wie eine Listenerzeugung für Bewerber mit speziellen Erfahrungen und Kenntnissen. Natürlich alles streng nach Datenschutzrichtlinien und ein Passwort-Schutzsystem, damit nur Befugte über die Daten verfügen können.

PC-Systeme zum Erstellen von

- Funktionsbeschreibungen
- Anforderungsprofilen
- Interviewleitfäden
- Interviewauswertungen
- Ergebnisdarstellungen

sind preisgünstig zu erwerben.

Das „Zentrale-Bewerber-System" der IBM bietet im Gesamtverlauf vom Eingang der Bewerbung bis zum Abschluss des Arbeitsvertrages neben festgeschriebenen Abläufen sehr vielfältige und unkomplizierte Auswahlmöglichkeiten der Textverarbeitung. Ein Assessment-Center-Management ohne PC ist meist kaum noch denkbar.

Solche PC-gestützte Bewerberauswahl hat natürlich auch ihre Grenzen, die insbesondere darin liegen, dass manche Bewerber gar nicht erst das Vorstellungsgespräch erreichen, die vielleicht dennoch und gerade für das Unternehmen interessant sein könnten. Je mehr wir Querdenker und

72

weniger angepasste Bewerber suchen, um so mehr muss eine persönliche individuelle Aussprache von Anfang an erfolgen, was vor allem hochqualifizierte Bewerber erwarten. Aber auch für Facharbeiter, die meistens direkt im Betrieb vorsprechen und anfragen, muss künftig eine direkte, schnelle und persönliche Gesprächsführung erhalten bleiben, wenn nicht wertvolle Zeit vergehen soll. Weiter führende Literatur im Bereich E-Recruiting ist: Christoph Beck, 2002, Professionelles E-Recruiting; Lars Hünninghausen (Hrsg.), 2002, Die Besten gehen ins Netz.

3. Die Durchführung des Vorstellungsgespräches

3.1 Gesprächsinhalt

Das persönliche Interview, die Begegnung von Mensch zu Mensch ist die feinste und umfassendste Methode, einen Charakter zu analysieren und die Qualifikation für eine bestimmte Aufgabe zu ertasten. Das Interview hat jedoch seine Grenzen in den psychologischen Barrieren, die ein Interview-Kandidat und der Interviewer überwinden müssen.

Das gezielte Zusammentreffen von zwei Menschen, die sich nie vorher gesehen haben, geschieht kaum in einer offenen und klaren Atmosphäre. Zuerst „beschnüffelt" man sich gegenseitig und tastet sich ab, man versucht sich kennenzulernen.

Um dieses gegenseitige Kennenlernen zu erleichtern und zu beschleunigen, ist von dem Einladenden und Gesprächsführer eine Zone zu schaffen, in der es dem Partner möglich ist, *Kontakt* mit ihm zu *gewinnen. Es geht darum, die Situationsbefangenheit* des Bewerbers möglichst schnell zu überwinden und die natürlichen Hemmungen zu beseitigen.

An dieser Stelle des Gesprächs muss sich der Interviewer entscheiden, ob er zuerst die ausgeschriebene Position dem Bewerber ausführlich darstellen will, um erst danach die Qualifikation des Bewerbers näher zu prüfen, oder ob der umgekehrte Weg vorzuziehen ist. In der Praxis hört man manchmal die Auffassung, dass zuerst mit der Funktionsbeschreibung begonnen werden sollte.

Viele Bewerber erwarten eine andere Reihenfolge des Gesprächsverlaufs und sind darauf vorbereitet. Sie erwarten Fragen zur Person. Diese Reihenfolge hat noch einen anderen Vorteil. Es stellt sich während des Gesprächs heraus, ob der Bewerber nicht für eine andere freie Position noch wesentlich geeigneter erscheint. Dann besteht für beide Teile rechtzeitig eine Möglichkeit, darauf näher einzugehen. Beginnt man das Gespräch aber zuerst mit der Funktionsbeschreibung, so wird bei einer ablehnenden Haltung des Bewerbers in seltenen Fällen eine günstige Voraussetzung für eine Vertiefung des Gesprächs in eine andere Richtung vorhanden sein.

Schuler hat dazu umfangreiche Untersuchungen angestellt (Schuler, H., Moser, K. 1995) und empfiehlt die Tätigkeitsinformation an den Schluss des Zusammenseins zu legen (Abb. 28).

Abb. 28: Der Aufbau des Multimodalen Einstellungsinterviews (Schuler 2002)

---

1. *Gesprächsbeginn.* Kurze informelle Unterhaltung; Bemühen um angenehme und offene Atmosphäre; Skizzierung des Verfahrensablaufs; keine Beurteilung.

2. *Selbstvorstellung des Bewerbers.* Bewerber sprechen einige Minuten über ihren persönlichen und beruflichen Hintergrund. Beurteilung nach anforderungsbezogenen Dimensionen auf einer dreistufigen Skala.

3. *Berufsorientierung und Organisationswahl.* Es werden standardisierte Fragen zu Berufswahl, Berufsinteressen, Organisationswahl und Bewerbung gestellt. Antwortbeurteilung auf dreistufigen beispielverankerten Skalen.

4. *Freies Gespräch.* Interviewer stellt offene Fragen in Anknüpfung an Selbstvorstellung und Bewerbungsunterlagen. Summarische Eindrucksbeurteilung.

5. *Biographiebezogene Fragen.* Biographische (oder „Erfahrungs-") Fragen werden aus Anforderungsanalysen abgeleitet oder anforderungsbezogen aus biographischen Fragebögen übernommen. Die Antworten werden anhand einer dreistufigen (einfache Fragen) bzw. fünfstufigen (komplexe Fragen) verhaltensverankerten Skala beurteilt.

6. *Realistische Tätigkeitsinformation.* Ausgewogene Information seitens des Interviewers über Arbeitsplatz und Unternehmen. Überleitung zu situativen Fragen.

7. *Situative Fragen.* Auf critical incident-Basis konstruierte situative Fragen werden gestellt, die Antworten werden auf fünfstufigen verhaltensverankerten Skalen beurteilt.

8. *Gesprächsabschluss.* Fragen des Bewerbers; Zusammenfassung; weitere Vereinbarungen.

---

3. Die Durchführung des Vorstellungsgespäches

Ein ausführliches Vorstellungsgespräch sollte zumindest folgende Bestandteile enthalten:

Informationen vom Bewerber

- Schul- und Berufsausbildung;
- Berufserfahrung und berufliche Ziele, Branchenkenntnisse, Führungserfahrung;
- familiäre und gesellschaftliche Situation/Soziabilität; Teamfähigkeit;
- Wünsche zum Gehalt und zu den Arbeitsbedingungen;
- Gesundheit und Belastbarkeit;
- für den Arbeitsplatz erforderliche Eigenschaften, Einstellungen und Verhaltensweisen.

Informationen für den Bewerber

- Das Unternehmen und seine Leistungen;
- der Arbeitsplatz und die Tätigkeit;
- die Arbeitszeit und andere Arbeitsbedingungen (z. B. Urlaub);
- die Mitarbeiter, Kollegen und Vorgesetzte;
- Vergütungssystem und Einstellungsgehalt;
- sonstige Leistungen und Vertragsbedingungen;
- Weiterbildungs- und Förderungsmöglichkeiten;
- Personalführungsgrundsätze und Führungsstil.

Diese Zusammenfassung darf nicht davon ablenken, dass viele Details im Rahmen eines vollständigen Vorstellungsgespräches zu besprechen sind, um spätere Nachfragen zu reduzieren. Interviewer im Unternehmen sowie Bewerber können dazu gleichermaßen Checklisten verwenden, wie sie auf den nächsten Seiten abgebildet sind (s. Abb. 28a + 29). Bei richtiger Differenzierung und Gegenüberstellung der Verhandlungsergebnisse aufgrund von Vorstellungen in verschiedenen Unternehmen kann der Bewerber die Ergebnisse bewerten, wodurch seine Entscheidungsfindung erleichtert wird. Dies ist auch für das Unternehmen wichtig, denn Bewerber sind interessanter und werden länger dem Unternehmen treu bleiben, wenn sie ihre Entscheidung gut überlegt haben.

Abb. 28a: Checkliste für die Besprechungspunkte im Vorstellungsgespräch

1. **Grund der Veränderung**
   a) Gründe, bezogen auf die bisher ausgeübte Tätigkeit
   b) Gründe, bezogen auf den angestrebten neuen Arbeitsplatz

2. **Beruflicher Werdegang des Bewerbers**
   a) Stufen der beruflichen Entwicklung
   b) Besondere berufliche Interessen und Neigungen
   c) Weiterbildungsbemühungen

3. **Persönliche und fachliche Eignung**
   (bezogen auf die Anforderungen des Arbeitsplatzes)
   a) Prüfen der fachlichen Eignung
   b) Prüfen der persönlichen Eignung
   c) Prüfen der Fähigkeit, zusammenzuarbeiten

4. **Ziele und Aufgaben der Abteilung**
   a) Ziel der Abteilung
   b) wesentliche Aufgaben des Bereiches

5. **Neuer Arbeitsplatz und auszuführende Tätigkeiten**
   a) Stellenbeschreibung / Anforderungsprofil
   b) Entscheidungsbefugnisse (Vollmachten)
   c) Vertretung
   d) Sonderaufgaben

6. **Arbeitsbedingungen am neuen Arbeitsplatz**
   a) Arbeitszeit
   b) Außendienst
   c) Einsatzort
   d) Erschwernisse
   e) Schichtdienst
   f) Zusammenarbeit mit anderen Bereichen
   g) Kontakte zu Stellen außerhalb des Hauses

7. **Schwerpunkte in den Anforderungen (je nach Arbeitsplatz)** z.B.
   a) Abstraktionsvermögen
   b) Konzentrationsfähigkeit
   c) Einsatzfreudigkeit
   d) Kontaktfähigkeit
   e) Phantasie, Kreativität
   f) Selbstständigkeit

3. Die Durchführung des Vorstellungsgespäches

(Forts. Abb. 28a)

8. Entwicklungsmöglichkeiten auf dem neuen Arbeitsplatz
   a) Erwartungen des Bewerbers
   b) tatsächliche Entwicklungsmöglichkeiten
   c) Weiterbildungserwartungen und -möglichkeiten

9. Einordnung in den Bereich
   a) hierarchische Stellung
   b) direkter Vorgesetzter
   c) Mitarbeiter

10. Gehaltliche Entwicklung
   a) Eingangsgruppe
   b) stufenweise Eingruppierung unter Beachtung des Ausbildungsstandes

11. Freizeit (real)
   a) wie gestaltet
   b) Kollegen/Freunde

12. Berufliche Zusammenarbeit und Kontakte zu Mitarbeitern
   a) mit ehemaligen Kollegen
   b) mit künftigen Kollegen (Erwartungen)

13. Einarbeitung
   a) wie gestalten?
   b) welche Unterstützung/durch wen?

14. Freizeit (ideal)
   a) Erwartungen an künftige Freizeit
   b) Wie gestalten, wenn keine Beschränkungen bestehen würden?

15. Verdiensterwartungen
   a) Welche Rolle spielt „Geld"?
   b) wie viel in 5 Jahren verdienen?
   c) welche Pläne für die nahe/die ferne Zukunft?
   d) Meinung der Familie dazu

16. Praxis-Probleme (mindestens drei vorbereiten)
   Stellen Sie sich vor ... wie würden Sie sich verhalten?

17. Persönliche und berufliche Ziele
   a) welche Jugendziele verwirklicht/verworfen/verpasst?
   b) welche neuen Ziele/durch wen angeregt?
   c) welche Vorbilder (früher/heute)?

18. Selbst-/Fremdbild
   a) Was gefällt/missfällt am meisten?
   b) Was gefällt/missfällt anderen am meisten?

Abb. 29: Auswahl von empfehlenswerten Fragen für das Vorstellungsgespräch und Bedeutung der Antworten

Mögliche Fragen	Bedeutung der Antworten
1. „Welche Tätigkeit an Ihrer letzten Stelle hat Ihnen am besten gefallen?"	• Passt er zu uns? • Bieten wir ihm seine Lieblings-beschäftigung an?
2. „Weshalb bewerben Sie sich gerade bei uns?"	• Was weiß er über uns? • Welches sind die Motive für seinen Stellenwechsel? • Sind wir nur eine Notlösung? • Wo könnte er sich schon beworben haben?
3. „Welche Arbeit macht Ihnen besonders Spaß?"	• Wie ist seine Reaktion?
4. „Was ist Ihr berufliches Ziel in den nächsten Jahren?"	• Passt sein Ziel zu unserem Stellenangebot? • Wie realistisch ist er?
5. „Wo sehen Sie Ihre Stärken?"	• Überschätzt er sich?
6. „Welche Rolle spielt Ihre Familie?"	• Wie harmonisch sind seine Familienverhältnisse? • Gibt es Familienprobleme?
7. „Welche Krankheiten hatten Sie?"	• Bestehen gesundheitliche Risiken?
8. „Wie sehen Sie die Zukunft für unsere Branche?"	• Ist ein Anlass für Sorgen erkennbar?
9. „Was gefällt Ihnen an der angebotenen Tätigkeit besonders?"	• Will er nur irgendeine oder wirklich diese Stelle?
10. „Was erwarten Sie von uns?"	• Spielt Geld oder ein anderes materielles Motiv eine dominierende Rolle?

Quelle: io Management Zeitschrift 64 (1995) Nr. 1/2, Rolf Leicher, Die Spreu vom Weizen trennen
– Tips für Vorstellungsgespräche, Zürich

3. Die Durchführung des Vorstellungsgespäches

3.1.1 Fragen an den Bewerber

3.1.1.1 Schul- und Berufsausbildung

Nach den einführenden Worten und dem Zustandekommen eines Kontaktes (siehe dazu das nächste Kapitel „Gesprächsführung") empfiehlt es sich, das Gespräch zur Ausbildung des Bewerbers überzuleiten. Das Thema ist äußerst wichtig, auch wenn die Bewerbungsunterlagen bereits viel über die vorliegende Ausbildung aussagen. Man sollte sich grundsätzlich nicht scheuen, Punkte anzusprechen, die aus den Bewerbungsunterlagen bereits ersichtlich sind. Allerdings sollte das in geeigneter Form geschehen. Der Interviewer kann feststellen, dass ihm bekanntlich bereits eine Reihe von Informationen vom Gesprächspartner zur Verfügung gestellt worden sind, aber dass eine Aussprache über alle Punkte das Bild abrunden soll. Diese Feststellung wird den Bewerber beruhigen und ihm auch erklären, warum Informationen aus den Bewerbungsunterlagen noch einmal besprochen werden.

Selten sind die Unterlagen der Bewerber über abgeschlossene Ausbildungen und Schulungen vollständig. Bewerber glauben oft, dass insbesondere Schulabschlüsse für den neuen Arbeitgeber wenig interessant seien, und reichen deshalb meist nur Zeugnisse der bisherigen Arbeitgeber ein, aber auch diese nicht immer vollständig. Doch nicht nur bei Bewerbern für qualifizierte Positionen ist es für das Unternehmen interessant, auch Schulabschlusszeugnisse einsehen zu können und sich dadurch einen Spiegel der Leistungen über einen längeren Zeitraum, untermauert durch Prüfungen, zu verschaffen.

Es genügt nicht, sich bei den Informationen über Person und Qualifikation des Bewerbers auf die Angaben im Lebenslauf zu verlassen. Sie sind in der Regel schmeichelhaft und werbewirksam formuliert. Sie müssen nachgeprüft werden, weil sie einfach oft nicht stimmen. Die Erfahrungen lehren, dass die Bewerber in ihrem Lebenslauf Schwerpunkte setzen und Trends konstruieren, wie sie im Hinblick auf die gesuchte Position am günstigsten erscheinen.

Insbesondere Zeugnisse von Berufsschulen und Fachschulen sind nützlich für die Beurteilung des Bewerbers, weil hier bereits ein Wissen in Beziehung auf die berufliche Tätigkeit getestet wurde. Aber auch Bescheinigungen und Zeugnisse über andere Schulungen, die möglicherweise nach der Arbeitszeit oder an Wochenenden absolviert wurden, zeigen dem Arbeitgeber Leistungsfähigkeit, Initiative und Ausdauer des Bewerbers. Viele Menschen besuchen in ihrer Freizeit gerade diejenigen

Schulungsstätten und vertiefen ihr Wissen gerade auf den Gebieten, zu denen sie eine besondere Neigung haben. Wenn dies nicht unmittelbar mit ihrer bisherigen beruflichen Tätigkeit zusammenhängt, glauben sie oft nicht, dass solche Zeugnisse für den neuen Arbeitgeber von besonderer Bedeutung sein können. Hier muss der Interviewer nachfragen, um zusätzlich interessante Informationen zu erhalten.

Aus den vorgelegten Bewerbungsunterlagen ist zwar oft zu erfahren, welche Ausbildungen und Ausbildungsabschlüsse im Einzelnen vorliegen. Trotzdem lohnt es sich, gerade hierzu Fragen zu stellen und zu prüfen, welche Antworten der Bewerber zu den einzelnen Fragen gibt und wie er die erreichten Abschlusszeugnisse kommentiert.

Nicht selten führen gezielte Fragen zu der Feststellung, dass es sich bei dem Bewerber um einen ausgezeichneten Autodidakten handelt, was aus den Unterlagen nicht hervorging.

In der Praxis hat es sich gezeigt, dass auf folgende Fragen recht aufschlussreiche Antworten vom Bewerber zu erhalten sind:

- Warum haben Sie Ihre Schulausbildung mit der Hauptschule/Realschule/Oberschule beendet und nicht weitergeführt?
- Warum haben Sie (soweit sichtbar) die Hauptschule/Realschule/Oberschule nicht beendet?
- Warum haben Sie die Fachoberschule/Universitätsausbildung begonnen und nicht zu Ende geführt?
- Wie beurteilen Sie das Zustandekommen des Notendurchschnitts in Ihren Abschlusszeugnissen?
- Gibt es bestimmte Schulfächer, in denen Sie regelmäßig überdurchschnittliche Leistungen erbrachten?
- Welche Unterrichtsfächer fielen Ihnen am schwersten?
- Haben Sie neben Ihrer beruflichen Tätigkeit an irgendwelchen Ausbildungen oder Schulungen teilgenommen?
- Haben Sie eine andere Art von Weiterbildung betrieben?
- Welche Gründe gibt es dafür, dass Sie neben Ihrer beruflichen Tätigkeit keine Weiterbildungskurse absolviert haben?
- Nehmen Sie zur Zeit an irgendwelchen Ausbildungen teil?
- Haben Sie Pläne zu Ihrer Aus- und Weiterbildung?
- Welche Fachgebiete bevorzugen Sie dabei?

3. Die Durchführung des Vorstellungsgespäches

3.1.1.2 Berufserfahrung, berufliche Ziele, Branchenkenntnisse, Führungserfahrung

Wichtigster Ansatzpunkt für ein vertieftes Gespräch wird in der Regel der Inhalt und Umfang der letzten Beschäftigung des Bewerbers sein. Soweit der Bewerber die Tätigkeit eine längere Zeit ausgeübt hat, wird er in der Lage sein, seine speziellen Kenntnisse und Erfahrungen ausführlich zu schildern. Dabei kann der Fachmann sehr schnell erkennen, wie tief der Bewerber in die Materie seines Fachgebietes eingedrungen ist. Gezielte Fragen können dazu beitragen, die Grenze des Wissens zu ermitteln.

Gezielte fachliche Fragen sind von besonderer Ergiebigkeit, wenn der Bewerber sich um die ausgeschriebene Position in einem Fachgebiet bewirbt, in dem er zur Zeit tätig ist. In solchem Falle sind diese Kenntnisse für das neue Unternehmen von besonderer Bedeutung und werden sehr stark dazu beitragen, den sinnvollsten Einsatz im Unternehmen herauszufinden.

Die immer notwendiger werdende Flexibilität und Mobilität der Berufstätigen und die sich ständig verändernden Anforderungen an den Arbeitsplätzen führen aber immer mehr dazu, dass Bewerber nicht nur innerhalb des gleichen Fachgebietes die Stellung wechseln. Hier kommt es dann darauf an, die gesamten beruflichen Stationen des Bewerbers intensiv zu durchleuchten und zu versuchen, aus den Motiven der verschiedenen Stellungswechsel Anhaltspunkte für eine Beurteilung zu erhalten.

Die Unternehmer müssen sich heute immer mehr von der traditionellen Wertvorstellung lösen, dass ein Bewerber weniger für eine Einstellung geeignet ist, wenn er bereits verschiedentlich seine Arbeitgeber gewechselt hat. Eine lange Betriebszugehörigkeit zu einem Unternehmen ist nicht immer ein Zeichen von Charakterstärke, Ausdauer und Verlässlichkeit, sondern kann manchmal auch der Ausdruck geringer Beweglichkeit, Initiative oder Risikobereitschaft sein. Jeder Stellungswechsel bringt neben den Vorteilen auch unangenehme Begleiterscheinungen mit, wie z. B. das Eingewöhnen in eine neue Arbeitswelt, evtl. Umzug, Umschulung der Kinder u. ä. m. Wer zielgerichtet seine Stellungen wechselte, hat sich dadurch oft nicht nur finanziell, sondern auch bezüglich Qualifikation und vielseitiger Einsatzfähigkeit Vorteile gegenüber dem Sesshaften er-worben.

Die bisherigen Beschäftigungsverhältnisse des Bewerbers sind daher sehr systematisch und detailliert zu überprüfen und im Vorstellungsgespräch abzusichern, bevor daraus Entscheidungen für die künftige Einsatzfähigkeit gezogen werden. Verschiedene berufliche Entwicklungen sind denkbar, die verschieden zu betrachten und entsprechend den gestellten Arbeitsplatzanforderungen unterschiedlich zu beurteilen sind:

- gleiche Tätigkeit bei einem Arbeitgeber;
- gleiche Tätigkeit bei verschiedenen Arbeitgebern;
- verschiedene Tätigkeiten bei einem Arbeitgeber;
- verschiedene Tätigkeiten bei verschiedenen Arbeitgebern;
- Positionsaufstieg innerhalb eines Fachgebietes beim gleichen Arbeitgeber;
- Positionsaufstieg durch den Wechsel des Fachgebietes beim gleichen Arbeitgeber;
- Positionsaufstieg durch den Wechsel des Fachgebietes bei verschiedenen Arbeitgebern.

Die Analyse der Bewerbungsunterlagen, insbesondere der verschiedenen Arbeitgeberzeugnisse, kann bestenfalls nur eine Tendenz in der beruflichen Zielverfolgung zeigen. In dem Vorstellungsgespräch muss der Bewerber Änderungen seiner beruflichen Tätigkeit bzw. Wechsel der Arbeitgeber begründen. Der Wahrheitsgehalt der Angaben wird umso größer sein je mehr der Bewerber erkennt, dass der Interviewer eingehend mit den Unterlagen vertraut ist.

In diesem Zusammenhang erhält der Interviewer u. a. durch folgende Fragen aufschlussreiche Antworten:

- Warum haben Sie bisher Ihre Stellung nie gewechselt? Warum haben Sie bisher so oft Ihren Arbeitgeber gewechselt?
- Welchen Vorteil erhofften Sie sich aus Ihrem letzten Stellungswechsel? Haben Sie Ihre Erwartungen erfüllt gesehen?
- Welche Vorteile erhoffen Sie sich aus einem erneuten Stellungswechsel?
- Welches waren für Ihre bisherige berufliche Entwicklung die entscheidenden Stellungswechsel?
- Was veranlasst Sie, sich jetzt von Ihrem bisherigen Arbeitgeber abzuwenden?
- Was erwarten Sie von Ihrem neuen Arbeitgeber, damit ein erneuter Stellungswechsel für Sie nicht in Frage kommt?
- Haben Sie die Erfahrung gemacht, dass man seine Stellung wechseln muss, um finanziell/aufstiegsmäßig vorwärtszukommen?
- Könnten Sie in Ihrer jetzigen Stellung vorwärtskommen?
- Könnten die Mitarbeiter bei Ihrem jetzigen Arbeitgeber auch innerbetrieblich auf eigenen Wunsch die Tätigkeit oder Abteilung wechseln?

Arbeitslos zu werden aufgrund einer Pleite des Unternehmens ist sehr hart und bitter, aber auch jeder freiwillige Stellungswechsel ist im Leben eines Arbeitnehmers ein bedeutender Schritt. Er wird von qualifizierten Bewerbern sehr selten leichtsinnig und ohne Überlegung durchgeführt, sondern hat meistens wohlüberlegte Gründe. Die Gründe sind vielfältig, und der Grad des genauen Abwägens ist beim Einzelnen unterschiedlich. Aber beides zu erfahren ist für das Unternehmen, das einen neuen Mitarbeiter einstellt, von Wichtigkeit, und zwar sowohl die Gründe für den Stellungswechsel als auch die Klärung der Frage, wie sehr und intensiv sich der Bewerber Gedanken über seinen Stellungswechsel gemacht hat.

Friedrichs hat bei seinen Analysen die ganze Bedeutung dieses Dialogs für die Bewerberauswahl herausgearbeitet, wenn er schreibt (Handelsblatt v. 18. 3. 1998):

„Die Ausreden ermöglichen dem Bewerber, sein bisheriges berufliches und persönliches Konzept aufrechtzuerhalten. Damit erweisen sich die ‚Ausreden‘ der Bewerber als blinder Fleck in der Selbstwahrnehmung. Sie verhindern, die berufliche Konfliktsituation sachgerecht zu analysieren, um Wege zu ihrer Verbesserung zu finden. Mangels Nichtaufdeckung geht der Bewerber in eine neue Firma, in der die Konflikte schon in der Probezeit wieder Anlass neuer Problematiken werden.

Schaut man sich die als ‚Ausreden‘ charakterisierten Trennungsgründe der Bewerber einmal genauer an, dann fallen oft externe Schuldzuweisungen auf. Das heißt, die Eigenproblematik bleibt verdeckt und kann aufgrund mangelnder Öffnung nicht bearbeitet werden. In diesem Zusammenhang möchte ich noch einmal ausdrücklich betonen, dass das Scheitern einer beruflichen Beziehung kausal auf beiden Seiten des Tisches zu sehen ist. Wichtig für den Bewerber erscheint mir jedoch, dass er wirklich erkennt, welche Probleme, welche Umfelder in den Firmen, welche Chefs, welche Arten von Aufgaben oder Situationen sich für ihn strukturell weniger eignen, sodass er sie bei einer erneuten Stellensuche möglichst vermeiden sollte. Voraussetzung für ein solches Verhalten ist jedoch, dass er auch seine Rolle in der gestörten Kooperation mit dem Arbeitgeber analysiert und feststellt, welche Komponenten im Verhalten letztendlich zum Scheitern geführt haben. Eine weitere Pflege des ‚blinden Fleckens in der Selbstwahrnehmung‘ und damit die Fortführung eines ritualisierten Selbstbetrugs durch Praktizierung eintrainierter Defensivpraktiken sollte nicht das Ziel sein.

Auch wenn eine genaue Analyse des gemeinsamen Scheiterns im nachhinein Wunden aufreißt, persönliche Probleme aufdeckt oder Konsequenzen aufzeigt, die mit erhöhten Anstrengungen verbunden sind, so kann nur eine solche Vorgehensweise eine langfristige Erfolgsorientierung des Berufsweges sicherstellen. Dies bedeutet auch das Inkaufnehmen von Durststrecken, das Entwickeln konstruktiver Alternativen usw. Ich schlage daher für beide Seiten – sowohl für den Bewerber als auch für den Einstellenden – eine gemeinsame konstruktive Analyse und *Bearbeitung der Berufslaufbahn* des Bewerbers sowie der Erwartungshaltung des einstellenden Unternehmens vor.

Eine Einstellung ist kein Pokerspiel und nicht unbedingt eine Sache, in der gewiefte Verhandlungspartner jeweils zeigen, wer der beste ist. Nur eine faire gegenseitige Offenheit verhindert den Crash in der eingeleiteten Probezeit.

Die Suche nach dem wirklichen Grund zum Stellungswechsel führt den Interviewer zu den Bedürfnissen des Bewerbers, die er anders kaum erfährt. Ein Vergleich zwischen der Unzufriedenheit und den Leistungen auf dem Gebiet, der zum Stellungswechsel führt, wird dem neuen Personalleiter zeigen, ob der Bewerber mit dem neuen Arbeitsplatz tatsächlich zufriedener sein könnte oder nicht.

Für die Beurteilung des Bewerbers ist gleichzeitig interessant zu wissen, wie sehr sich der Bewerber bereits mit der Branche und mit dem Unternehmen, in dem er sich bewirbt, vor dem Vorstellungsgespräch vertraut gemacht hat.

Hierzu können folgende Fragen gestellt werden:

– Woher haben Sie erfahren, dass bei uns die Position frei ist?
– Warum haben Sie Interesse, gerade in unserem Unternehmen zu arbeiten?
– Welche Vorstellungen haben Sie von der Größe und der Leistungsfähigkeit unseres Unternehmens?
– Haben Sie bereits Bekannte, Verwandte, Freunde in unserem Unternehmen?
– Was schätzen Sie an unserem Unternehmen, dass Sie sich hier bewerben?
– Welche Vorstellungen haben Sie über Ihre Tätigkeit bei uns?
– Wieso rechnen Sie damit, dass Ihre Wünsche bei uns erfüllt werden können?

Nicht jeder hat einen Arbeitsplatz nach seinen Neigungen. Auch die Frage nach beruflichen Interessen kann daher für den optimalen Einsatz im neuen Unternehmen wichtige Erkenntnisse bringen. Auch wenn Bewerber durch ihre Sachkenntnis davon überzeugen, dass sie während ihrer

Freizeit mit Leidenschaft basteln, modellieren, malen, lesen oder musizieren, kann dies für die Beurteilung des Bewerbers aufschlussreich sein. Wenn sich berufliche Neigungen mit der beruflichen Tätigkeit decken, wird die Effizienz am größten sein für den Mitarbeiter und das Unternehmen. Möglicherweise ergeben sich aus solchen Punkten im Vorstellungsgespräch Anhaltspunkte für einen noch geeigneteren Einsatz als ursprünglich vorgesehen.

Auch die Nebenbeschäftigung oder Nebentätigkeit des Bewerbers kann ähnlich bewertet werden, zumindest soweit sie nicht nur den Charakter des Geldverdienens beinhaltet. Die Frage nach der Nebenbeschäftigung ist auch aufschlussreich, um die Wendigkeit oder die Einsatzbereitschaft zu erkennen oder aber auch um festzustellen, dass unter den vorhandenen Umständen und der sich daraus ergebenden Belastung die Tätigkeit negativ beeinflusst werden kann. Die Annahme kann auch zutreffen, wenn Bewerber Ämter in Vereinen, Clubs und anderen Institutionen eingenommen haben und dabei viel Zeit und Kraft einsetzen, die mitunter dem Betrieb verloren gehen.

Bei Bewerbern für Führungspositionen ist es wichtig, etwas über die Führungsqualifikation, den Führungsstil und die Sozialkompetenz zu erfahren. Diese Fähigkeiten werden umso wichtiger, je mehr die Unternehmen Wert auf einen kooperativen Führungsstil legen. Immer mehr wird erkannt, dass durch eine kooperative und mitarbeiterorientierte Führung die Entwicklung der Fähigkeiten und des Engagements gefördert und dadurch sowohl bessere Leistungen als auch mehr Arbeitszufriedenheit erreicht werden können. Größere Unternehmen setzen für die Ermittlung solcher Eigenschaften oder Potenziale intensivere Untersuchungen bei Bewerbern ein, wie z. B. Assessment-Center (s. Kapitel 5.3), und verlassen sich nicht mehr auf persönliche Eindrücke, Aussagen oder Zeugnisbeschreibungen. Im ersten Gespräch können aber einige gute Fragen dabei helfen, den ersten Eindruck für eine eventuelle Führungskompetenz zu erhalten (Jeserich, 1992).

Fragen zur Führungseignung:

1. Als Sie im Berufsleben das erste Mal eine Möglichkeit sahen, eine Führungsposition zu erhalten, was taten Sie da?
2. Wenn Sie bereits Führungskraft sind, worauf führen Sie zurück, dass Sie ernannt wurden?
3. Was bezeichnen Sie als Ihre größten Erfolge in dieser Funktion?
   – Wann fanden diese statt?
   – Können Sie die Ergebnisse im Einzelnen beschreiben?

4. Haben Sie sonstige Arbeitsgruppen, Teams, Besprechungskreise im Betrieb gegründet oder angeregt zu gründen?
   - Wenn ja, welche und wann?
   - Was waren die Ziele, welche Ergebnisse wurden erreicht?
5. Bitte schildern Sie Ihre Rolle und besondere Aktivitäten von Ihnen in Ihrer Klasse bzw. während Ihrer Schulzeit. Können Sie sich noch erinnern, wie Sie zu dieser Rolle kamen bzw. wie diese Aktivitäten zustande kamen?
   - Wer tat was?
   - Mit welchem Ergebnis?
6. Wenn Sie beim Militär waren, welche Funktionen hatten Sie, und welche Rolle spielten Sie innerhalb Ihres Kameradenkreises?
   - Wie kamen Sie zu dieser Rolle?
7. Können Sie sich noch an eine besonders erfolgreiche Aktivität Ihrer Kameraden erinnern?
   - Und was taten Sie dabei?
   - Mit welchem Erfolg?
8. Welche Aktivitäten entwickeln Sie in Ihrem Freundeskreis?
   - Von wem gehen Einladungen aus?
   - Wer steuert neue Ideen/Ziele bei?
   - Wer plant gemeinsame Feste und wie sieht das aus?
   - Sind Sie damit zufrieden?
   - Warum sind Sie damit zufrieden?
9. Sind Sie Mitglied von Vereinen, Gesellschaften, Beiräten usw., und welche Aufgaben nehmen Sie dort wahr?
   - Wie kamen Sie zu diesen Aufgaben?
   - Woher bzw. von wem kommen neue Ideen und Ziele?
   - Werden die Ziele erreicht und wie?
   - Wer plant die Durchführung?
   - Wer überwacht sie?
   - Was passiert, wenn sich zwei Mitglieder Ihres Vereins streiten?
   - Was machen Sie selber dann?

3.1.1.3 Familiäre und gesellschaftliche Situationen – Soziabilität

Eine Lebensausbildung ist genauso wichtig wie eine Berufsausbildung. Eine Lebensgeschichte ist genauso interessant wie eine Berufslaufbahn.

Auch die beste Berufsausbildung kann Lebenstüchtigkeit weder garantieren noch ersetzen. Gewiss, Können und Wissen sind die Voraussetzungen für qualifizierte berufliche Leistungen. Ausschlaggebend dafür sind sie jedoch nicht; denn einer seelisch mehr oder weniger schwer beeinträchtigten Persönlichkeit werden sie kaum nutzen.

Von unserer Leistungsgesellschaft wird sehr oft behauptet, sie stelle ihre Handlungen nur auf den Erfolg und die Arbeitsleistung ab, und die menschliche Komponente werde dabei vernachlässigt. Dabei stellt sich in der Praxis immer wieder heraus, dass ein langfristiger Erfolg nur das Ergebnis einer guten Zusammenarbeit der Menschen ist. Moderne Führungstechniken setzen sich zum Ziel, die Leistung des Unternehmens durch eine Identität zwischen den Zielen des Unternehmens und jenen des Beschäftigten zu verbessern. Erfahrungsgemäß sind die Mitarbeiter eher bereit, den Zielen des Unternehmens zu folgen, wenn sie dabei gleichzeitig ihre persönlichen Ziele befriedigen können. Die *persönlichen Ziele* werden dabei weitgehend geformt von den familiären und gesellschaftlichen Verhältnissen, in denen der Bewerber aufwuchs und heute lebt.

Schaal (1997, S. 57) hat dies so beschrieben: Wissenschaftler „haben herausgefunden, dass es Beziehungen zwischen der familiären Herkunft und der Befähigung zu angemessenen Interaktionen gibt. Im statistischen Durchschnitt hat der Bewerber mit der günstigeren familiären Herkunft bessere Fähigkeiten zu angemessenen Interaktionen. Dieser Zusammenhang darf aber auf keinen Fall deterministisch ausgelegt werden.

Sie haben auch herausgefunden, dass es Beziehungen zwischen sozialer Schicht und Verhalten gibt. In seiner Untersuchung ‚Persönlichkeit, Beruf und soziale Schichtung' benutzt er den Begriff ‚Wertvorstellungen' als Hauptverbindung zwischen gesellschaftlicher Position und Verhalten. Die Wertvorstellungen von Menschen verschiedener sozialer Schichten unterscheiden sich voneinander, und diese Unterschiede sind in der grundlegenden Verschiedenartigkeit zwischen den Lebensbedingungen der Individuen unterschiedlicher sozialer Schichten verwurzelt. Das ‚Deutungsmuster' vollzieht sich im Wesentlichen auf folgenden Ebenen: soziale Schicht – Lebensbedingungen – Wertvorstellungen – Verhalten."

Natürlich ist eine Analyse der Biografie für Bewerber für repetitive und einfache Tätigkeit nicht erforderlich, aber für Bewerber für anspruchsvolle und verantwortungsvolle Aufgaben sinnvoll.

Hier ist wichtig, im Vorstellungsgespräch die persönlichen Ziele und Wünsche des Bewerbers kennenzulernen, um die Chancen der Realisierung im Unternehmen in der neuen Tätigkeit im Voraus abschätzen zu können.

Der Vorgesetzte möchte von seinem neuen Mitarbeiter nicht nur wissen, wie er ihn einsetzen kann, sondern auch, wie er in seine „Mannschaft" hineinpasst. Er kennt das Gefüge, die Zusammensetzung und das Verhalten seiner Arbeitsgruppe und ist interessiert daran, dass die zwi*schenmenschlichen Beziehungen* seiner Mitarbeiter arbeitsfördernd sind. Ihn interessieren daher die Antworten zu folgenden Fragen, die er stellen wird:

- In welcher Umgebung sind Sie groß geworden?
- In der Großstadt oder auf dem Dorf?
- Wieviel Geschwister haben Sie?
- Wie lange haben Sie zu Hause gelebt?
- Wie alt waren Sie, als Sie finanziell selbstständig wurden?
- Haben Sie Jugendgruppen angehört, und welche Stellung haben Sie in diesen Jugendgruppen eingenommen?
- Bekamen Sie leicht Freunde in der Jugendzeit?
- Mussten Sie bereits zeitig Ihre Eltern und Geschwister finanziell unterstützen?
- Waren Ihre beiden Eltern berufstätig?

Die familiäre Situation spielt aufgrund einer veränderten Wertestruktur immer häufiger die entscheidende Rolle für einen Betriebswechsel und die Anforderungen an einen neuen Arbeitsplatz.

Der Interviewer sollte versuchen, auf folgende Fragen ehrliche Antworten von Bewerbern zu erhalten:

Wie stark ist der Einfluss des Ehepartners/Lebensgefährten auf die Arbeitsplatzwahl?
Ist die Familie mit einem Wechsel einverstanden?
Wie werden die Probleme für die Familie gelöst?
Was erwartet die Familie für sich aus der Veränderung?
Setzt sich der Bewerber über die Belange der Familie hinweg?
Was erwartet die Familie von ihrem Familienmitglied (Bewerber) bezüglich

- Länge der Arbeitszeit
- Urlaub
- Freizeitgestaltung
- Stressbelastung
- Karriere
- Gehaltsentwicklung
- Sicherheit des Arbeitsvertrages
- Sesshaftigkeit
- Zuwendung/Betreuung
- Mitarbeit im Haushalt und in der Familie?

Insbesondere jüngere Arbeitnehmer haben hierzu feste Absprachen mit ihren Partnern. Sie sind oft beide berufstätig und teilen sich die Aufgaben im Hause. Oder einer verzichtet zugunsten des Anderen auf seine berufliche Karriere. Oder gerade nicht?

Verschiedene Untersuchungen belegen, dass die jüngere Generation ein ausgeprägtes Werteempfinden hat für alles, was mit „Beziehungen" zu tun hat. Zudem hat die Freizeitorientierung zugenommen und die Karriereorientierung z. T. abgenommen. Deshalb müssen Führungskräfte bei der Auswahl ihrer neuen Mitarbeiter (insbesondere aber bei der Suche nach neuen Führungskräften) verstärkt die Vereinbarkeit von privaten Interessen und beruflichen Anforderungen klären.

Arbeit ist für viele junge Menschen nicht mehr alles, auch nicht Erfüllung. Fortschrittliche Unternehmen stellen sich diesen Veränderungen und versuchen, in den Vorstellungsgesprächen dieses Thema noch stärker zu berücksichtigen und ihre Anforderungen und Arbeitsbedingungen (z. B. Arbeitszeitregelung) daran zu orientieren (s. Kapitel 3.1.2.4).

Die Auswertung der Antworten zu diesen Fragen ist nicht so leicht. Doch auf eine objektive Auswertung kommt es hier gar nicht an. Das subjektive Empfinden des Vorgesetzten allein – mit allen bekannten Beurteilungsfehlern – ist maßgebend. Die Gruppenzusammengehörigkeit basiert gleichfalls auf vielen subjektiven Faktoren. Kontakt, Sympathie und Aktivität sind drei voneinander abhängige Faktoren, die in dem Gespräch zwischen dem Bewerber und dem unmittelbaren Vorgesetzten geprägt werden. Wie der Bewerber die Fragen beantwortet, was dabei an Zwischentönen und Zusatzinformationen herauskommt, das ist interessant und gibt Ansatzpunkte für spontane Zusatzfragen, die oft besser sind als die standardisierten Offerten.

Der Bewerber wird sich meist nicht scheuen, diese Fragen zu beantworten. Wenn Sie seine Intimsphäre verletzen, wird er das zu spüren geben. Auch das ist für das Kennenlernen des Bewerbers wichtig. Solche Reaktionen geben Aufschluss über Selbstwertgefühl, Toleranz und emotionale Belastbarkeit.

Allerdings muss der Interviewer sehr aufpassen, nicht Fragen zu stellen, die unzulässig sind. Der Interviewer ist nur berechtigt, solche Fragen zu stellen, die notwendig sind, um die Eignung des Bewerbers für den in Aussicht genommenen Arbeitsplatz beurteilen zu können. Das Anforderungsprofil entscheidet über die notwendigen Fragen.

3.1.1.4 Teamfähigkeit und soziale Kompetenz

Die soziale Kompetenz wird immer wichtiger für eine erfolgreiche berufliche Tätigkeit, nicht nur für Führungskräfte. Seitdem immer mehr

Unternehmen Team- und Gruppenarbeit favorisieren und auch die Arbeit danach organisieren, müssen Bewerber die dafür notwendigen Fähigkeiten mitbringen. Teamfähigkeit wird so zur Schlüsselqualifikation und Kernkompetenz für Bewerber. Die Ausbildungsleiter großer Unternehmen sind schon längst dazu übergegangen, weniger auf die Schulnoten abzustellen als diese Fähigkeit in Einstellungstests abzufragen.

Deshalb muss ein Teil des Vorstellungsgesprächs darauf konzentriert sein, einen ersten Eindruck über die soziale Kompetenz zu erhalten. Dazu gehören

– Kommunikationsfähigkeit,
– Kooperationsfähigkeit,
– Fähigkeit, Identifikation zu schaffen,
– Konfliktbewältigungsfähigkeit.

Das bedeutet vorrangig

– aktiv zuhören und andere ausreden lassen,
– Bedürfnisse und Verhaltensweisen anderer ernst nehmen,
– gegenseitiges Vertrauen aufbauen,
– kompromissbereit sein,
– Konflikte konstruktiv, offen und sachlich austragen,
– keine Gewinner-/Verlierer-Positionen entstehen lassen.

Teams müssen die richtige Mischung von Qualifikationen und Verhaltensweisen finden, um als Team erfolgreich zu sein. Solche Fähigkeiten können wir gliedern in

– fachliche Sachkenntnis,
– Fähigkeiten zur Problemlösung und Entscheidungsfindung,
– Fähigkeit für den Umgang miteinander.

Eine Beurteilung von Teamfähigkeit bei Kandidaten kann sich also nicht darauf beschränken, nur die Fähigkeiten für den Umgang miteinander zu analysieren und einzuschätzen, sondern sie muss zweifellos auch auf die anderen Gesichtspunkte Rücksicht nehmen, da das Team nicht miteinander feiern, sondern ein besonders gutes Arbeitsergebnis erzielen soll oder will und auch gegen andere Teams in Konkurrenz bestehen soll (Teamkonkurrenz; Gewinnerteams).

T. J. Gerpott (1992) unterscheidet drei Kriterienarten für die Beurteilung von Kollegen und Mitarbeitern:

1. Personelle Eigenschaftskriterien,
2. arbeitsverhaltensbezogene Kriterien,
3. arbeitsergebnisbezogene Kriterien.

Auch er kommt zu dem Ergebnis, dass insbesondere für das systematische Verbessern individueller Leistungsverhaltensweisen und Ergebnisse in Gruppen oder Teams arbeitsverhaltensbezogene Beurteilungskriterien verwendet werden sollten, die durch ergebnisorientierte Kriterien zu ergänzen sind.

Wildemann (1994) favorisiert bei seinem Teamentwicklungsmodell Sozialkompetenz und Sozialverhalten als maßgeblich für Teamfähigkeit und Auswahl von Teammitgliedern. Wobei er aber gleichermaßen wie in anderen Erfahrungsbereichen bestätigt, dass sich Teamverhalten auch erst in der Gruppe entwickeln kann und deshalb über einen längeren Zeitraum beobachtet werden muss.

Jedes neue Teammitglied durchlebt dazu verschiedene Phasen, die Wildemann wie folgt beschreibt:

Stufe 1 ist die Phase des höflichen Kontaktes und der Anpassung, in der sich die Mitglieder abtasten. Sie versuchen, ihre Position in der Gruppe zu finden, und erkunden die gegenseitigen Erwartungen und die Verhaltensweisen der einzelnen in der Gruppe.

In der Stufe 2 sieht er die Phase des Konflikts und der Auseinandersetzung, in der sich die Mitglieder des Teams mehr und mehr ihrer unterschiedlichen Wertvorstellungen und Verhaltensweisen bewusst werden.

In der Stufe 3 hat sich das Team gefunden. Es ist die Phase der Geschlossenheit und Abgrenzung. Die Konflikte werden bereinigt, jedenfalls ist die gegenseitige Anerkennung groß genug, um die Konflikte bewältigen zu können. Die Mitarbeiter fühlen sich zusammengehörig, und sie entwickeln eine Geschlossenheit.

Die höchste Phase der Gruppenentwicklung auf der Beziehungsebene wird von Wildemann als die Phase der Unabhängigkeit und Offenheit bezeichnet. In dieser Phase haben wir die gewünschte wechselseitige Kommunikation zwischen allen Teammitgliedern; die Mitglieder geben sich ein offenes Feedback, und es besteht eine gegenseitige hohe Toleranz und Vertrauen.

Um Teamfähigkeit differenziert beurteilen zu können, müssen wir noch mehr wissen: Auch in allen erfolgreichen betrieblichen Gruppen finden wir das immer wiederkehrende Muster unterschiedlicher Rangpositionen wieder, wie wir sie aus nicht betrieblichen gruppendynamischen Untersuchungen kennen. Es kristallisieren sich im Laufe der Zeit heraus:

1. die prominente Alpha-Position (der Führer oder Sprecher),
2. die ebenfalls herausgehobene Beta-Position (Schiedsrichter, Experte),
3. die Gamma-Position (normales Mitglied, Normenhüter, Helfer) und
4. die niedrigere Omega-Position (Außenseiter, Sündenbock, Prügel-knabe) (siehe Neuberger: Führen und führen lassen. 2002).

Eine solche Gruppenstruktur ist von Bedeutung für das Funktionieren einer Gruppe. Gruppen entwickeln typische Beziehungs-, Rollen- und Statusstrukturen, die die Interaktionen zwischen den Gruppenmitgliedern entlasten, die Gruppe nach außen abschirmen und die Funktionstüchtig-keit der Gruppe beeinflussen. In dem Zusammenhang müssen auch zwei Grundfunktionen genannt werden, die erfolgreiches Funktionieren von Gruppen voraussetzt: Einerseits ist dafür zu sorgen, dass die Gruppenauf-gabe bewältigt wird (Lokomotion), und andererseits muss der Gruppen-zusammenhalt gewährleistet werden (Kohäsion).

Zur Teamfähigkeit gehört auch die Fähigkeit zu Kohäsion und Lokomo-tion (Stroebe, R./Stroebe, G. 1994).

Kohäsion meint: „Herbeiführen und Aufrechterhalten der Zusammenge-hörigkeit und des Bestandes des Teams."

Lokomotion meint: „Beeinflussen des Teams zum Erreichen des Team-zieles."

Für die Beurteilung von Teamfähigkeit müssen wir auch Folgendes wissen: Von den Gruppenmitgliedern wird darauf Wert gelegt, dass un-terschiedliche fachliche und funktionelle Fähigkeiten vorhanden sind, um auch unterschiedlichen Anforderungen gerecht zu werden. Und es wird auch darauf geachtet, dass einige Teammitglieder von vornherein Fähigkeiten mitbringen, die dazu beitragen, Probleme zu lösen, den Arbeitsablauf zu organisieren, Entscheidungen schnell und zügig her-beizuführen.

Diese Fähigkeiten sind gleichermaßen erforderlich bei arbeitsteiliger Wirtschaft, also bei einer Arbeitsorganisation, die nicht der Gruppenar-beit den Vorzug gibt.

Schon ganz anders sieht es bei den erwarteten Fähigkeiten für den posi-tiven persönlichen Umgang miteinander aus. Der hat für Gruppen- und Teamarbeit einen enorm hohen Stellenwert. Natürlich ist auch bei einer arbeitsteiligen Wirtschaft der gute Umgang miteinander maßgeblich für eine gute Zusammenarbeit und gute Arbeitsergebnisse. Nicht umsonst wird in den Unternehmen versucht, den kooperativen Führungsstil durchzusetzen, der gerade solche Kriterien berücksichtigt. Wir wissen, Unternehmen, in denen ein hohes Maß an offener Kommunikation und Kritikfähigkeit, Fähigkeit zum Zuhören und eine positive Streitkultur entwickelt ist, haben Vorteile gegenüber Unternehmen, die diese Eigenschaften nicht entwickelt haben.

Doch dieses Maß reicht für gute Teamarbeit nicht aus. In einem Team hat die soziale Sensitivität oder soziale Kompetenz der Mitglieder einen ganz besonders großen Stellenwert. Hier kommt es auf ein einheitliches Engagement an, auf echte kooperative Arbeitsbeziehungen, auf einen von allen akzeptierten Kommunikationsstil, der geprägt ist von gemeinsamer Verantwortlichkeit und Partnerschaftlichkeit.

Ein Schwerpunkt für die Beurteilung der Teamfähigkeit ist deshalb die Kommunikationsfähigkeit zur Entwicklung von Vertrauen und Zutrauen, hoher gegenseitiger Beeinflussung. Also die Fähigkeit für eine ausgezeichnete Kommunikation nach unten, nach oben und horizontal, zum Erreichen eines hohen Maßes der Motivation für die Zusammenarbeit.

Der Erfolg der Gruppenleistung wird ganz wesentlich beeinflusst durch das Maß der unterstützenden Beziehungen zueinander, d.h. das Maß, wie die Mitglieder des Teams ihre zwischenmenschlichen Beziehungen im Team als ihrem Selbstwertgefühl und ihrer Selbstverwirklichung förderlich empfinden und beurteilen.

M. Sanborn (1994) identifiziert vier Eigenschaften, die für Teamarbeit erfüllt werden sollten, und beschreibt, wie diese herausgefunden werden können:

1. Positive Grundeinstellung
Das bedeutet, dass der Bewerber für das Team eine hohe Arbeitsmotivation hat, dass er interessiert ist, in dem Team mitzuarbeiten.

2. Kooperationsfähigkeit
Die Bewerbungsunterlagen teilen immer nur mit, was jemand erreicht hat, aber nicht wie er es erreicht hat. Um Aufschluss zu geben über die Teamfähigkeit eines Bewerbers, empfehlen sich Fragen nach den größten Erfolgen und wie er diese errungen hat. Dabei sollte man besonders auf das Wort „wir" achten. Bereits in der Darstellung von Erfolgen wird sehr schnell sichtbar, ob er sich selbst immer nur im Mittelpunkt sieht oder ob er die Unterstützung anderer bei seinem größten Erfolg berücksichtigt.

3. Energie
Die Menschen sollen etwas vorantreiben. Sie sollen Power besitzen, also Energie haben, und unruhig werden, wenn es zu langsam vorangeht. Sie sollten unruhig werden im Bewerbungsgespräch, wenn dieses zu langsam und zu langwierig verläuft.

4. Service
Effiziente Teammitglieder sollten wissen, dass jede Aufgabe, jeder Einzelbereich einen Service für eine andere Stelle darstellt. Jeder sollte seinen innerbetrieblichen Team-Kunden kennen. Es muss darauf geachtet werden, dass Teammitarbeiter dazu programmiert sind, freiwillig auch anderen Dienstleistungen zu erbringen und nicht immer darauf zu warten, dass sie von der Leistung ihrer Kollegen profitieren.

Ein neues Teammitglied einzustellen, ohne die anderen zu fragen, ist immer ein schwerer Fehler. Insoweit kommt der Einbeziehung der Teammitglieder in das Auswahlverfahren eine besondere Bedeutung zu. Das gilt sowohl für das Zusammenführen der Kandidaten für eine neu zu bildende Gruppe als auch für die Aufnahme neuer Mitglieder in ein bestehendes Team. Letzteres ist sicherlich einfacher, weil die bestehende Gruppe bereits bewährte Umgangsstrukturen eingeübt hat und Neulinge stark einem Anpassungsprozess unterliegen. Bei neuen Gruppenzusammensetzungen könnte sich die gruppendynamische Struktur erst bilden, wobei jeder die Chance zur Einflussnahme hat.

Unternehmen, die ganz bestimmte hochwertige Aufgaben durch Gruppen oder Teams erfüllen lassen wollen, geben sich viel Mühe, um die Zusammensetzung der Gruppe zweckmäßig zu gestalten. Dabei kann es vorkommen, dass das eine oder andere Mitglied aus der Gruppe wieder ausschert und andere sich angezogen fühlen. Und es dauert manchmal lange Zeit, bis aus der Gruppe ein Team geworden ist, in dem dann spontan geäußert wird: Hurra, wir sind ein Team!

Folgende Fähigkeiten und Verhaltensweisen sind für Teamarbeit gefordert:

– Beobachtet er Empfindlichkeiten anderer?
– Hilft er anderen in Notsituationen?
– Geht er auf die Bedürfnisse anderer ein?
– Setzt er eigene Meinung nicht auf Kosten anderer durch?
– Verzichtet er auf Eigennutz?
– Stellt er Gruppenergebnisse über Eigenprofilierung?
– Verhält er sich so, wie er das von anderen verlangt?
– Schützt er Minderheiten?

– Formuliert er Bedürfnisse und Sorgen anderer mit eigenen Worten und bietet Lösungsmöglichkeiten an?

3.1.1.5 Lernfähigkeit, -willigkeit und Flexibilität

Grundlage aller Lernaktivitäten ist die Energie, die jemand aufbringt, um neue Lernaufgaben zu bewältigen. Lust am „Neuen" und Freude an Veränderungen kennzeichnen solche Menschen, die in der heutigen Arbeitswelt den permanenten Wandel durch ihre Flexibilität erfolgreich mitgestalten. Die Frage muss also lauten, wie springt der „Motor der Lernmotivation an" und wie wird er genutzt?

Um den geeigneten Bewerber auszuwählen, muss man dies erkennen. Die Gretchenfrage lautet also: Wie erfahre ich mehr über die Lernfähigkeit, -willigkeit und Flexibilität von Bewerbern? Anhand folgender Fragebeispiele können Sie dem Bewerber hierzu „auf den Zahn" fühlen:

Interviewerfragen zu Lernfähigkeit und -willigkeit:

- Was muss der neue Positionsinhaber dieser Stelle am schnellsten lernen? Wie würden Sie vorgehen?
- Was motiviert Ihre Lernfähigkeit, wann springt bei Ihnen der Funke über?
- Inwieweit mussten Sie sich Ihren heutigen Wissensstand „schwer" erarbeiten bzw. inwieweit fiel Ihnen alles zu?
- Was waren die bedeutsamen Lernerfahrungen in Ihrem Leben? Welche Einsichten haben Sie daraus gewonnen? Aus welchen Fehlern haben Sie gelernt?
- Was waren für Sie wichtige Chancen zum Lernen? Wie haben Sie diese genutzt?
- Was interessiert Sie besonders? Für welche Themen sind Sie zu begeistern?
- Welche Aktivitäten sind für Sie in Ihrer Freizeit wichtig und welche Lernimpulse beziehen Sie daraus?
- Angenommen Sie stehen vor einer schwierigen Lernaufgabe, die Ihnen wirklich alles abverlangt? Wie motivieren Sie sich?
- Wie organisieren Sie Ihr Lernen? Welche Strategien verfolgen Sie dabei?
- Was steigert und was hemmt Ihr Lerntempo?
- Was gibt Ihnen besondere Kraft und Energie zum Lernen?
- Inwieweit gelingt es Ihnen, neues Wissen schnell umzusetzen? (Nennen Sie Beispiele)

Interviewerfragen zur Flexibilität:

- Schildern Sie eine Situation, die besondere Flexibilität von Ihnen erforderte? Wie haben Sie sich verhalten?
- Welches Ausmaß an Flexibilität wird Ihrer Meinung vom neuen Positionsinhaber erwartet? Welche besonderen Herausforderungen könnten im Falle einer Anstellung auf Sie zukommen, und wie würden Sie vorgehen?
- Angenommen, ein Kollege (Chef, Kollege, Freund, ...), der sie gut kennt, würde Sie im Hinblick auf Ihre Flexibilität beschreiben, wie würde er Sie charakterisieren?
- Welche Flexibilität erwarten Sie von Ihrem Chef (Kollegen, Mitarbeiter, ...)? Welche von sich selbst?
- In welchen Situationen schätzen Sie sich als eher flexibel und in welchen als eher unflexibel ein?

Doch wie können wir in Gesprächen erfahren, inwieweit der Bewerber solche Fähigkeiten mitbringt, wie groß seine soziale Kompetenz ist?

Dazu eignen sich ganz bestimmte Fragen, die besonders aufschlussreiche Antworten herausfordern. Dabei gilt der Grundsatz hier besonders: „Die Augen sind blind – man muss mit dem Herzen suchen."

Interviewfragen zur Soziabilität:

- Was zählt für Sie mehr, das Wort oder die Tat?
- Welche persönlichen Vorbilder und Autoritäten haben Sie geprägt?
- Was bereuen Sie am meisten?
- Was hat Ihnen Narben zugefügt?
- Was möchten Sie, was Ihre Kinder über Sie sagen?
- Was hat Sie sehr ergriffen?
- Worauf könnten Sie am wenigsten verzichten?
- Was würden Sie nicht wieder machen?
- Wann heiligt der Zweck die Mittel?
- Worauf sind Sie am meisten stolz?

Durch die Antworten zu den Fragen wird der erfahrene Interviewer interessante Aufschlüsse über die Soziabilität des Bewerbers, seine Teamfähigkeit, seine soziale Kompetenz, sein Temperament, seine Initiative, Einsatzbereitschaft und Systematik in der Lebensführung erhalten.

3.1.1.6 Wünsche zum Gehalt und zu anderen Arbeitsbedingungen

In der Praxis stellt sich immer wieder die Frage, ob das Gespräch über das Einstellungsgehalt und sonstige Leistungen des Unternehmens bereits zu Beginn des Vorstellungsgespräches geführt werden sollte oder erst zum Abschluss. Hier kann man nicht sagen, dass die eine oder andere Regelung ausschließlich die richtige ist. Voraussetzung dafür, dass die materiellen Bestandteile des Arbeitsvertrages zum Abschluss des Vorstellungsgespräches erörtert werden, ist, dass der Personalleiter von vornherein, aufgrund seiner bisherigen Informationen aus den Bewerbungsunterlagen, ein Scheitern der Verhandlungen aufgrund überhöhter Gehaltswünsche des Bewerbers für unwahrscheinlich ansieht. Dies ist immer die günstigste Ausgangsposition für das Vorstellungsgespräch, da in der Regel richtige Gehaltsabsprachen erst dann erfolgreich getroffen werden können, wenn die gegenseitigen Informationen über die Qualifikation des Bewerbers und das Anforderungsprofil des Arbeitsplatzes vorhanden sind. Es ist daher immer anzustreben, sich bereits vor dem Vorstellungsgespräch Informationen über die Gehaltsvorstellungen des Bewerbers zu beschaffen. Das gilt umso mehr, je weiter entfernt der Bewerber wohnt und durch eine längere Anreise für das Unternehmen Kosten entstehen.

Die Personalabteilung wird allerdings nicht selten in die Situation kommen, Bewerbungsgespräche zu führen, bei denen die Einkommensvorstellungen des Bewerbers vorher nicht bekannt sind. Hier ist es zweckmäßig und rationell, zu Beginn des Vorstellungsgespräches zuerst einmal zu erfahren, in welcher Einkommensklasse sich der Bewerber zur Zeit befindet, um dem Bewerber gegenüber klar zu erkennen zu geben, in welchem Gehaltsrahmen sich der zu besetzende Arbeitsplatz bewegt. Manchmal wird aufgrund dieser Information bereits sichtbar, ob die angebotene Tätigkeit mit dem damit verbundenen betrieblichen Gehalt den Wünschen des Bewerbers gerecht werden kann.

Der Bewerber verbindet mit der neuen Position oft sehr klare Vorstellungen, die er gern erfüllt haben möchte (s. Abb. 30). Das betrifft einmal die Tätigkeit selbst, aber auch die vielen anderen Erwartungen, die oft eine gleiche Bedeutung für seine Entscheidungen haben. Im Vordergrund steht dabei – trotz aller gegenteiligen Aussagen – die Frage nach den Einkommensmöglichkeiten. Für den erfolgreichen Abschluss der meisten Einstellungsverhandlungen ist das Gehalt immer noch entscheidend.

Abb. 30: Vergütungsberatung

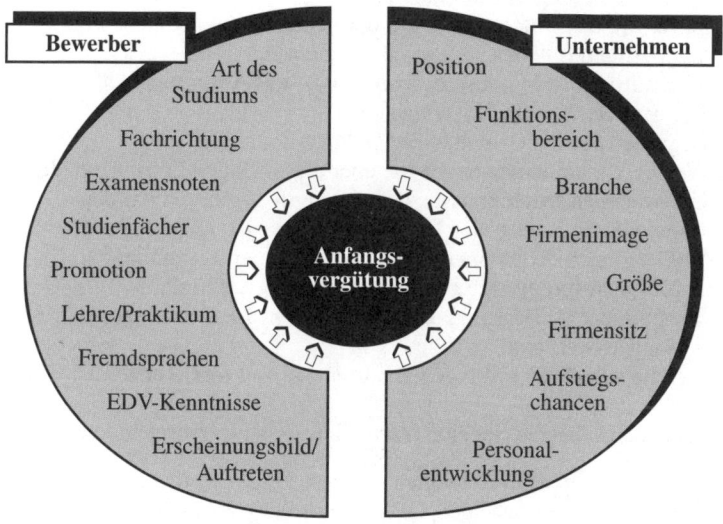

Determinanten der Anfangsvergütung
von Akademikern

© Kienbaum Vergütungsberatung

Quelle: Handelsblatt, Junge Karriere, 14/1994

In sehr vielen Unternehmen gibt es jedoch keine präzise Bewertung der einzelnen Tätigkeiten, und somit gilt noch das „Tabu" der Gehälter. Bewerber rechnen deshalb in der Regel mit einem intensiven Gespräch über das Einstellungsgehalt und versuchen, durch geschickte Verhandlungsführung das meiste für sich herauszuholen. In der Regel beginnt immer noch der Bewerber das „Blindekuh-Spiel".

Doch Fragen heißt Führen, und deshalb muss der Personalleiter die Initiative ergreifen. Für ihn ist es von Vorteil, vor seinem Angebot folgende Fragen zu stellen:

– Wie hoch ist Ihr jetziges Einkommen?
– Wohnen Sie in einem eigenen Haus?
– Wie ist Ihre finanzielle Lage, haben Sie Schulden?
– Ist Ihre Gattin berufstätig?
– Wo und als was arbeitet Ihre Gattin?

– Erwarten Sie bei einem Stellungswechsel unbedingt eine Gehaltsver-
  besserung, oder kommt es Ihnen im Wesentlichen auf eine Verbesse-
  rung der Arbeitsbedingungen an?
– Würden Sie bei einer interessanten Tätigkeit auch eine Einkommens-
  verschlechterung in Kauf nehmen?
– Ist für Sie das Anfangsgehalt in der neuen Firma maßgebend oder die
  langfristigen Entwicklungsmöglichkeiten?
– Was wären Ihre Mindesterwartungen für das Anfangsgehalt?
– Befürworten Sie ein Leistungsgehalt?
– Begrüßen Sie die Offenheit der Gehälter?
– Welche Vorstellungen haben Sie über die sonstigen Leistungen, die ein
  Unternehmen bieten müsste, dem Sie gern angehören würden?
– Wieviel Urlaubsanspruch haben Sie in Ihrer jetzigen Stellung?
– Wie setzt sich Ihr jetziges Gehalt im Einzelnen zusammen?
– Zahlt Ihnen Ihre jetzige Firma mehr als 12 Gehälter?
– Sind Sie der Auffassung, dass Zulagen für die Betriebszugehörigkeit
  wünschenswert sind?
– Welche sozialen Leistungen erwarten Sie von Ihrem neuen Unterneh-
  men?
– Wie hoch schätzen Sie eine betriebliche Altersversorgung ein?

Nach dem Vorliegen der Antworten auf diese Fragen wird es der Personalleiter leicht haben zu entscheiden, ob der Bewerber realistische Gehaltsvorstellungen hat und eine Vertiefung des Gesprächs in Frage kommt.

3.1.1.7 Gesundheit und Belastbarkeit

Nur von einer Minderheit von Unternehmen wird der Gesundheitszustand
potenzieller Mitarbeiter bei der Einstellung überprüft. Wenn, dann sind
zwei Verfahren üblich. Entweder begnügt sich das Unternehmen mit der
Information durch den Hausarzt, oder aber der Kandidat wird zu einem
vom Unternehmen benannten Arzt (der der eigene Betriebsarzt sein kann)
geschickt. In jedem Fall muss der Bewerber den Arzt von der ärztlichen
Schweigepflicht entbinden. Wird die Information durch den Hausarzt
abgefragt, so wird dem Arzt entweder ein Fragebogen übersandt (das Verfahren scheint bei Ärzten nicht sehr beliebt zu sein), oder aber der Arzt
formuliert das Gesundheitsattest selbst.

Fragen nach dem Gesundheitszustand sind für die Einsatzfähigkeit im
Unternehmen sehr wichtig. Kein Mensch sollte Belastungen ausgesetzt
werden, die er nicht ertragen kann oder durch die er gesundheitlich Scha-
den erleidet.

Ehrliche Antworten sind von Bewerbern dazu sehr schwer zu erhalten. Entweder überschätzen sich die Bewerber oder sie wissen es nicht genau oder wollen darüber nicht reden, um eine Ablehnung zu verhindern.

Personalfachleute und Vorgesetzte sind überfordert, wenn sie aufgrund der Antworten auf ihre diesbezüglichen Fragen ihre Entscheidung treffen sollen. Es hat sich immer wieder bewährt, Fachärzte vor einer Einstellung eines neuen Mitarbeiters zu konsultieren. Die damit verbundenen Kosten stehen in keinem Verhältnis zu dem Risiko, das man sonst in Kauf nimmt.

Die Untersuchung durch den Arzt hat zwei wesentliche Vorteile:

1. Der Arzt kann aufgrund der eigenen Untersuchungen einen objektiveren Befund ermitteln.
2. Dem Arzt gegenüber wird der Bewerber meistens mehr Offenheit und Ehrlichkeit entgegenbringen, da er hier leichter überführt werden kann.

Der Arzt muss gezielte Fragen stellen, um ein umfassendes Bild für seine Beurteilung zu erhalten. Für eine Anamnese und Beurteilung der Einsatzfähigkeit benötigt er die Bewerbungsunterlagen und das Anforderungsprofil des Arbeitsplatzes. Darüber hinaus wird er den Bewerber darum bitten, seine Fragen wahrheitsgemäß zu beantworten, da gegenteiliges Verhalten zu einer Entlassung führen kann. Erkundigungen beim Hausarzt sind meist auch möglich.

Der Arzt darf dem Unternehmer keine Befunde mitteilen, sondern nur seine Auffassung, ob er den Anforderungen am Arbeitsplatz gesundheitlich genügen kann oder nicht.

Die gesundheitliche Eignung ist im Interesse des Bewerbers und Unternehmens außerordentlich wichtig, um künftige Erschwernisse und Konflikte zu reduzieren.

3.1.2 Informationen für den Bewerber

Viele Bewerber bereiten sich auf das Vorstellungsgespräch vor und informieren sich vorher ausführlich über das neue Unternehmen. Oder sie stellen viele Fragen dazu. Der Arbeitgeber wird sich in seinem eigenen Interesse bemühen, den Bewerber soviel wie möglich über das Unternehmen und die ihn zu erwartende Tätigkeit zu informieren. Damit schafft er die Voraussetzung dafür, dass der Arbeitnehmer nicht bald nach seiner Einstellung enttäuscht ist und den Vertrag löst, wodurch zusätzliche Kosten entstehen. Die gezielte ausführliche Information des Bewerbers nimmt daher heute einen wesentlichen Teil des Vorstellungsgespräches ein.

Die Bewerber sollten vom Unternehmer oder Vorgesetzten Informationen erhalten, um prüfen zu können, in welchem Umfang die eigenen Erwartungen erfüllt werden.

Worüber möchten Bewerber im Gespräch etwas erfahren?

– Arbeitsbeschreibung
– Klares Unterstellungsverhältnis
– Klare Kompetenzabgrenzung deckungsgleich mit Verantwortung
– Einarbeitungsplan
– Kennenlernen des Arbeitsplatzes
– Offene Leistungsbeurteilung
– Leistungsbezogenes Entgelt
– Förderungsmöglichkeiten
– Entwicklungsmöglichkeiten
– Kompetente und kalkulierbare Vorgesetzte
– Kooperativer Führungsstil des Vorgesetzten

Gut geführte Unternehmen stellen sich rechtzeitig auf die Bedürfnisse der potenziellen Bewerber ein. Sie nehmen im Unternehmen Einfluss darauf, dass in der Führungs- und Arbeitsorganisation neue Wege eingeschlagen werden, die mehr den Bedürfnissen der qualifizierten jungen Generation nach befriedigender Arbeit entsprechen und somit auch mehr Leistungsmotivation hervorrufen können (s. Abb. 31).

Diese Befragungsergebnisse haben sich auch in späteren Untersuchungen tendenziell immer wieder bestätigt.

Abb. 31: Anforderungen der Studenten an Unternehmen und Tätigkeiten

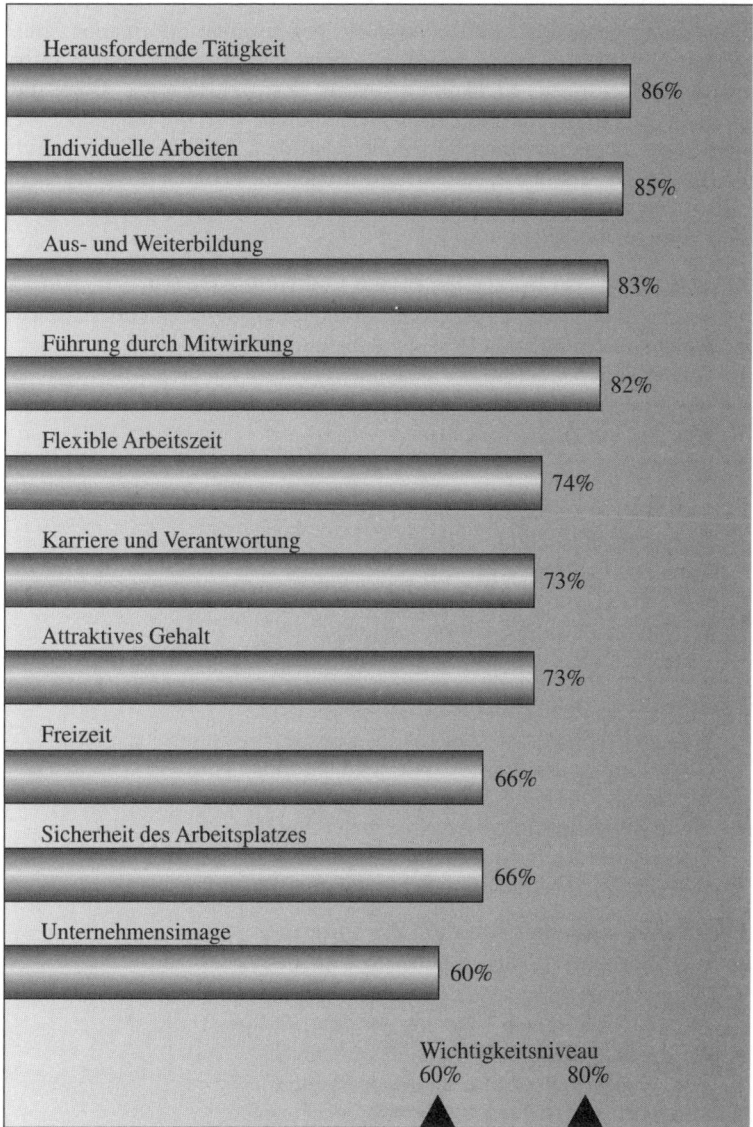

Herausfordernde Tätigkeit — 86%

Individuelle Arbeiten — 85%

Aus- und Weiterbildung — 83%

Führung durch Mitwirkung — 82%

Flexible Arbeitszeit — 74%

Karriere und Verantwortung — 73%

Attraktives Gehalt — 73%

Freizeit — 66%

Sicherheit des Arbeitsplatzes — 66%

Unternehmensimage — 60%

Wichtigkeitsniveau
60%   80%

Quelle: Strategisches Personalmarketing der 90er Jahre, AHA, Frankfurt 1991, UNIC-Studie

3. Die Durchführung des Vorstellungsgespäches

3.1.2.1 Bewerberfragen – auf die Sie vorbereitet sein sollten

Bewerbungsgespräche sind also immer „gegenseitige Informationssituationen". Deshalb ist es zu begrüßen, wenn der Bewerber seinen Informationsbedürfnissen nachkommt. Auch gesprächstaktisch kann dies durchaus einen Sinn machen, denn nach wie vor noch gilt die Regel: Wer fragt führt. Damit der Interviewer nicht auf dem falschen Fuße erwischt wird, sollte er sich auf Überraschungsfragen vorbereiten. Im Folgenden finden Sie eine Übersichtsdarstellung der Bewerberfragen, auf die Sie sich vorbereiten sollten.

Fragen zum Verantwortungsbereich und Kompetenzen

- Welche Befugnisse, Rechte, Vollmachten, Handlungsspielräume habe ich?
- Welche Freiräume und Ressourcen bekomme ich?
- Wofür bin ich nicht mehr zuständig? Was darf ich nicht?
- Wie sind disziplinarische Zuständigkeiten geregelt?
- Wer gibt mir Anweisungen?
- Existiert eine Stellenbeschreibung/Anforderungsprofil?

Fragen zum Vorgänger:

- Warum ist diese Stelle vakant?
- Kann ich den Vorgänger sprechen?
- Wird er mich noch einarbeiten?
- Warum hat er diese Position verlassen?
- Warum wurde die Stelle eingerichtet?

Fragen zur Personalführung:

- Welche Unternehmensziele und Unternehmensgrundsätze gibt es?
- Gibt es Führungsleitsätze? Wie wird bei Ihnen geführt?
- Welches Beurteilungssystem wenden Sie wie an?
- Welche Aufstiegsmöglichkeiten bieten Sie?
- Wie werden Sie mich fördern?
- Wie sieht die Einarbeitung/Probezeit aus? Paten?

Fragen zur aktuellen Situation des Unternehmens:

- Wie ist derzeit Ihre wirtschaftliche Situation?
- Welche Investitions-, Erweiterungs-, Zukunftspläne haben Sie?
- Wo sehen Sie derzeit Chancen und Risiken Ihres Hauses?
- An welchen aktuellen Projekten arbeiten Sie?
- Wie werden Sie sich in Zukunft ausrichten?
- Im Gegensatz zu Fa. XY erlebe ich bei Ihnen ....

Quelle: Sabel, H., 2001, Bewerbungsgespräche

3.1.2.2 Das Unternehmen und seine Leistungen

Viele Bewerber interessieren sich schon vor dem Vorstellungsgespräch für das Unternehmen und beschaffen sich z. B. über Internet die richtigen Informationen. Viele wissen, dass dies auch einen guten Eindruck im Betrieb hinterlässt. Dennoch, je nach Qualifikation ist der Bewerber für seine Entscheidung kurz oder ausführlich zu informieren über:

- Zielsetzung des Unternehmens,
- gefertigte Produkte,
- Anzahl der Beschäftigten,
- Organisationsform,
- Aufbauorganisation,
- Tarifpartner usw.,
- Umsatzgröße,
- Führungsstil,
- Werke und Betriebsteile.

Von großem Vorteil für das Gespräch ist das Vorhandensein einer Übersicht über die Aufbauorganisation des Unternehmens sowie der letzte Geschäftsbericht. Je nach Interesse und Aufnahmefähigkeit sollten dazu detaillierte Angaben gemacht werden. Das Gespräch wird vom Personalleiter geführt und mündet in die Information über die organisatorische Einordnung des vom Bewerber angestrebten Arbeitsbereiches, dessen Zielsetzung und die Bedeutung der auszuführenden Tätigkeit für das Ganze.

Nicht selten erhalten Unternehmen auf ihre Anzeigen Bewerbungen von Bewerbern, deren Wohnort sehr weit vom geplanten Einsatzort entfernt ist. Bewerber sind bereit, bei entsprechenden Tätigkeiten ihren Wohnort zu wechseln, wenn dabei auch ihre persönlichen Bedürfnisse befriedigt werden.

Das Unternehmen hat hier die Möglichkeit und Aufgabe, die Vorteile des Standortes des eigenen Unternehmens im Bewerbungsgespräch anzuführen. Jede Gegend hat ihre landschaftlichen Vorteile. Unternehmen in der Nähe von oder in Großstädten haben den Vorzug, dem Bewerber viele Vorteile für die Familie, die Kinder und den Bewerber im Rahmen des größeren Angebots von kulturellen Veranstaltungen und Weiterbildungsmöglichkeiten zu bieten. Die Erfahrungen zeigen, dass diese Faktoren von den Bewerbern sehr hoch eingeschätzt werden, die bisher in ländlichen Gegenden tätig waren.

Aber auch umgekehrt werden von den Menschen die Ruhe und Schönheit stadtentfernter Arbeitsgebiete geschätzt. Darauf müssen Personalchefs vorbereitet sein und diese Vorzüge ins Spiel bringen, um qualifizierte Bewerber zu erhalten.

Unternehmen haben als potenzielle Arbeitgeber für Bewerber eine unterschiedliche Attraktivität. Unternehmen mit einem hervorragenden Personalmarketing und einer angesehenen Produktpalette bzw. Dienstleistung haben einen Vorzug bei der Gewinnung von neuen qualifizierten Mitarbeitern. Bei einem großen Arbeitsmarkt können sie unter den Besten auswählen, bei einem engen Arbeitsmarkt haben sie die größten Chancen, überhaupt neue Kräfte zu erhalten!

Kleinere und mittlere Unternehmen haben zwar nicht immer die gleiche Chance für einen überregionalen Bekanntheitsgrad. Doch sie können die gleiche Attraktivität erwerben für den regionalen Arbeitsmarkt, der erfahrungsgemäß immer noch am ergiebigsten ist, weil die Mobilität der Bewerber nicht zugenommen, sondern eher abgenommen hat.

Immer stärker wird gerade bei jungen Bewerbern auch der Ruf über das ethische Verhalten des Unternehmens in der Öffentlichkeit beurteilt. Unternehmen mit Rüstungsaufträgen, Kernenergieanlagen oder umweltschädlicher Produktion haben es oft schwer, gute Bewerber für sich zu gewinnen. Attraktiv zu sein ist daher ein großer Vorzug, den ein Unternehmen in der Eigendarstellung nicht vernachlässigen sollte.

3.1.2.3 Der Arbeitsplatz und die Tätigkeit

Nicht selten erleben wir, dass Einstellungen bereits nach den ersten Arbeitstagen scheitern, weil die Bewerber keine Gelegenheit hatten, vor Beginn ihrer Tätigkeit ihren künftigen Arbeitsplatz kennenzulernen. So wie der Monteur seine Werkbank, die Montagehalle oder die sonstige räumliche Umgebung seiner künftigen Tätigkeit kennenlernen sollte, muss der kaufmännische Angestellte oder Sachbearbeiter mit eigenen Augen sehen können, in welchem Raum, an welchem Schreibtisch und in welcher Umgebung er tätig sein wird. Dabei spielt eine große Rolle, ob ein Einzelzimmer zur Verfügung steht, mit wievielen Kollegen ein gemeinsamer Raum geteilt werden muss oder ob die Tätigkeit gar in einem Großraum ausgeführt werden soll. Hier existieren viele Vorurteile und Geschmacksrichtungen, die eine Entfaltung am Arbeitsplatz ganz wesentlich einschränken können.

Ganz wichtig ist das Vertrautmachen mit den einzelnen Tätigkeiten, die den Bewerber am Arbeitsplatz erwarten. Im Rahmen der Darstellung der Vorbereitungen auf das Vorstellungsgespräch wurde daher eingehend darauf eingegangen, welchen Nutzen eine Stellenbeschreibung für das Vorstellungsgespräch hat. Über die Aussagen in der Funktionsbeschreibung hinaus oder auch, wenn eine solche nicht vorhanden ist, empfiehlt es sich, dem Bewerber einzelne von ihm erwartete Arbeitsergebnisse direkt am künftigen Arbeitsplatz zu demonstrieren. Die Inaugenscheinnahme des vorher Gesagten oder Beschriebenen ist eine notwendige Ergänzung, damit sich der Bewerber ein abgerundetes Bild über die Tätigkeit machen kann, die ihn erwartet. Dadurch kann er erst richtig seine Leistungsfähigkeit mit den Anforderungen vergleichen. Er kann aber auch so besser einschätzen, ob ihm die Tätigkeit Freude bereiten könnte, worauf es nach einschlägigen Umfragen immer mehr ankommt.

Die beruflichen Werthaltungen potenzieller jüngerer Bewerber für Angestelltenpositionen werden folgende Rangfolge haben, jedoch zeitabhängig und individuell Veränderungen unterworfen sein.

1. Freude an der Arbeit,
2. selbstständig arbeiten,
3. Abwechslungsreichtum,
4. Sicherheit des Arbeitsplatzes,
5. Aufstieg,
6. Einkommen,
7. viel Kontakt mit Menschen,
8. Menschen nützen,
9. Gesellschaft verändern,
10. geregelte, nicht zu lange Arbeitszeit,
11. geordnete Tätigkeit, überschaubare Anforderungen,
12. Menschen führen,
13. Ansehen,
14. Gelegenheit, Ehepartner zu finden.

Freude an der Arbeit ist Trumpf und wird nach Prof. Opaschowski durch die fünf „S" erfüllt:

– Selbstständigkeit,
– Spontaneität zulassen (für kreative Ansätze),
– Selbstentwicklungschancen,
– soziale Kontakte,
– sich entspannen können (kein Stress).

Unternehmen, die Arbeitsplätze mit einem hohen Erfüllungsgrad dieser Bedürfnisse anbieten können, werden Vorteile bei der Gewinnung qualifizierter und engagierter neuer Mitarbeiter haben.

3.1.2.4 Die Arbeitszeit und andere Arbeitsbedingungen

Unternehmen können immer seltener einen Dauerarbeitsplatz mit voller und regelmäßiger Arbeitszeit bieten. Immer häufiger müssen Unternehmen flexible Arbeitszeiten von den Bewerbern verlangen, wobei kürzere und längere Arbeitszeit wechseln, je nach den Arbeitsschwankungen entsprechend der Bedürfnisse der Kunden. Jahresarbeitszeiten, Wochenendeinsätze und Spätarbeit werden zunehmend wichtiger.

Die Information über die Länge und den Wechsel der Arbeitszeit und Souveränität in der zeitlichen Festlegung der Arbeitszeit gewinnt deshalb immer mehr an Bedeutung. Auch die Bewerber legen heute Wert darauf, ihre persönlichen Bedürfnisse in größerem Umfang befriedigen zu können. Ein stärkeres Interesse an einer längeren und insbesondere zeitlich günstigen Freizeit zur Erfüllung der privaten Wünsche steht fast gleichberechtigt neben den Gehaltsvorstellungen. Doch diese Wünsche sind immer seltener zu erfüllen. Hier ist vom Unternehmen besonders auf folgende Punkte hinzuweisen, damit es später keine Enttäuschung gibt:

- Zeiten für Arbeitsbeginn und Arbeitsende oder gleitende Arbeitszeit;
- 2–6-Tage-Woche;
- verschobene Arbeitszeit, flexible Arbeitszeit, Jahresarbeitszeit;
- Umfang der zu erwartenden Überstunden;
- Einsatz an Wochenenden;
- Einschränkungen in der Wahl der Urlaubszeit, Urlaubsdauer;
- Schichtarbeit;
- Umfang von Bürotätigkeit, Außendienst;
- notwendige Dienstreisen mit längerer Abwesenheit.

Wer dem Bewerber am meisten *Zeitsouveränität* bieten kann, hat die besseren Karten. Jüngere tüchtige Mitarbeiter möchten mit *Zielabsprachen* und *Terminabstimmung* arbeiten, um dann ihre Arbeit und Arbeitszeit selbst einteilen zu können, auch wenn dadurch extreme Arbeitszeiten die Folge sind. Manche Abteilungen, z. B. im Forschungs- und Entwicklungsbereich oder in der Informationstechnik, können solche Freiheiten bieten und sollten dies den Bewerbern ausdrücklich nahebringen. Je größer die Freiheiten in der Arbeitszeit und Urlaubsgestaltung sind – und da können Unternehmen noch einiges tun –, desto interessanter ist das Unternehmen für die jungen qualifizierten Bewerber und Bewerberinnen.

Immer größeres Interesse findet dabei das Cafeteria-Prinzip, nach dem die Mitarbeiter Arbeitszeit, Gehalt, Urlaubsdauer, Erfolgsbeteiligung, Altersversorgungsbeiträge, Lebensarbeitszeit u. a. m. im abgewogenen Wert zueinander tauschen können. Erfolgreiche Unternehmen sind auch hier beispielhaft bezüglich der Förderung von individueller Flexibilität und Zeitausgleich durch Freizeit unter Wahrung der Bedürfnisse der Kunden.

3.1.2.5 Mitarbeiter, Kollegen und Vorgesetzte

Es wurde bereits darauf eingegangen, wie wichtig es ist, den direkten Vorgesetzten bei der Auswahl eines neuen Mitarbeiters einzuschalten. Dies ist im Rahmen des heute gewünschten Führungsstiles eine unabwendbare Forderung. Das Kennenlernen der Kollegen oder künftig unterstellten Mitarbeiter ist gleichermaßen empfehlenswert. Das ist dann besonders wichtig, wenn eine besonders enge Zusammenarbeit aufgrund der Aufgabenstellung oder der örtlichen Situation erforderlich ist.

Für viele ist es sehr wichtig, mit wem sie zusammen in einem Zimmer sitzen werden. Ein Bekanntmachen des Bewerbers bei den Zimmerkollegen kann die Entscheidung für die Einstellung unter Umständen positiv oder negativ beeinflussen. Spontane Antipathie gegenüber Kollegen wird sicherlich nicht dem Zustandekommen eines Arbeitsvertrages dienlich sein. Sobald dies sichtbar ist, wäre möglicherweise der Einsatz in anderer Umgebung zu erwägen.

Das gute Arbeitsklima hat bei Bewerbern einen immer größer werdenden Stellenwert, oftmals einen größeren als die Höhe des Einkommens. Es ist deshalb wichtig, Bewerber mit dem Arbeitsklima am neuen Arbeitsplatz vertraut zu machen.

Bei Bewerbern für Führungspositionen ist es von Vorteil, sie zumindest mit den engsten Mitarbeitern bekannt zu machen. In einem Hamburger Unternehmen z. B. sollen die direkt unterstellten Mitarbeiter sogar bei der Auswahl neuer Vorgesetzter mitentscheiden. Dadurch wird zum Ausdruck gebracht, für wie bedeutend man die persönlichen Beziehungen zwischen dem Vorgesetzten und seinen Mitarbeitern für eine erfolgreiche Tätigkeit einschätzt.

Vor der Einstellung von Führungskräften wird ein Gespräch mit den künftigen Mitarbeitern für die Gesprächspartner recht aufschlussreich sein und zu einer durchdachten Entscheidung beitragen. Auch das Gespräch mit den Kollegen, mit denen der Neue im Team zusammenarbeiten muss, ist für die Entscheidung wichtig, sowohl für den Bewerber als auch für die bestehende Crew. Je enger die Teamarbeit sein wird, desto mehr ist auf das Urteil der Teamkollegen zu hören. Auch hier zeigt die Erfahrung, wie nützlich solche Eindrücke sein können. Kritiksucht und Besserwisserei werden bei solchen Gesprächen besonders auffallen, genauso wie gute

Beobachtungsgabe und sicheres Urteilsvermögen. Nicht selten haben Bewerber erst in diesen Gesprächen Hinweise über ihre wirkliche Führungsqualifikation und Teamfähigkeit gegeben.

3.1.2.6 Vergütungssystem und Einstellungsgehalt

Die Einkommensstruktur ist in den Betrieben meist noch sehr unterschiedlich, sodass ein Bewerber es oft schwer hat zu erkennen, ob ihm ein angemessenes Einstellungsgehalt angeboten wird oder nicht. Es gibt selten einheitliche Bewertungskriterien für die einzelnen Tätigkeiten. Je nach Angebot und Nachfrage auf dem Arbeitsmarkt wird mit höheren oder niedrigeren übertariflichen Zulagen gearbeitet. Bei Akademikern gibt es Marktgehälter, die abhängig von Branche und Ausbildung sind, aber auch durch die Attraktivität des Unternehmens und der Region bestimmt werden. Attraktive Unternehmen mit guten Entwicklungsmöglichkeiten können weniger anbieten als unbekannte Firmen mit Arbeitsplatzrisiko. Auch innerhalb eines Unternehmens gibt es oft keine transparente Arbeits- und Leistungsbewertung und folglich ein unbegründbares subjektiv beeinflusstes Durcheinander. Dabei ist Unzufriedenheit nicht zu vermeiden.

Die Folge ist manchmal ein *Tabu* der Gehälter. Hierdurch möchte man vermeiden, dass durch einen Gehaltsvergleich zwischen den neuen und länger beschäftigten Mitarbeitern Unzufriedenheit entsteht.

Die Gespräche über das Einstellungsgehalt leiden in solchen Fällen erfahrungsgemäß meistens darunter, dass sie nicht mit aller Offenheit und Klarheit geführt werden. Der Bewerber durchschaut noch nicht die Gehaltsstruktur des Unternehmens und fällt sehr leicht auf bewusst undeutlich gehaltene Gehaltsangaben herein.

Es lohnt sich aber nicht, einen Bewerber – der aufgrund seiner Wunschvorstellungen jede entsprechende Andeutung eines möglichen Einkommens stärker wahrnimmt – mittels unklar gehaltener Einkommensformulierungen zu einer Einstellung zu bewegen. Das führt früher oder später zu Differenzen mit dem Vorgesetzten und zu einer Verschlechterung des Arbeitsklimas. Die Folge ist oft eine schnelle Kündigung des Arbeitsvertrages durch den Neueingestellten. Unnötige Kosten sind entstanden.

Die Praxis zeigt, dass trotz eines gewünschten Tabus durch informelle Informationen sehr schnell ein interner Gehaltsvergleich zustande kommt.

Es lohnt sich daher nicht, zu niedrige Einstellungsgehälter zu vereinbaren oder überhöhte Forderungen zu erfüllen. Die Kollegen des Neuen werden dadurch schnell unzufrieden, wenn sie nicht gleich behandelt werden, und kündigen deshalb eventuell.

Auch das berühmte „Einfrieren" eines hohen Einstellungsgehaltes bis zu dem Zeitpunkt, an dem die älteren Kollegen nachgezogen haben, beschwört nur eine vorzeitige Unzufriedenheit und Kündigung des Neueingestellten herauf.

Nun gibt es Bewerber, vor allem aus einer anderen Branche kommende, deren Gehaltsvorstellung weit unter dem üblichen oder in diesem Unternehmen bisher gezahlten Gehalt liegt. Vorausgesetzt, dass dieser Bewerber fachlich gut qualifiziert ist, sollte das Unternehmen bei einer Einstellung ein derart niedriges Gehalt nicht vereinbaren. Zwar wird vorübergehend gespart, doch besteht die Gefahr, dass der Mitarbeiter von dem höheren Gehalt des anderen erfährt und mit Recht glaubt, dass seine Leistungen unterbewertet werden. Auch er zieht die Konsequenzen, und das Unternehmen muss eine Neueinstellung vornehmen, die eventuell mit größeren Kosten verbunden ist. Man sollte sich deshalb nicht scheuen, auf derartige Differenzen hinzuweisen und ein objektives Gehalt vereinbaren.

Sehr deutliche Angaben über die wirklichen Einkommensmöglichkeiten im Rahmen des *Vergütungssystems* des neuen Unternehmens sind die Voraussetzung für die Zufriedenheit des Neueingestellten, insbesondere innerhalb der ersten Zeit seiner Beschäftigung.

In der Praxis setzt sich immer mehr eine Ausweitung des variablen Gehaltsanteils durch, wobei eine Differenzierung der Belohnung abhängig vom Erfüllungsgrad der Zielvereinbarungen stattfindet. Die Zunahme von Gruppen- und Teamarbeit fördert zudem die Einführung von Prämien für einzelne und Teamleistungen.

Bei Bewerbern mit höherer Qualifikation hat es sich bereits eingebürgert, bei Gehaltsgesprächen von Jahresgehältern zu sprechen. Dadurch wird dem Bewerber der Vergleich zu seinem bisherigen Einkommen erleichtert und eine eventuelle Besserstellung im Unternehmen sichtbarer gemacht. Es ist überhaupt sehr wichtig, über Einkommensentwicklungen zu sprechen, soweit sie überschaubar sind, z. B. nach Ablauf der Probezeit. Die Bewerber wollen eigentlich nur Klarheit und Perspektiven im Gespräch ausloten. Und dazu müssen Erklärungen erfolgen, die auch befriedigen.

3. Die Durchführung des Vorstellungsgespäches

3.1.2.7 Sonstige Leistungen des Unternehmens und Vertragsbedingungen

Der zunehmende Wert der Freizeit ist bei der Anwerbung von neuen Mitarbeitern für diejenigen Unternehmen von Vorteil, die dem Bewerber mehr *Urlaubstage* und kürzere Arbeitszeit anbieten können. Viele Unternehmen gewähren unterschiedliche zusätzliche Urlaubstage zu den tariflichen Mindestforderungen. Solche Vorteile müssen in den Bewerbungsgesprächen erörtert werden.

Weitere freiwillige betriebsindividuelle Leistungen sind in den Vorstellungsgesprächen ausgiebig vorzustellen. Bewerber sind allerdings eher an zeitgemäßen sozialen Leistungen interessiert. Sie identifizieren damit die Haltung des Unternehmens gegenüber den Beschäftigten und nehmen an, dass diese Haltung auch in anderen Dingen eine größere Zufriedenheit gewährleistet. Soweit vorhanden, sind deshalb folgende Punkte detailliert zu erläutern:

- Werksverpflegung,
- Werkärztlicher Dienst,
- Unterstützung in Notlagen,
- Betriebskrankenkasse,
- Fahrgeldzuschuss,
- Deputate usw.,
- Betriebliche Altersversorgung,
- Urlaubsgeld,
- Beteiligung am Unternehmensergebnis,
- Belegschaftsaktien.

Sehr positiv beurteilt wird von vielen Mitarbeitern und Bewerbern auch hierzu das Vorhandensein eines Cafeteria-Prinzips bei den Unternehmensleistungen. Jeder Mitarbeiter kann dabei wählen, welche betrieblichen Leistungen er zu Lasten anderer Zuwendungen bevorzugt in Anspruch nehmen möchte, z. B. mehr Geld statt mehr Freizeit oder umgekehrt.

Natürlich sind alle weiteren Vertragsbestandteile ausführlich vorzustellen und ggf. zu verhandeln, wie

- Arbeitsantritt,
- Probezeit,
- Kündigungsfristen,
- Vollmachtenregelung,
- Vertragsdauer,
- Verhalten und Leistungen bei Arbeitsunfähigkeit,

– Geheimhaltung,
– Schadenersatz bei Vertragsbruch,
– Wettbewerbsverbot.

3.1.2.8 Weiterbildungs- und Förderungsmöglichkeiten

Personalentwicklung hat zwischenzeitlich in vielen Unternehmen einen hohen Stellenwert.

Das Interesse an Entwicklungs- und Aufstiegsmöglichkeiten ist auch bei den Beschäftigten ein sehr erheblicher Faktor für ihr Interesse am Unternehmen. Das gilt auch für Bewerber, die Stellenwechsel weniger wegen einer möglichen Gehaltserhöhung als vielmehr für die Ermöglichung eines beruflichen Aufstiegs vornehmen. Unternehmen mit modernem Führungsstil und guter Personalorganisation schaffen Aufstiegsmöglichkeiten im Unternehmen und machen diese sichtbar. Sie stellen daher oft Bewerber in der Mehrzahl auf einer Anfangsstufe ein. Der Aufstieg besteht aber immer seltener in einer hierarchischen Verbesserung, da die Unternehmen immer mehr flach organisiert werden. Aufstieg bedeutet, qualifiziertere Aufgaben und Projektverantwortlichkeiten in einer flachen Hierarchie zu erhalten. Ein solches „Aufsteigen" in höherwertige Funktionen setzt jedoch in fast allen Fällen eine höhere Qualifikation voraus. Die großzügige Unterstützung der Mitarbeiter durch das Unternehmen bei Weiterbildungsmöglichkeiten ist daher ein sehr wichtiger Faktor für die Gewinnung neuer Mitarbeiter.

Solche Vorzüge müssen in den Vorstellungsgesprächen aufgezeigt werden. Dabei ist es in erster Linie unerheblich, ob die Weiterbildung während der Arbeitszeit oder im Anschluss an die Arbeitszeit möglich ist, wenn nur die Voraussetzungen für das Lernen und die Chance für einen Aufstieg nach bewiesener Qualifikation vorhanden ist. Für viele Unternehmen ist inzwischen Weiterbildungszeit gleich Arbeitszeit. Der Mensch macht das Geschäft erfolgreich. Nach dieser Devise investieren Betriebe in den Mitarbeiter und unterstützen zeitlich und finanziell sinnvolle Weiterbildungsaktivitäten.

Erfolgreiche Unternehmen unterstützen ebenfalls die *innerbetriebliche Mobilität* der Mitarbeiter. Junge und dynamische Bewerber bevorzugen Unternehmen, in denen sie ein vielseitiges Einsatzfeld vorfinden und nicht gezwungen sind, die einmal eingenommene Position zu lange behalten oder für einen Wechsel kündigen zu müssen. Die Handhabung der innerbetrieblichen Ausschreibung der freien Position ist daher eine weitere wichtige Information für Bewerber, die den Entschluss zum Eintritt ins Unternehmen beeinflussen kann.

113

3. Die Durchführung des Vorstellungsgespäches

Und auch das Wissen um die Personalpolitik des Hauses, ob interne Bewerber Vorrang für Aufstiegsmöglichkeiten haben vor Externen, wird sich auf die Eintrittsentscheidung auswirken.

3.1.2.9 Personalführungsgrundsätze und Führungskultur

Immer mehr Unternehmen gehen dazu über, moderne Führungskulturen einzuführen. Sie wollen damit die Selbstständigkeit und Verantwortungsfähigkeit der beschäftigten Mitarbeiter auf allen Ebenen verbessern. Unternehmen, die mit modernen Führungstechniken und Hilfsmitteln arbeiten, wie z. B. mit verbindlichen Führungsgrundsätzen, Leistungsbeurteilungen, Stellenbeschreibungen und Mitarbeitergesprächen, Zielvereinbarungen und variablen Erfolgsbeteiligungen, genießen daher bei Bewerbern einen Vorzug. Größere Entscheidungsbefugnisse, besseres Informationssystem, genaue Zielvereinbarungen mit den einzelnen Mitarbeitern tragen dazu bei, dem Bewerber innerhalb des Vorstellungsgespräches bereits den Eindruck zu vermitteln, dass er nicht nur ein kleines Rädchen im Getriebe des Unternehmens sein wird, sondern – wie alle anderen – eine Tätigkeit ausführen soll, deren optimale Erfüllung für die Unternehmensleistung von großer Bedeutung ist, und es wird klar, dass gute Personalführung ernst genommen wird. Schriftlich festgehaltene Leitsätze oder Führungsgrundsätze (s. Abb. 32) sollten deshalb dem Bewerber bei seiner ersten Vorstellung zur Einsicht ausgehändigt werden. Das gilt gleichermaßen für andere verbindliche Unterlagen im Rahmen des Arbeitsverhältnisses, wie Manteltarif- und Gehaltstarifvertrag.

Die Spitzenunternehmen sind mit der gelebten Firmenkultur (offene Kommunikation, Führen durch Zielvereinbarungen, Teilhaben am Erfolg, umfangreiche Weiterbildungsmöglichkeiten, Förderung von Meinungsvielfalt, flexible Arbeitszeitgestaltung, ansprechende Arbeitsplätze) ein Musterbeispiel für Personalmarketing, weshalb viele gern dort arbeiten wollen.

Abb. 32: Leitsätze der Führung und Zusammenarbeit

Wir wollen gemeinsam den Erfolg. Dies wird gelingen, wenn wir alle gut zusammenarbeiten. Unsere Orientierung dafür sind diese Leitsätze der Führung und Zusammenarbeit.

Miteinander sprechen!
Wir wollen
- das direkte Gespräch suchen
- die Persönlichkeit achten
- Zuständigkeiten und fachliche Kompetenz respektieren
- Konflikte fair austragen
- konstruktive Kritik entgegennehmen
- Probleme des anderen beachten

Überzeugend führen!
Wir wollen
- als Vorbild führen
- Aufgaben, Befugnisse und Verantwortung eindeutig übertragen
- realistische Ziele vereinbaren oder setzen
- direkt, verständlich und bedarfsgerecht informieren
- Mitarbeiterinnen und Mitarbeiter angemessen an Entscheidungsfindungen beteiligen
- klar und verständlich entscheiden
- offen und unterstützend kontrollieren
- durch Anerkennung und Kritik helfen
- den Sinn der Arbeit deutlich machen

Gemeinsam handeln!
Wir wollen
- offen miteinander umgehen
- partnerschaftliches Verhalten untereinander pflegen
- über die eigene Aufgabe hinaus denken
- einander unterstützen
- andere Meinungen und Vorstellungen einbeziehen

Fordern und fördern!
Wir wollen
- Leistung fordern und anerkennen
- Fähigkeiten der Mitarbeiterinnen und Mitarbeiter erkennen
- Entwicklungsmöglichkeiten erkennen und aufzeigen
- Wissen und Können ausbauen
- Initiative und Kreativität fördern
- Weiterbildung gezielt ermöglichen
- interne Mobilität fördern

... damit Arbeiten Spaß macht!

Quelle: Hamburg-Mannheimer AG, 1994

3.1.3 Fragerecht und Offenbarungspflicht

Für das Unternehmen ist es sehr wichtig, bei der Auswahl von neuen Mitarbeitern soviel wie möglich über deren Können, Wollen und Möglichkeiten zu erfahren.

Deshalb neigen Vorgesetzte und Personalreferenten dazu, gern auch sehr persönliche und intime Fragen zu stellen und durch die Antworten ihre „Vorurteile" bestätigt oder beseitigt zu bekommen.

Unabhängig davon, dass die Auslegung der Antworten für die künftige Einsatzfähigkeit äußerst beschränkt ist, auch für einen geschulten Interviewer, müssen diesen Fragen schon gerechterweise Grenzen gesetzt werden. Umgekehrt müssen Interviewer erwarten können, dass die Antworten auf ihre Fragen wahrheitsgemäß erfolgen.

Die Rechtsprechung zum Fragerecht des Arbeitgebers ist in einer ständigen Entwicklung, weil sich auch die ethisch-moralischen Prinzipien in der Bevölkerung fortentwickeln. Von sich aus braucht der Bewerber kaum etwas zu sagen. Der Arbeitgeber muss also im Zweifel nach wesentlichen Daten ausdrücklich fragen. Nur zulässige Fragen müssen wahrheitsgemäß und vollständig beantwortet werden. Nur die unwahre Beantwortung zulässiger Fragen kann den Arbeitgeber zur Anfechtung des abgeschlossenen Vertrages berichtigen.

Bellgardt (1992) hat in einer kompetenten Art die Zulässigkeit und Freiheiten in den Fragen des Unternehmens beschrieben (s. Abb. 33).

Bellgardt hat aber genauso auf die Offenbarungspflichten des Befragten hingewiesen, die jeder kennen sollte (s. Abb. 34).

Abb. 33: Fragerecht des Arbeitgebers (nach Bellgardt 1992)

Frageziel	Bewertung	Grenzen des Wertungsspielraumes
I. Gründe für die Bewerbung und Motive für den Wechsel – (Wahrer) Austrittsgrund?	zulässig, soweit	auf Nachvollziehbarkeit und Zielstrebigkeit der Vorstellungen beschränkt.
– Positionserwartungen?	zulässig, soweit	auf Selbsteinschätzung und Bedürfnisstruktur des Bewerbers abgezielt.
– (Jemals) fristlos entlassen?	zulässig, soweit	Rückschlüsse auf jetziges Leistungsverhalten noch möglich (Zeitablauf).
II. Vorbildung, bisheriger berufl. Werdegang und gesundheitliche Voraussetzungen, Schutzgesetze – Schule, Ausbildungsstätte? Hochschule (Name des Professors?)	zulässig, soweit	Beachtung der Grenzen aus Art. 3 Abs. 3 GG, insbesondere Diskriminierungsverbot nach Abstammung, Herkunft, Anschauungen.
– ausgeübte Tätigkeiten? (Vorlage einer) Stellenbeschreibung?	zulässig, soweit	nachwirkende Verschwiegenheitspflichten, Konkurrenzschutz des bisherigen Arbeitgebers berücksichtigt.
– Unterbrechungen der Berufstätigkeit	zulässig, soweit	keine Umgehung des beschränkten Fragerechts bei Vorstrafen u. Krankheit (s. u.)
– Bestimmte) Krankheiten Unfälle? Art, Dauer?	zulässig, soweit	Relevanz für das konkret einzugehende Arbeitsverhältnis durch aktuelle, (fort-)bestehende Tätigkeitseinschränkung. ⎱ zusätzlich: an gemessene Form der Fragestellung erforderlich
– AIDS-Infektion?	h. M. unzulässig	
– AIDS-Erkrankung?	h. M. unzulässig	

117

3. Die Durchführung des Vorstellungsgespäches

(Forts. Abb. 33)

Frageziel	Bewertung	Grenzen des Wertungsspielraumes
– Rauchen? – Schwerbehinderung? – Schwangerschaft? – Ableistung Wehr-, Zivildienst	zulässig zulässig h.M. unzulässig unzulässig	 wegen Verbot der Geschlechts- diskriminierung aus § 611 a BGB s.o.

**III. Persönlicher familiärer
und sozialer Hintergrund,
außerberufliches
Engagement**
– Vorstrafen
 	
– Ermittlungsverfahren
 	
– Eltern (Herkunft, Stellung)
 	
– Verheiratet? (Angaben
  zum Ehepartner)
 	
– Kinder? (Angaben)
 	
– Geschieden? Getrennt
  lebend?
 	
– außerehelicher Lebens-
  gefährte?
– Konfessionszugehörigkeit?
 	
– Parteizugehörigkeit?
  (welche)
– Gewerkschafts-
  zugehörigkeit?
	
	zulässig,
	soweit
	
	zulässig,
	soweit
	zulässig,
	soweit
	zulässig,
	soweit
	
	zulässig,
	soweit
	unzulässig
	
	unzulässig
	
	unzulässig
	
	zulässig
	
	unzulässig
	
	unzulässig
		
		„Einschlägigkeit" nach den An-
		forderungen des konkreten Ar-
		beitsplatzes gegeben
		„Einschlägigkeit" bzw. drohen-
		de Arbeitsverhinderung,
		Loyalitäts-, Mobilitätskonflikte
		
		Sonderregelungen, Anspruchs-
		voraussetzungen etc. aus Tarif-
		vertrag bzw. Betriebsvereinba-
		rungen daran anknüpfen
		
		s.o.
		
		Verstoß gegen Art. I, 2 GG
		(Intimsphäre), da kein Bezug
		zum Arbeitsverhältnis, um-
		stritten bei kirchlichen Arbeit-
		gebern
		s.o.
		
		Verstoß gegen Art. 3 Abs. 3,
		140 GG
		soweit Tendenzträger nach
		§ 118 BetrVG und entspr. Aus-
		richtung
		s.o.
		
		soweit Inkassovereinbarung
		über Beiträge

118

Frageziel	Bewertung	Grenzen des Wertungsspielraumes		
– öffenliche Ämter – Abgeordnetenmandat?	unzulässig	Art. 48 Abs. 2 GG und entsprechende Ländergesetze		
– Mitgliedschaft in Verbänden, Organisationen, Bürgerinitiativen? Ehrenämter?	zulässig, soweit	Grenzen aus Art. 5, 3 Abs. 3 GG beachtet. Überschreitung, soweit das Engagement sich auf das Arbeitsverhältnis nicht unmittelbar hinderlich oder förderlich auswirken würde	z. B. **einerseits:** Wirtschaftsfachverband **andererseits:** gegnerische Bürgerinitiative	
– Mehrfachbeschäftigung?	zulässig, soweit	Versicherungspflicht		
– Nebentätigkeit	zulässig, soweit	Konkurrenzaktivitäten		
– Hobbies? Interessen?	unzulässig, es sei denn	Freizeitgestaltung lässt direkten Schluss auf besondere Qualifikation zu; z. B. Sportartikelverkäufer		
IV. Einkommen, materieller Hintergrund, – (Genaue) Angabe des bisherigen Gehaltes, Lohnes – Schulden – Lohnpfändungen	 zulässig, soweit zulässig, soweit zulässig, soweit	 Gradmesser für Qualifikation aufgrund breiten Tätigkeitsspektrums (z. B. Verkäufer) auf Frage beschränkt, ob der Bewerber „Herr seiner Schulden" ist Aufwand, Störungen im Betriebsablauf und auch im selben Ausmaß künftig zu erwarten		

3. Die Durchführung des Vorstellungsgespäches

Abb. 34: Offenbarungspflichten des Bewerbers (nach Bellgardt 1992)

Hindernis zur Ausübung der in Aussicht genommenen Tätigkeit, z. B.:	Wertungsprinzip	Offenbarungspflicht ausnahmsweise zu **bejahen**, wenn z. B.
Gesundheitsmängel Schwerbehinderung Schwangerschaft	Ist aus der Sicht eines durchschnittlichen Bewerbers das Fehlen oder Vorhandensein des Umstandes Voraussetzung für eine sinnvolle Ausübung des in Aussicht genommenen Arbeitsverhältnisses?	bereits vorliegende Krankheit Aufnahme der Tätigkeit zum vorgesehenen Zeitpunkt unmöglich macht Arbeitsleistung ganz unmöglich, von behördlicher Genehmigung (§ 8 MuSchG) abhängig, und/oder Zeitbefristung des Arbeitsverhältnisses
Vorstrafen, künftige Freiheitsstrafen		als Folge Berufsausübung unmöglich wird

3.2 Gesprächsstrategie und Technik

Das Vorstellungsgespräch unterscheidet sich in seiner Zielsetzung entschieden vom Verkaufs- oder Beratungsgespräch des Vertriebs, obwohl es in allen Gesprächen auf einen beiderseitigen Erfolg ankommt.

Auch die Gespräche zwischen Führungskräften und den Mitarbeitern im Unternehmen, die Dienstgespräche und Mitarbeitergespräche, die Diskussionen und die Konferenzen, unterscheiden sich in ihrer Zielsetzung wesentlich von dem Vorstellungsgespräch. In den genannten Fällen geht es im Wesentlichen um materielle und sachliche Dinge, Probleme und Entscheidungen, seltener um entscheidende persönliche Situationen der Gesprächsteilnehmer. Das gilt auch für die Anerkennungs- und Kritikgespräche zwischen Vorgesetzten und Mitarbeitern. Auch diese Gespräche haben – wie alle anderen genannten – eine Einflussmaßnahme zum Ziel: das Gegenüberstellen von Erwartungen mit positiven oder negativen Konsequenzen. Es handelt sich immer um Gespräche zwischen Personen mit einem Abhängigkeitsverhältnis. Deshalb gelten hier auch andere Gesetze für die Gesprächsführung.

Anders beim Vorstellungsgespräch. Hier geht es um das Erkennen, nicht um das Einflussnehmen. Der Diagnose folgt weder eine Therapie noch eine Suche danach. Deshalb muss die Gesprächstechnik auch eine andere sein. Für den Personalleiter oder die Führungskraft im Unternehmen, die einen neuen Mitarbeiter sucht, ist das Vorstellungsgespräch auch kein Einkaufsgespräch. Zwar sucht das Unternehmen einen neuen Mitarbeiter und ist bereit, dafür etwas zu bezahlen – und manchmal nicht gerade wenig –, doch der neue Mitarbeiter ist kein Gebrauchsgut wie viele andere Einkaufsartikel, deren man sich – wenn auch oft mit Verlust – entledigt, wenn man der Sache überdrüssig ist. Heute kann – wenn auch immer seltener – mit der Einstellung ein „Bund fürs Leben" geschlossen werden, der sich zum langfristig wirkenden Vorteil oder Nachteil für beide Teile auswirken kann. Die immer schärferen Bestimmungen der Kündigungsschutzgesetze und Gerichtsurteile verpflichten geradezu den Arbeitgeber oder seinen Beauftragten, bei der Auswahl von neuen Mitarbeitern außergewöhnlich kritisch und gut überlegt zu handeln, wenn das möglicherweise lange Zusammenleben von Erfolg und Zufriedenheit erfüllt sein soll. Zu spät erkannte Fehlbesetzungen von Arbeitsplätzen sind Fehlinvestitionen, deren Auswirkungen manchmal zur Existenzfrage werden.

Das Vorstellungsgespräch ist auch aus menschlicher Sicht viel „hautnaher" als jegliche Einkaufs-, Verkaufs- oder Beratungsgespräche.

Der Weg zu einem Vorstellungsgespräch ist nicht alltäglich. Auch bei dem heute üblichen mehrfachen Arbeitsplatzwechsel im Berufsleben bedeutet jeder Firmenwechsel einen entscheidenden Einschnitt in das Leben des Menschen. Für meistens lange Zeit wird er mit anderen Menschen und in anderer Umgebung tätig sein, was wiederum auf sein Verhalten Einfluss und auch Einwirkung auf sein privates Leben hat. Die persönliche Entwicklung wird durch eine andere Umgebung entscheidend mitgeformt.

Umso erstaunlicher ist es festzustellen, dass trotzdem immer wieder sehr leichtgläubig und unwissend neue Arbeitsverhältnisse eingegangen werden, oft auch zum Nachteil für die persönliche Entwicklung des Bewerbers.

Das *Vorstellungsgespräch,* insbesondere das Einzelinterview, ist daher eine ganz bestimmte *einmalige Form des Gesprächs* in der Arbeitswelt, das seine besonderen Gesetze hat. Das erfolgreiche Führen der Vorstellungsgespräche ist ein wesentlicher Grundstein für den Erfolg der unternehmerischen Leistungen. Ihm wird auch bei Umfragen die größte Bedeutung beigemessen. Richtiger Gesprächsinhalt und gute Gesprächstechnik sind gleichermaßen Grundpfeiler des Gesprächs und Voraussetzung für den Erfolg.

Für den Personalleiter und Vorgesetzten ist die Vorgehensweise im Vorstellungsgespräch ein *Suchverfahren*. In dieser Formulierung kommt bereits zum Ausdruck, welche Grundhaltung der vom Arbeitgeber eingesetzte Gesprächspartner im Gespräch haben muss.

Suchverfahren bedeutet:

- das Ermitteln ausreichender Informationen über die fachliche und persönliche Qualifikation des Bewerbers für die Bewältigung der Anforderungen an den vakanten Arbeitsplatz,
- sicherzustellen, dass die gesammelten Informationen über die Qualifikation des Bewerbers den Tatsachen entsprechen,
- herauszufinden, welche persönlichen Bedürfnisse des Bewerbers im Rahmen einer neuen Tätigkeit seine Leistungen und sein Verhalten bestimmen werden und in welchem Umfange diese Bedürfnisse vom Unternehmen befriedigt werden können.

Die Erfüllung dieser drei Ziele des Suchverfahrens ist schwer und kaum mit letzter Vollständigkeit und Treffsicherheit zu erreichen (Neuberger, O. 2002). Es stellt sich in der Praxis immer wieder heraus, dass für den Gesprächsführenden neben dem Beherrschen der dazu erforderlichen Gesprächstechnik und Beobachtungsgabe eine Reihe sonstiger persönlicher Fähigkeiten wie Einfühlungsvermögen, Geduld, Selbstbeherrschung, Kontaktfreude, Verbindlichkeit, Auftreten und Ausstrahlungskraft für den Erfolg des Gespräches notwendig sind, um die notwendige Offenheit im Gespräch zu erreichen.

Bei der Gesprächsführung ist zwischen dem angemessenen Agieren und Reagieren zu unterscheiden. Alle Bewerber sind unterschiedlich und entwickeln im Gespräch unterschiedliche Taktiken und Verhaltensweisen.

Zur Beherrschung der Technik der Gesprächsführung im Vorstellungsgespräch gehört es auch, sich mit den möglichen Taktiken des Bewerbers vertraut zu machen und im Gespräch darauf einzustellen.

3.2.1 Mögliche Taktiken des Bewerbers

Der Gesprächsführende hat eine Gesprächsstrategie und setzt Taktiken zum Erreichen seines Zieles ein.

Der kluge Interviewer benutzt für seine Gesprächsführung einen Interviewleitfaden (s. Kapitel 2.4), um den Gesprächsablauf in seiner Vollständigkeit zu kontrollieren und die Ergebnisse verschiedener Interviews im Vergleich besser auswerten zu können.

Und was tut der Bewerber?

Es ist zu erwarten, dass der qualifizierte Bewerber folgende Ziele in seinem Vorstellungsgespräch verfolgt:

– Er möchte recht viel über das Unternehmen und die auszuführende Tätigkeit erfahren und prüfen, ob sein persönliches Bedürfnis angemessen befriedigt werden könnte.

– Er möchte in jedem Falle den Eindruck erwecken, dass er für das Unternehmen interessant erscheint, um von seiner Entscheidung die Einstellung abhängig zu machen oder sich in seinen Fähigkeiten bestätigt zu wissen.

Insbesondere die letzte Zielsetzung ist regelmäßig bei Bewerbern anzutreffen. Es ist immer wieder festzustellen, dass sich Bewerber auch dann noch nicht anders verhielten, wenn sie bereits ein eigentliches Interesse an dem Arbeitsplatz verloren hatten. Ein Bewerber wird nie im Gespräch zugeben oder erkennen lassen, dass er nicht die notwendige Qualifikation für die ausgeschriebene Position zu haben glaubt. Er möchte in jedem Fall einen positiven Eindruck hinterlassen und möglichst erreichen, dass die Entscheidung über die Einstellung letztlich von ihm abhängt. Das stärkt sein Selbstbewusstsein. Dieses gilt besonders in Zeiten von Arbeitslosigkeit und mangelnden Stellenangeboten, in denen Bewerber schnell zugreifen, um überhaupt einen Arbeitsplatz zu erhalten.

In der Taktik des Bewerbers liegt es daher, durch die Spiegelung einer guten Qualifikation das höchstmögliche Angebot des Arbeitgebers zu erreichen und sich dann – soweit die Zusage nicht sofort erfolgt – mittels einer Bedenkzeit die Entscheidungsfreiheit vorzubehalten.

Das bedeutet, der Bewerber wird versuchen, sich nicht ganz durchschauen zu lassen, d. h. Ungünstiges über seine Person zu verheimlichen oder als unbedeutend abzutun. Das erfordert von dem Personalleiter oder sonstigen Gesprächsführenden besondere Aufmerksamkeit.

Gewöhnlich bedient sich der Bewerber dabei einer oder mehrerer der folgenden Methoden:

– Der Bewerber legt eine auffällige Bewerbung vor. Ausführliche Unterlagen, nur das letzte Arbeitgeberzeugnis fehlt. Seine derzeitige Aufgabe beschreibt er sehr detailliert, und sie deckt sich mit der ausgeschriebenen Position.

3. Die Durchführung des Vorstellungsgespäches

– Er bereitet sich intensiv auf das Gespräch vor, studiert Antworten ein, übt das gewünschte Auftreten und kennt fast alle Tests.

– Der qualifizierte Bewerber hat eine klare Vorstellung über die allgemein geschätzten Wertesysteme und Verhaltensweisen in Unternehmen. Er versucht, jene Persönlichkeitszüge besonders herauszustellen, die diese gewünschten Werte und Verhaltensweisen am besten ergänzen.

– Er verschweigt für ihn ungünstige Tatsachen und versucht, Lücken im Lebenslauf und deren Gründe zu beschönigen (Nachfragen!).

– Er lügt. – Das kommt öfter vor, als allgemein angenommen wird. (In diesem Fall werden sich fast immer Widersprüche und damit Angriffspunkte ergeben, da nur wenige ein oder zwei Stunden lang konsequent lügen können, ohne sich in Widersprüche zu verwickeln.)

– Er gibt ungünstige Tatsachen zu, bietet aber plausible Erklärungen oder Entschuldigungen an.

(Wenn dem Interviewer ein solcher Verdacht kommt, muss er dem Bewerber weitere Fragen stellen, um Widersprüche aufzudecken oder auf andere Weise den wahren Sachverhalt herausfinden.)

– Er geht in eine Verteidigungsstellung oder spielt den Entrüsteten.

(Derartige Reaktionen auf Fragen im Interview sind fast immer ein Ausdruck von Angst beim Bewerber darüber, dass eine ehrliche Antwort ihn in einem schlechten Licht zeigen würde.)

Es ist sicherlich nicht sinnvoll, dem Bewerber seine sichtbaren Taktiken innerhalb des Gesprächs vor Augen zu führen. Das kann höchstens für Situationen zutreffen, in denen der Bewerber hartnäckig lügt. Stellt sich das einwandfrei heraus, so ist zu prüfen, ob eine Fortsetzung des Gespräches noch von Interesse ist. Belehrungen sind nicht zweckmäßig.

Der Interviewer hat davon auszugehen, dass von keinem verlangt werden kann, für sich ungünstige Tatsachen freimütig zuzugeben. Ein solches Verhalten wäre für die Beurteilung bedenklich. Es gilt das Prinzip, nur wer selbst Wahrheit und Vertrauen einbringt, wird diese auch zurückerhalten. Der erfolgreiche Mitarbeiter verfügt aber über ein bestimmtes Maß an Selbstwertgefühl und Cleverness, das sich auch im Vorstellungsgespräch beweist. Dabei wird von ihm erwartet, dass er selbst die Grenzen zwischen deutlicher Lüge und Ablenkungsmanöver kennt.

Wir finden heute bereits viele Veröffentlichungen, in denen den Bewerbern Vorschläge für ihr taktisch günstiges Verhalten im Vorstellungsgespräch erklärt werden (z. B. von führenden Tageszeitungen).

So empfehlen Ratgeber unter anderem folgende Taktiken für Bewerber:

– Legen Sie Wert auf eine dem Unternehmen und der vakanten Position entsprechende Kleidung. Für eine Vorstellung bei einer Werbeagentur werden Sie sich anders kleiden können als bei einer Bank, Versicherung oder einem konservativen Industrieunternehmen.

- Seien Sie pünktlich, das heißt möglichst fünf Minuten vor der verabredeten Zeit, anwesend. Bei dem gedrängten Terminplan reagieren manche Chefs auch bei Verspätungen von nur wenigen Minuten oft ärgerlich.
- Versuchen Sie, vor dem Gespräch nochmals einen Blick in den Spiegel zu werfen. Achten Sie auf korrektes und gepflegtes Äußeres.
- Vermeiden Sie zu starkes Rauchen, vor allem dann, wenn Ihr Gesprächspartner Nichtraucher ist.
- Begrüßen Sie Ihren Gesprächspartner in einer geraden Haltung. Machen Sie ein freundliches Gesicht, lächeln Sie auch, wenn Ihnen nicht danach zumute ist.
- Merken Sie sich die *Namen* Ihrer Gesprächspartner, wiederholen Sie sie bei der Begrüßung und auch später im Gespräch.
- *Beantworten* Sie alle Fragen *ruhig*, knapp und ausreichend, auch dann, wenn die Antworten aus Ihren Unterlagen schon bekannt sind. Sagen Sie nie „Das habe ich in meinen Unterlagen zwar schon gesagt ... "
- *Unterbrechen Sie nicht,* lassen Sie den anderen ausreden.
- Äußern Sie sich über Ihre *jetzige Firma* und Ihre Vorgesetzten eher *neutral* als negativ.
- Vermeiden Sie unter allen Umständen den Eindruck, Sie hätten *keine Fragen* mehr.
- Lassen Sie sich den *Vertrag zuschicken,* und bitten Sie um 2 bis 3 Tage Bedenkzeit.
- Stellen Sie Ihr *Licht nicht unter den Scheffel,* aber übertreiben Sie auch unter gar keinen Umständen. Versuchen Sie nicht, Mitleid zu erwecken, aber vermeiden Sie auch allzuviel Forschheit. Jeder falsche Eindruck, jede Unklarheit, jedes Missverständnis geht zu Ihren Lasten.
- Machen Sie sich von den gängigen Phrasen frei, aber bemühen Sie sich auch nicht krampfhaft um Originalität. Mit *schlichten, eigenen Worten* erwecken Sie am ehesten Sympathie und Vertrauen.
- Rechnen Sie mit Fragen, die *schwache Stellen* Ihres Lebenslaufs bloßlegen.
- *Unwahrheiten* sind *gefährlich,* denn gute Personalchefs stellen Fangfragen. Beispiel: „Kennen Sie die Zeitschrift Wirtschaftsplanung?" Nicken Sie nur, wenn Sie die Zeitschrift kennen, denn es ist möglich, dass sie nicht existiert.
- Jeder Personalchef will die *Gründe des Stellenwechsels* wissen. Es gibt gute und schlechte Argumente. Mangelnde Aufstiegsmöglichkeiten, Spannungen wegen Kompetenzüberschneidungen oder geringe Verantwortung sind gute Argumente.

125

3. Die Durchführung des Vorstellungsgespäches

- Sagen Sie nie, dass es Ihnen um mehr Geld geht oder dass Ihre Frau in eine andere Stadt will. Verraten Sie *kein* extremes *Karrieredenken*, denn Firmen lassen sich ungern als Sprungbrett missbrauchen.
- Wenn Sie mit Ihrem *Wagen* kommen, der zur neuen Firma nicht passt, parken Sie besser nicht auf dem Firmenparkplatz. Pförtner sind oft angewiesen, den Wagentyp festzustellen und weiterzumelden. Sie prüfen auch, ob Ihr Wagen gepflegt ist.

Für den Personalleiter und den Vorgesetzten ist es für die Beurteilung gut zu erkennen, inwieweit der Bewerber aufgrund solcher Vorbereitungen agiert oder wie viel davon nicht oder doch aus eigenem Antrieb erfolgt.

Ein Wissenschaftler berichtet über seine Analyse der Vorstellungsgespräche in 27 Firmen. Siebenundzwanzigmal erzählte er seinen Lebenslauf und versuchte, einen guten Eindruck zu machen. Schließlich hatte er den gewünschten Erfolg – nämlich sein Gehalt zu verdoppeln. Die Lehre, die er aus diesen Vorstellungsgesprächen zog, beschreibt er wie folgt:

„Als Bewerber muss man Personalberater und Personalchefs wie Feinde behandeln, die es zu besiegen gilt. Durch ihr freundliches Lächeln darf man sich nicht darüber täuschen lassen, dass sie nicht auf die Karriere des Bewerbers bedacht sind, sondern auf ihren Erfolg als Gutachter. Sie wollen weniger wissen, was der Bewerber kann, sondern was er nicht kann. Sprachkenntnisse und sonstige Spezialkenntnisse nützen nichts, wenn man keinen dynamischen und sympathischen Eindruck erweckt.

Die Frage nach den Gehaltswünschen sollte man nie sofort beantworten, sondern an den Gesprächspartner zurückgeben: Was bin ich Ihnen wert? Es empfiehlt sich, so zu tun, als ob es einem auf die Aufgabe ankommt, nicht auf das Gehalt."

Es gibt zwischenzeitlich viele gute Bücher zur Vorbereitung der Bewerber auf ein Vorstellungsgespräch und ebenso Seminare, um zu üben. Das ist gut so, weil es die Chancengleichheit fördert.

Die Beherrschung bestimmter Gesprächstechniken und vorbereiteter Fragenkataloge seitens des Bewerbers sollte von den Unternehmen deshalb nicht negativ beurteilt werden.

Wenn der Bewerber z. B. versucht, im Gespräch die Angaben des Personalchefs genau zu durchleuchten, um festzustellen, ob seine Bedürfnisse wirklich durch den vorgeschlagenen Stellenwechsel befriedigt werden, ist das für beide Teile nur von Vorteil. Das Unternehmen sucht nicht nur den neuen Mann, sondern meistens einen Mitarbeiter für lange Zeit. Eine Zusammenarbeit über mehrere Jahre ist aber nur zu erreichen, wenn in dem so viel entscheidenden Vorstellungsgespräch beide Seiten alle Informationen erhalten, die sie für ihre Entscheidung brauchen. Für den Arbeitgeber kommt es darauf an, durch die eigene Gesprächsführung sicherzustellen, dass durch solche Taktiken der Bewerber die ihn für die Einstellung wichtigen Informationen nicht verschleiert oder verschweigt. Das ist ein entscheidender Grund dafür, von der unternehmerischen Seite grundsätzlich eine qualifizierte Persönlichkeit mit dem Führen der Bewerbergespräche zu betrauen und sich nicht allein auf die natürlichen Menschenkenntnisse zu verlassen, die jeder Vorgesetzte zu haben glaubt.

3.2.2 Die 20 Regeln für das Führen eines Vorstellungsgespräches

Nochmal: Das Vorstellungsinterview besteht für den Personalleiter und Vorgesetzten aus einem Suchverfahren. Sein Verhalten muss sich während des ganzen Gespräches daran ausrichten. Ein erfolgreiches Interview – in dem also der Personalleiter und Vorgesetzte alle die für ihn wichtigen Informationen mit einem hohen Wahrheitsgehalt erhält – ist zu erreichen, wenn dabei ganz bestimmte Gesprächstechniken und Strategien verwendet werden. Wir können so weit gehen, diese Maßnahmen als die Regeln zur erfolgreichen Durchführung eines Vorstellungsinterviews zu bezeichnen.

3. Die Durchführung des Vorstellungsgespäches

REGEL NR. 1: Kontakt zum Bewerber herstellen

Das Wort Kontakt, sagt der Psychologe C. J. Schürmann, besteht aus zwei Teilen und bedeutet eigentlich „Gemeinsam-Berührtsein". Dieses Gemeinsam-Berührtsein können wir nicht bewusst herbeiführen oder steuern. Etwas Unbekanntes in uns schlägt an, das ein Gespräch erleichtert, es auflockert und angenehm macht. Der Kontakt wird weitgehend mitbestimmt von den Bedürfnissen und Rollen der Gesprächspartner. Auch bei einem Vorstellungsgespräch gibt es immer Rollen und Beziehungsstrukturen, die einen fördernden oder hemmenden Einfluss auf den Verlauf des Gesprächs ausüben (s. Abb. 35). Die ganze Haltung und das Aufreten der Gesprächspartner, ihr Alter, Rang und die Umgebung, in der sie sich befinden, spielen dabei eine Rolle.

Der Interviewer befindet sich bei dem Vorstellungsgespräch in der Rolle des Repräsentanten des Unternehmens. Das allein genügt oft dafür, dass der Bewerber befangen ist. Auch die gegenseitige Rangvorstellung beeinflusst das Gespräch. Es ist bekannt, dass die Menschen im Allgemeinen bestrebt sind, eher mit Höhergestellten als mit Untergeordneten zu verkehren. Ein junger Interviewer wird z. B. einen unterschiedlichen Einfluss auf das Interview ausüben, je nachdem, ob der Bewerber jung oder alt ist.

Alle gesprächshemmenden Einflüsse müssen soweit wie möglich eliminiert werden. Dazu gibt es einige Hilfsmittel. Um dem Bewerber die erste Befangenheit zu nehmen, sollte das Gespräch mit einer verbindlichen Bemerkung eröffnet werden, z. B.: Wie war die Anreise? Das Wetter? Der Verkehr? usw.

Dabei kann der Interviewer dem Bewerber für die Bewerbung danken und für die prompte Erledigung der vorangegangenen Post. Auch die Versicherung, dass die Vertraulichkeit auf alle Fälle gewahrt bleibt, kann zu Beginn des Gespräches sehr nützlich sein. Solche einleitenden Worte sind wichtig, und sie werden dem Bewerber helfen, sich an die vorgefundene Situation zu gewöhnen und diese aufzulockern.

Auch das gemeinsame Anzünden einer Zigarette oder die Einladung zu einem Kaffee hilft über die ersten Minuten hinweg. Bevor man zum eigentlichen Thema des Zusammenseins kommt, ist es zweckmäßig, die Einladung zu begründen. Bei der Begründung sollte nicht das Kennenlernen des Bewerbers im Vordergrund stehen, sondern der Wunsch, dem Bewerber mehr über die auszuführende Tätigkeit im Unternehmen zu sagen und zu zeigen, als mittels der Anzeige oder des Schriftverkehrs möglich war.

Abb. 35: Beziehungsstrukturen in Auswahlinterviews, Impression-Management vs. Entschleierungsstrategien

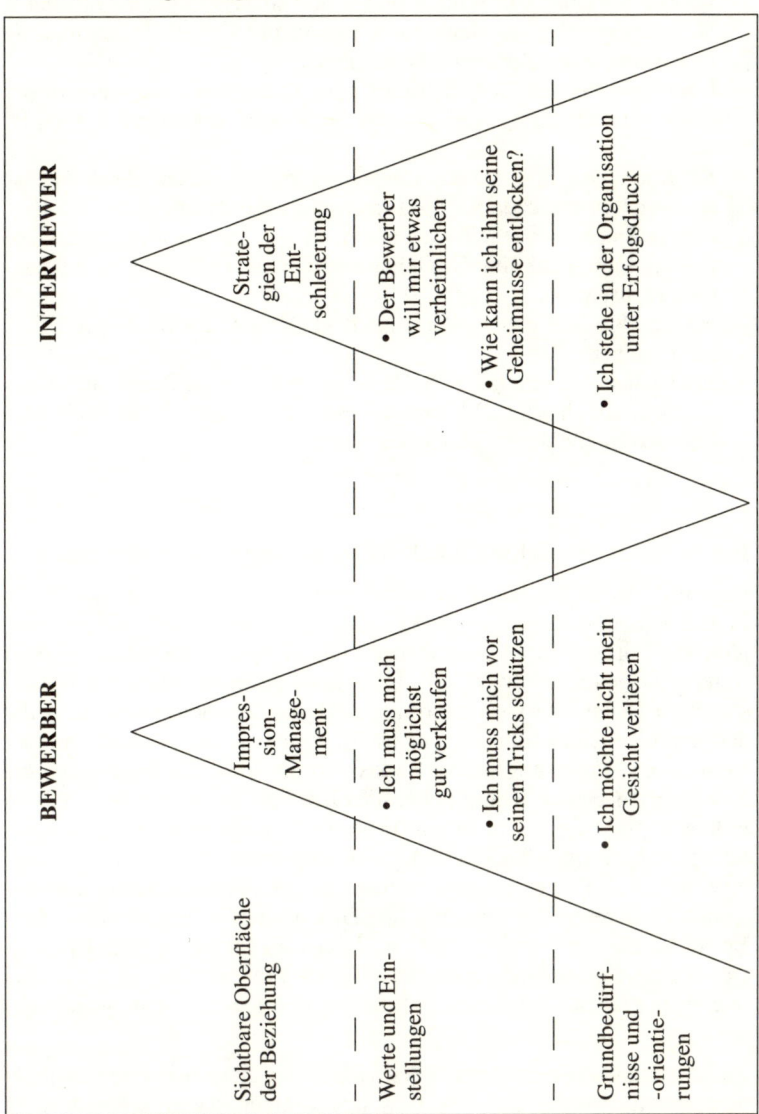

Quelle: Freimuth, J. (1991)

Fassen wir zusammen:

- Wählen Sie einen wohlwollenden Einstieg in das Gespräch. Versuchen Sie in jedem Fall, zu Beginn ein Sympathiefeld aufzubauen und die Erwartungen des Partners zu erkunden.
- Überlassen Sie die Gesprächseröffnung Ihrem Besucher, wenn dieser dazu Verlangen zeigt. So können Sie schnell erkennen, was er erwartet.
- Kommen Sie – falls Sie das Gespräch eröffnen – nicht gleich zur Sache, sondern sprechen Sie über unverfängliche Dinge.
- Gehen Sie auf das Selbstverständnis Ihres Partners ein, auf seine Person, seine Funktion. Nur ein aufgeschlossener Partner ist ein guter Gesprächspartner.
- Wählen Sie Ihre ersten Worte überlegt. Verwenden Sie positive Formulierungen.
- Beobachten Sie besonders in den ersten Minuten die Reaktionen Ihres Partners auf Ihre Ausführungen. Hier entscheidet oft das Rollenverhalten während des weiteren Gesprächs.

REGEL NR. 2: **Möglichst ein halbstandardisiertes Interview führen**

Es wird von einem standardisierten Interview gesprochen, wenn die Fragen vor dem Interview genau festgelegt worden sind und mit dem gleichen Wortlaut und in der gleichen Reihenfolge den Bewerbern gestellt werden (siehe dazu Kapitel 2.4 „Interview-Leitfaden"). Bei einem nicht standardisierten Interview bestimmt dagegen der Interviewer aufgrund der jeweiligen Situation die Fragestellungen und den Verlauf des Gesprächs. Die Erfahrungen zeigen, dass für ein Vorstellungsgespräch die Kombination beider Techniken empfehlenswert ist und in den meisten Fällen so praktiziert wird. In einem Vorstellungsgespräch müssen einerseits ganz bestimmte Themen behandelt und Fragen dazu gestellt werden. Hier sind auch Fragen genannt worden, auf die in einem Vorstellungsgespräch nicht verzichtet werden sollte. Dies gilt besonders, wenn mehrere Bewerber für die Position im Vorstellungsgespräch zu beurteilen sind. Der Vergleich der Antworten bei gleicher Fragestellung in besonders wichtigen Fragen wird für die Beurteilung der Bewerber sehr aufschlussreich sein.

Zu stark standardisierte Interviews wirken allerdings bisweilen gespreizt oder unnatürlich. Es kann sogar so weit kommen, dass der Bewerber in die Defensive gedrängt wird, indem er merkt, wie er getestet wird.

Nichtstandardisierte Interviews lassen ein elastisches Vorgehen des Interviewers zu und ermuntern zur lebensnahen Antwort. Das nicht strukturierte Interview hat mehr den Charakter einer Unterhaltung, wie sie im wirklichen Leben vorkommt. Es ist anzunehmen, dass es dem Befragten gestattet, seinem natürlichen Gedankengang zu folgen, und dass es daher auch dahin tendiert, Material aufzudecken, das den Forscher zu einer Vorhersage befähigt, was der Befragte im wirklichen Leben tut oder sagen würde.

Beim halbstandardisierten Interview wird der Interviewer durch Leitthemen und Leitfragen gesteuert. Die Informationsaufnahme wird weitgehend mit Hilfe einer Checkliste strukturiert. Es werden z. B. Komponenten des Anforderungsprofils systematisch ergänzt durch Informationen aus dem Bewerbergespräch. Dadurch wird der Informationsaufnahmeprozess im Gespräch bewusst getrennt von der späteren Beurteilungs- und Entscheidungsphase, was sehr wichtig ist.

Beweglichkeit kommt dem Vorstellungsgespräch sehr zugute. Der Interviewer muss sich auf den Bewerber einstellen können, ohne dabei die wichtigsten Fragen aus den Augen zu verlieren. Ein halbstandardisiertes kontaktbezogenes Interview kommt diesen Wünschen am nächsten.

Trotz wissenschaftlicher Kritik an der Reliabilität und Validität von Vorstellungsgesprächen haben Untersuchungen ergeben, dass

– die Brauchbarkeit eines Vorstellungsgespräches von seiner Strukturiertheit, d. h. von seinem *halbstandardisierten* Charakter abhängig ist. Böhm und Justen* zählen folgende Vorteile des *halbstandardisierten* Vorstellungsgesprächs auf: Die Vergleichbarkeit von Bewerbern wird trotz aller Individualität gegenüber der nichtstandardisierten Vorgehensweise beträchtlich erhöht.
– Man kann wenigstens bei einigen Kernfragen Induktionen jeglicher Art vermeiden oder vermindern.
– Relevante Aspekte können nicht vergessen werden, weil man sie vorab in Fragen gekleidet hat.
– Es stehen jederzeit gut formulierte Fragen zur Hand.
– Man kommt nicht in Verlegenheit, schnell eine gute Formulierung produzieren zu müssen.
– Das Gespräch verliert nicht an Lebendigkeit, weil beliebig viele Zwischenfragen oder sogenannte Schleifen möglich sind.

---

* Vgl. Böhm/Justen.

3. Die Durchführung des Vorstellungsgespäches

Wer viele Bewerbungsgespräche führt, wird im Laufe der Zeit ein kleines Handbuch für die Vorstellungsgespräche im eigenen Haus bekommen und immer sicherer werden, dass bei dem Gespräch nichts vergessen oder ausgelassen wird. Auch beim Bewerbungsgespräch muss im richtigen Maß organisiert werden. „Nur Schema" ist schlecht, und überhaupt kein Schema ist auch schlecht.

Fassen wir zusammen:

Für ein erfolgreiches Vorstellungsgespräch ist eine Systematik in der Gesprächsführung zu beachten, damit alle wichtigen Themen angesprochen werden.

– Eine Checkliste hilft sehr dabei, sich an alle wichtigen Fragen zu erinnern und diese in der sinnvollen Reihenfolge zu stellen.
– Ein zeitweiliges Abschwenken von den Standardfragen – je nach Gesprächsverlauf – kann zum Erhalt wichtiger zusätzlicher Informationen und spontaner Reaktionen vom Bewerber von Bedeutung sein.

REGEL NR. 3: Das Gespräch durch richtige Fragen lenken

Um die Probleme des Gesprächspartners kennenzulernen oder mit Menschen ins Gespräch zu kommen und ihr Vertrauen zu erlangen, ist man gezwungen zu fragen. Das ist mit ein Schlüssel zum Erfolg. Je gezielter und besser man fragt, desto mehr erfährt man und beherrscht die Situation. Durch Fragen bringt man den Anderen zum Reden und macht ihn zum Gesprächspartner. Wir lernen seine Gedanken, seine Erwartungen und seinen Standpunkt kennen.

Wir bekommen Anhaltspunkte, mit denen wir das eigene Gespräch aufbauen können. Wer viel fragt, redet selbst wenig und lässt den anderen reden.

Vorteile durch Fragen

• Der Gesprächspartner bekommt das Gefühl, dass Sie ihm interessiert zuhören.
• Sie können dem Gespräch leichter einen Trend geben.
• Sie sind in der Lage, Gegenargumente schneller zu erkennen.
• Der Gesprächspartner kann diplomatisch korrigiert werden.
• Beim Partner wird die nötige Vertrauensbasis geschaffen.
• Der Gesprächspartner kann leichter eingeschätzt werden.

- Aggressionen werden abgebaut.
- Unfairen Angriffen kann leichter begegnet werden.
- Der Gesprächspartner wird aktiviert; Sie behalten die Gesprächsführung.
- Sie haben mehr Zeit, die nächsten Gedanken zu fassen.

Vorstellungsgespräche sollten *trichterförmig* geführt werden: das heißt, zuerst mit einer allgemeinen Frage zu den verschiedenen Gesprächsthemen beginnen, eine Frage, bei der dem Bewerber viele Wege zur Beantwortung offenbleiben.

Am Anfang steht also die *offene Frage*. Sie verlangt von dem Bewerber, sich an etwas zu erinnern. Die offene Frage fördert den Kontakt, weil das Gespräch zwischen dem Interviewer und dem Bewerber dabei mehr wie eine normale Unterhaltung erscheint. Der wesentliche Vorteil dieser Technik liegt aber darin, dass sie das Studium der spontanen Bezugssysteme gestattet, dass der Bewerber antwortet, bevor ihm eine Gedankenfolge nahe gelegt wurde. Das gestattet dem Interviewer, Wissenheit, Unwissenheit oder besondere unerwartete Bezugssysteme zu entdecken.

Nach der offenen Frage folgen dann *trichterförmig* immer mehr *geschlossene* Fragen über die Punkte, die den Fragenden besonders interessieren. Zum Schluss werden dann präzise Fragen folgen, die nur klare Antworten zulassen.

Im Vordergrund steht die *Informationsfrage*. Mit der Informationsfrage können wir Auskünfte einholen und bestehendes Wissen prüfen. Wenn sie richtig formuliert wird, kann sie im Regelfall nicht mit „Ja" oder „Nein" beantwortet werden. Informationsfragen sind reaktionsauslösende Fragen. Mit dieser Fragetechnik regen wir zum ausführlichen Antworten an. Die Antworten helfen uns, den Überlegungen besser zu folgen und auf vielleicht vorhandene Einwände leichter eingehen zu können. Der Gesprächspartner muss Gelegenheit haben, von sich und seinen Problemen reden zu können.

Mit der Informationsfrage werden also die Meinung, die Erfahrung, die Vorstellung und die Überlegung des Gesprächspartners erforscht.

Die Informationsfrage beginnt fast immer mit „W":

Warum wurde ...?
Wann bekommen wir Ihr Angebot?
Was spricht dafür?
Was spricht dagegen?

3. Die Durchführung des Vorstellungsgespäches

Wie könnte es gehen?
Welche Erfahrungen und Referenzen hat Ihre Firma?
Welche Konditionen können Sie uns bieten?
Wo liegt das Problem?

Die *Informationsfrage* ist eine direkte Frage. Häufig werden direkte Fragen übel genommen, wenn sie zu zahlreich, zu neugierig, zu abrupt sind oder wenn durch die Fragen ein gewisses Unterlegenheitsgefühl beim anderen impliziert wird. Aus diesem Grunde müssen direkte Fragen, die befremden, vermieden werden. Oft ist es besser, die direkte Frage einzukleiden mit: „Darf ich Sie fragen, was ...?" Sie können die Unmittelbarkeit auch damit abschwächen, dass Sie den Namen des Gesprächspartners mit einfließen lassen: „Herr XY, wie würden Sie ...?"

Bei richtiger Fragestellung geht der Interviewer im Weiteren vom *Objektiven zum Subjektiven.* Er stellt die schwierigsten persönlichen Fragen nicht am Anfang, sondern zuletzt, wenn er sich davon überzeugt hat, dass der Bewerber sich wirklich für das Unternehmen interessiert. Am Anfang stehen also sachliche Fragen, die sich auf den Inhalt und die Dauer der verschiedenen Ausbildungen und Arbeitsverhältnisse beziehen. Wenn über diese Punkte lange genug gesprochen wurde, ist der Bewerber auch viel schneller bereit, über sich selbst zu sprechen.

Oft führen Fragen nicht zu ausreichenden Antworten. Das kann auch manchmal damit zusammenhängen, dass die Frage nicht richtig verstanden worden ist. In solchen Fällen muss der Interviewer *Sondierungsfragen* stellen. Die Sozialforschung hat die Erfahrung gemacht, dass Sondierungsfragen meist den Befragten in einem gewissen Umfang beeinflussen. So schreibt König (1996): „Selbst wenn die Aussage eines Befragten lediglich wiederholt oder eine völlig neutrale Frage hinzugefügt wird, wie etwa: ‚Erzählen Sie mir doch mehr davon', oder ‚Warum denken Sie das?', wird die bloße Tatsache, dass ein bestimmter Punkt des Interviews vom Interviewer zum Sondieren ausgewählt worden ist, den Befragten auf einen Weg lenken, der sich von dem Alltäglichen unterscheidet." Tatsächlich besteht ja die Absicht bei Anwendung der Sondierungsfragen genau darin, dies zu erreichen. Solche Sondierungsfragen bringen demnach die Gefahr mit sich, dass sie bereits die Richtung der Antwort vorbestimmen. Das sollte aber vermieden werden. Sondierungsfragen können deshalb nur dazu dienen, noch fehlende lnformationen vom Bewerber zu erhalten. Sie sind sehr vorsichtig im Vorstellungsgespräch zu gebrauchen.

Wenn Fragen nicht zu klärenden Antworten führen oder der Interviewer die Aussagen bezweifelt, kann er so genannte *Filterfragen* stellen, wie z. B.: „Wie heißt denn noch der Einkaufsleiter dieser Firma, von der Sie gerade sprachen?"; „Mit wem haben Sie dort gesprochen?"

Auch *Kontrollfragen* sind dazu geeignet, wie z.b.: „Wie steht diese Angabe im Zusammenhang mit Ihrer Angabe im Lebenslauf?"

Die Krone aller Fragen sind natürlich immer die *Informationsfragen*. Sie müssen im Mittelpunkt des Vorstellungsgespräches stehen.

M. J. Yate (1993) hat aufgrund seiner USA-Erfahrungen einen Katalog von Fragen zusammengestellt, der an Bewerber hohe Ansprüche stellt. Diese Informationsfragen sind nicht so leicht zu beantworten. Sie erfordern von den Bewerbern schon ein großes Geschick, um negative Wahrheiten zu verschweigen, und bieten dem Zuhörer eine Fundgrube von Informationen über die Persönlichkeits- und Bedürfnisstruktur des Bewerbers (s. Abb. 36).

Das Gespräch lenken heißt demnach, Gesprächsfolge und -länge zu bestimmen, Themenwahl und Tiefe des Gesprächsinhaltes zu beeinflussen und das alles zielgerichtet durchzuführen. Das bedeutet, die Gesprächsführung auch gegen den Willen des anderen beizubehalten. Aber es bedeutet auch das Vorhandensein einer klaren Zielvorstellung, Beherrschung von Sprache und Gesprächstechnik und vor allem bessere Vorbereitung.

Fassen wir zusammen:

- Fragen Sie viel – Sie führen das Gespräch.
- Fragen Sie nach der „Kegelform".
  Eine *offene* Frage soll den Gesprächspartner aktivieren und das Gespräch auflockern (z. B. Einleitung des Gesprächs oder neuer Themenkomplexe).
  Eine gezielte *geschlossene* Frage kreist ein gewähltes Thema weiter ein und bringt genauere Informationen und Fakten.
- Je nach Gesprächsverlauf wählen Sie als der Interviewer u. a.
  - Sondierungsfragen (bei fehlender Information)
  - Filterfragen (bei unklaren Angaben)
  - Kontrollfragen (zur Überprüfung von Angaben)
  - Zusammenfassende Fragen (zur Strukturierung und Klarstellung)
  - Die Informationsfrage beherrscht das Gespräch.

Abb. 36: Fragenkalalog (nach Martin John Yate)

1. Was sind die Gründe für Ihren Erfolg im Beruf?
   (Was *motiviert ihn?*)
2. Wie sieht Ihre Leistungskurve aus? Beschreiben Sie einen typischen Tag.
   (Wie plant er seinen Tag, wie erreicht er seine Tagesziele?)
3. Warum möchten Sie ausgerechnet hier arbeiten?
   (Wie gut hat er sich vorbereitet auf das Gespräch?
   Was *erwartet* er?)
4. Welche praktischen Erfahrungen bringen Sie für die Stelle ein?
   (Inwieweit kann der Bewerber die spezifischen Probleme der Tätigkeit schnell lösen?)
5. Sind Sie bereit, dorthin zu gehen, wo das Unternehmen Sie hinschickt?
   (Wie mobil ist der Kandidat?)
6. Was gefiel, was missfiel Ihnen an Ihrer letzten Tätigkeit?
   (Kritisiert er seinen bisherigen Arbeitgeber? Ist er ein Problemfall? Worauf legt er besonderen Wert?)
7. Welche Fortschritte haben Sie Ihrer Meinung nach bis heute gemacht?
   (Wie groß ist seine Selbstachtung? Wie bescheiden oder prahlerisch argumentiert er?)
8. Wie lange würden Sie bei uns bleiben?
   (Was sind seine Bleibekriterien?)
9. Haben Sie bei der Arbeit Ihr Bestes gegeben?
   (Wie schätzt er sein eigenes Verhalten ein? Wie beantwortet er diese schwierige Frage geschickt?)
10. Was würden Sie in 5 Jahren gern tun?
    (Hat er Ehrgeiz? Wie schätzt er sich selbst ein?)
11. Was sind Ihre größten Leistungen?
    (Was hat er wirklich geschafft? Wie bewertet er seine Leistungen?)
12. Was ist Ihre Stärke?
    (Wie stolz ist er? Wie ist sein Wertesystem?)
13. Was interessiert Sie am meisten an dieser Aufgabe?
    (Wie sehr hat er sich damit auseinandergesetzt? Wo sieht er seine Herausforderung?)
14. Aus welchem Grund sollten wir gerade Sie einstellen?
    (Selbstbewusst, sicher in der Selbsteinschätzung?)

15. Was bieten Sie, was andere nicht bieten können?
    (Wie gut kennt er sich? Wo sieht er seine Stärken?)
16. Beschreiben Sie ein schwieriges Problem, mit dem Sie sich herum-
    schlagen mussten.
    *(Wie groß sind seine analytischen Fähigkeiten? Geht er planvoll
    vor?)*
17. Wie würden Sie Ihre früheren Arbeitgeber bewerten?
    *(Wie ist sein Selbstwertgefühl? Wie fair geht er mit seinem Urteil
    um?)*
18. Nennen Sie mir Fähigkeiten, bei denen Sie in Ihrer letzten Stelle
    die meiste Zeit verbracht haben. Und warum war das so?
    *(Arbeitet er zielorientiert oder umständlich? Denkt er prozess-
    orientiert, und hat er ein gutes Time-Management?)*
19. In welcher Weise hat Ihre Arbeit Sie darauf vorbereitet, mehr
    Verantwortung zu übernehmen?
    *(Wie hat er sich qualifiziert, weiterentwickelt, sowohl fachlich
    als auch persönlich?)*

**REGEL NR. 4: Viele kurze Fragesätze verwenden, die längere
            Antworten herausfordern**

Es lohnt sich, auf die Fragetechnik nochmals genauer einzugehen; denn
das Fragen, das richtige Fragen, ist der Schlüssel zum Erfolg des Vorstellungsgesprächs.

Wichtig: Je kürzer die Fragen, desto eher wird der Bewerber in der Lage
sein, die ganze Frage zu behalten und darauf konkret zu antworten. Bei
sehr langen Fragestellungen muss man damit rechnen, dass der Bewerber
nur einen Teil der Frage beantwortet und dabei das Gespräch auf einen
Punkt lenkt, an dessen Vertiefung ihm besonders liegt. Dabei wäre vielleicht gerade die Beantwortung eines anderen Teils der Frage für den
Interviewer aufschlussreich gewesen.

Klare, kurze Fragestellungen werden verbessert, wenn bei der Formulierung immer Zeit, Ort und Zusammenhang berücksichtigt werden, die
der Befragte als Bezugspunkt für seine Antwort kennt. So wird z. B. die
Frage: „Während Ihrer Schulzeit haben Sie..." Antworten hervorbringen,
die sicherlich nicht so präzise sind wie nach der Frage: „Als Sie in Berlin
das Gymnasium..."

3. Die Durchführung des Vorstellungsgespäches

Der Personalchef wird auf die Frage: „Was verdienen Sie zur Zeit?" auch selten die klare Antwort erhalten, die er eigentlich wünscht. Fragen wie: „Wie hoch war Ihr Grundgehalt im letzten Monat?" oder „Aus welchen Teilen hat sich Ihr Jahresgehalt im vorigen Jahr zusammengesetzt?" führen eher zu Antworten, mit denen der Personalchef etwas anfangen kann.

Es ist zu empfehlen, bei Fragen keine Formulierung zu verwenden, die dem Bewerber die Möglichkeit gibt, durch ein einfaches Ja oder Nein zu antworten. Durch gezielte Fragen des Interviewers sollte dem Befragten die Gelegenheit gegeben werden, sehr ausführlich zu den gestellten Fragen Stellung zu nehmen. Hierdurch erhält er die Chance, durch bestimmte Teile der Antwort Anhaltspunkte für neue interessante Fragen zu erhalten, die ein vertieftes Kennenlernen des Bewerbers ermöglichen.

Fassen wir zusammen:

- Durch Fragen wird das Gespräch gelenkt.
- Die Informationsbereitschaft hängt sehr davon ab, wie die Frage formuliert wurde.
- Nur durch kurze Fragen erhalten wir die längeren Antworten (oder umgekehrt).
- Nicht mehr als eine Frage auf einmal stellen.
- Prüfen, ob die Frage verstanden worden ist. (Sind die verwendeten Begriffe eindeutig?)
- Fragen planvoll, ehrlich und fair stellen.

REGEL NR. 5: **Widersprüche in den Antworten sorgfältig prüfen und aufklären**

Je qualifizierter der Bewerber ist, desto wesentlicher ist es, dass er für die Zeit von seiner Schulentlassung bis zur Gegenwart Rechenschaft gibt. Sowohl Jahr als auch Monat von Arbeitsbeginn und -ende in einer bestimmten Stellung sollen beachtet werden. Die Abstimmung dieser Daten im Bewerbungsbogen mit den Daten in den Zeugnissen ist von allergrößter Bedeutung. Widersprüche in den Daten sind wertvolle Hinweise für falsche Angaben. Bewusst falsche Angaben im Lebenslauf sind keine Seltenheit mehr.

Widersprüchliche Angaben in den Bewerbungsunterlagen müssen dem Bewerber höflich, aber bestimmt im Vorstellungsgespräch zur Kenntnis gebracht werden, um eine Aufklärung zu erhalten. Ausnahme: Der Interviewer darf auf keinen Fall den Bewerber merken lassen, dass er evtl. über Informationen von ehemaligen Arbeitgebern verfügt, aus denen sich Widersprüche ergeben.

Je ausführlicher und gezielter das Interview verläuft, desto eher werden für den Personalchef Widersprüche erkennbar. Wenn überhaupt, dann tauchen Widersprüche insbesondere auf:

- innerhalb eines einzigen, aber sehr ausführlichen Vorstellungsge-spräches,
- bei aufeinander folgenden Vorstellungsgesprächen,
- bei verschiedenen Gesprächspartnern.

Dabei kann es sich um sachliche Informationen handeln, wie z. B. Angaben über das bisherige Einkommen oder Kündigungsgründe, aber auch um persönliche Einstellungen zur bisherigen oder neuen Tätigkeit.

In fast allen Fällen wird die Entdeckung solcher Widersprüche in den Gesprächen klärende Fragen nach sich ziehen müssen. Allerdings besteht bei der Klärung solcher Widersprüche die große Gefahr, dass der Befragte in eine defensive Haltung gedrängt wird, was in keinem Fall für die Fortsetzung des Gesprächs von Vorteil sein kann. Ein geeigneter Weg ist es, bei der Klärung des Widerspruchs z. B. wie folgt zu beginnen:

„Ich möchte sicherstellen, dass ich Sie richtig verstanden habe, und frage mich deshalb, ob ich keinen Fehler gemacht habe. In Ihren bisherigen Antworten hieß es, ...". Durch ein derartiges Vorgehen hilft man dem Bewerber, sein Gesicht zu wahren, was für die Fortführung des Gespräches sehr notwendig ist.

Mit einiger Übung erwirbt der Personalleiter sehr rasch das Gefühl für die Wahrheit und wird bei Zweifel an der Echtheit der Antwort des Bewerbers zusätzliche Fragen stellen, um der Wahrheit auf die Spur zu kommen. Die Angaben zeigen ungewöhnliche Erfolge in der bisherigen Tätigkeit des Bewerbers. Hier wird der Interviewer den Bewerber ausführlich über die Umstände befragen, die zu solchen Erfolgen geführt haben. Oder, falls die Entlohnung in der bisherigen Stellung ungewöhnlich hoch erscheint, wird der Interviewer durch Zwischenfragen an geeigneter Stelle oder durch Detailfragen zu der Höhe der Provision oder Spesenvergütung leichter das tatsächliche Einkommen feststellen können.

Fassen wir zusammen:

- Widersprüche stellen sich nur heraus bei ausführlichen Gesprächen oder bei verschiedenen Gesprächspartnern.

3. Die Durchführung des Vorstellungsgespäches

– Jede als Widerspruch erscheinende Information muss sorgfältig auf ihren Wahrheitsgehalt geprüft werden.

– Eine Klärung von scheinbaren Widersprüchen muss taktvoll und vorsichtig durchgeführt werden, um einen positiven Gesprächsablauf nicht zu gefährden.

REGEL NR. 6: Nicht in einen Prüfungsstil verfallen

Vorstellungsgespräche haben das Ziel, die persönliche und fachliche Eignung des Bewerbers so genau wie möglich zu erforschen. Viele Unternehmen verbinden die Vorstellung mit Tests, die gemeinsam mit der Exploration eine sichere Auskunft über die Eignung des Bewerbers geben sollen (s. Kapitel 5.3). Die Aussagefähigkeit von Tests, insbesondere zur Erkundung der Persönlichkeit, sind in der Praxis umstritten. Soweit aber Tests verwendet oder andere Prüfungen durchgeführt werden, sind diese von dem eigentlichen Vorstellungsgespräch scharf zu trennen. Das Gespräch mit dem Bewerber wird sofort beeinträchtigt, wenn dieser sich innerhalb des Interviews plötzlich einer Prüfungssituation gegenüber sieht. Es sollten also keine Aufgaben innerhalb des Gespräches gestellt werden, um gewisse Fertigkeiten oder Fähigkeiten zu überprüfen. Denn das führt mit Sicherheit zu einem abrupten Abbruch der zwischenmenschlichen Beziehungen und wirkt auf den Bewerber wie ein Schock. Das Gespräch ist gestört, und für eine erfolgreiche Fortsetzung besteht nur noch eine geringe Chance. Gleichzeitig kann ein solches Erlebnis den Bewerber auch dazu veranlassen, gestört in eine vorgesehene Prüfung hineinzugehen, was zu einer Verfälschung des Testergebnisses führen kann. In den meisten Fällen wird ein solches Erlebnis in einem Vorstellungsgespräch beim Bewerber noch lange nachteilig haften bleiben.

Wo es üblich ist, die Probe des beruflichen Könnens unter Beweis stellen zu lassen, sollte eine klare Trennung zwischen der Leistungsprobe und der Aussprache erfolgen, und die Situation sollte rechtzeitig vorher angekündigt werden, damit sich der Proband ggf. darauf einstellen kann.

Es empfiehlt sich auch, dass nicht der Interviewer selbst die Leistungsprobe abnimmt, um die Trennung erst wirklich sichtbar zu machen. Dazu sollte er dann auch in einen anderen Raum gehen. Im Anschluss an die Leistungsprobe kann der Interviewer – ohne dass die Beziehung zwischen ihm und dem Bewerber gestört ist – das Gespräch über die Ergebnisse der Probe fortsetzen oder er wählt dazu einen anderen Tag, um die Ergebnisse des Tests zur Verfügung zu haben. Diese sollte der Bewerber in jedem Fall einsehen können.

Fassen wir zusammen:

- Trennen Sie Prüfungen und Tests peinlich genau von Gesprächen (möglichst am anderen Tag).
- Vermeiden Sie unbedingt den Eindruck eines Verhörs durch die Art der Fragestellung.

REGEL NR. 7: Suggestivfragen und Unterstellungen vermeiden

Suggestivfragen, die dem Bewerber die erwartete Antwort zeigen, sind das sicherste Mittel, das Interview völlig wertlos zu machen; z. B. „Haben Sie das Studium abgebrochen, weil Sie in finanziellen Schwierigkeiten waren?" Der Bewerber wird hier gern zustimmen, auch wenn er auf die Frage: „Warum haben Sie das Studium nicht zu Ende geführt?" ansonsten geantwortet hätte, dass er die Universität wegen Lernschwierigkeiten oder schlechter Prüfungszeugnisse verlassen musste.

Oder: „Wollen Sie Ihre Stellung wechseln, um von der Kleinstadt in die Großstadt zu ziehen?" Auch hier wird die Antwort dem Bewerber in den Mund gelegt. Dieser nimmt an, dass diese Antwort dem Personalchef verständlich erscheint und sein Verhalten positiv erscheinen lässt; also bejaht er die Frage, obwohl in Wirklichkeit andere – für den Personalchef sicherlich sehr interessante – Gründe maßgeblich waren.

Suggestivfragen werden auch Richtungsfragen genannt. In Vorstellungsgesprächen besteht kein Anlass, dem Bewerber eine bestimmte Richtung für die Antworten vorzugeben, auch nicht als Fangfrage. Sobald der Bewerber dies feststellt, ist das Gespräch kaputt.

Genauso falsch ist es, dem Bewerber Fragen zu stellen, die aus seiner Sicht Unterstellungen oder zumindest ungünstige Annahmen enthalten, wie aus Abb. 37 hervorgeht.

Fassen wir zusammen:

- Suggestivfragen helfen nicht weiter, weil sie die gewünschte Antwort signalisieren.
- Suggestivfragen als Fangfragen oder Provokativfragen zerstören das Gespräch und müssen vermieden werden.
- Misstrauen zeigen ist sehr nachteilig! Vertrauen ist besser!

3. Die Durchführung des Vorstellungsgespäches

Abb. 37: Unterstellungen im Vorstellungsgespräch

„Zwei Wörter sind es vor allem, die – meist ohne Absicht – in den Fragen auftauchen; denn und aber. Das Weitere spielt sich sodann im emotionalen Bereich ab.

Dazu einige Beispiele, zunächst mit „denn", dann mit „aber":

„Was haben Sie denn gelernt?"
– Was kann der Befragte schon gelernt haben! Eine so formulierte Frage muss diskriminierend empfunden werden. So geht es oft weiter:

„Welche der von Ihnen ausgeübten Tätigkeiten gefielen Ihnen denn am meisten?"

„Was haben Sie denn so inzwischen gemacht?" – Es kann ja nichts Vernünftiges gewesen sein. Tiefste Geringschätzung also!

„Wie kamen Sie denn zu Ihren Stellungen?" Du meine Güte. Als ob das vielleicht nicht mit rechten Dingen zugegangen sein könnte! Hierin liegt fast die Unterstellung, der Bewerber habe stets Fürsprecher gehabt. Der Bewerber fühlt sich angegriffen. Er diskutiert aus einer Rechtfertigungsposition heraus.

„Was sind denn so Ihre Stärken?"
– Viel wird dem Bewerber nicht gerade zugetraut. Falls er doch über Stärken verfügen sollte, dann muss er schon einen gewaltigen Beweisfeldzug antreten.

„Was wollen Sie denn bei uns verdienen? – Jetzt reicht es vollends.

Wie bescheiden muss der Bewerber zu Boden blicken? Muss ihm eigentlich so deutlich gemacht werden, dass es wohl eine besondere Ehre ist, für die Firma XY zu arbeiten?

„Aber – wären Sie nicht gern bei Ihrer bisherigen Firma geblieben?"
Der Bewerber könnte jetzt annehmen, ihm wird nicht geglaubt. Hat er doch bereits die Gründe für einen Wechsel schriftlich in den Unterlagen und mündlich hier im Gespräch vorgetragen.

„Aber ist das nicht ein recht teurer Stadtteil, in dem Sie da wohnen?"
– Hier wird dem Bewerber signalisiert: Entweder lebt er über seine Verhältnisse oder er ist vermögend. Jedenfalls muss er auf den Arbeitsplatz nicht unbedingt angewiesen sein. Und wer nicht arbeiten muss, wird sich auch nicht um berufliches Fortkommen bemühen. Engagement und Initiative liegen aber im Interesse des Unternehmens.

„Aber – wenn es so ist, wie Sie hier sagen, wie kam es denn, dass ...?"
Hier werden gleich beide Todsünden in einer Frageform untergebracht. Nun ist klar: Dem Bewerber wird misstraut. Oder schlimmer noch – der Interviewer hat eine „kognitive Dissonanz", der Bewerber ist anders, als es Annahmen über ihn zulassen. Störungen auf der Seite des Gesprächsführers, die zum Problem werden".

Quelle: „berufs-Welt". Nr. 33, August 1989. H. A.

REGEL NR. 8: **Auch heikle Themen erörtern**

Um ein vollständiges Bild vom Bewerber zu erhalten, müssen auch die persönlichen Verhältnisse erkundet werden, auch wenn dabei heikle Fragen gestreift werden. Hierzu gehören Fragen zur Familie oder Herkunft des Bewerbers, deren er sich möglicherweise schämen kann. Dazu gehören Fragen zu Entlassungen, Schwierigkeiten in der Schule, beim Militär, Familienprobleme, häusliche Schwierigkeiten oder finanzielle Sorgen.

Da Antworten auf Fragen zu diesen Themen unbedingt erforderlich sind, sollte der Interviewer nicht zögern, sie zu stellen. Um objektive Antworten zu diesen Themen zu erhalten, muss man die Fragen gut formulieren. Viele Vorgesetzte leiden bei Vorstellungsgesprächen an der Furcht, der Bewerber hätte es nicht gern, wenn man ihn direkt danach befragt. Freundlich und höflich gestellte Fragen, die ein echtes Interesse aufweisen, führen meistens zu ehrlichen Antworten. Dabei hilft es, wenn der Interviewer diese Fragen mit einer natürlichen, routinemäßigen, rein sachlichen Art im gleichen Ton wie die anderen Fragen stellt, so als ob er die Antworten ganz selbstverständlich erwartet. Der Bewerber spürt allerdings ein nur unbewusstes Zögern des Interviewers sofort, und wird die Beantwortung dieser Frage dann ebenfalls nur zögernd durchführen.

Oder man beginnt die Frage mit einer verharmlosenden Äußerung, wie: „Ich kenne viele Mitarbeiter, die sind der Meinung ..., was meinen Sie dazu?"

Oder der Fragesteller nimmt in die Frage bereits Alternativantworten mit hinein, um dem anderen dadurch die Beantwortung zu erleichtern: „Es gibt wohl zwei Meinungen zu dieser Frage, entweder ... oder ..."

Neuberger (Das Mitarbeitergespräch) empfiehlt auch abschwächende Formulierungen, wie z. B.: „Kennen Sie vielleicht zufällig, möglicherweise, ungefähr ...?"

Auch die „erwartungsvolle Pause" – der Interviewer stellt die Frage und wartet auf die Antwort – hilft in solchen Situationen. Das erwartungsvolle Schweigen wird den Bewerber zum Antworten animieren.

Bei solchen Schwierigkeiten kann die Frage im Augenblick weggelassen und zu einem späteren Zeitpunkt wiederholt werden.

Dabei ist selbstverständlich darauf zu achten, dass nicht alle Fragen erlaubt sind.

In der Praxis zeigt sich allerdings immer wieder, dass Bewerber gar nichts dabei finden, wenn heikle Themen angeschnitten oder besondere persönliche Fragen gestellt werden. In der Regel werden solche Fragen erwartet. Oft werden sie sogar als besonderes Interesse des Arbeitgebers an seinen künftigen Mitarbeitern gewertet.

Fassen wir zusammen:

– Scheuen Sie sich nicht, alles zu fragen, was erlaubt ist.
– Heikle Fragen müssen zum geeigneten Zeitpunkt gestellt werden, z. B. in einer besonders vertrauensvollen Gesprächssituation.
– Heikle Fragen müssen in emotionsfreier Art gestellt werden und eine positive Grundhaltung in der Formulierung erkennen lassen, damit sie nicht verletzen.

**REGEL NR. 9: Den ersten Eindruck als Vorteil nutzen
(aber systematisch Gegenproben stellen)**

In sehr vielen Vorstellungsgesprächen steht der erste Eindruck bereits nach vier bis fünf Minuten unerschütterlich fest (siehe Kapitel 4.3.2 Die Aussagefähigkeit des ersten Eindrucks, S. 189). Die offene Informationssammlung ist dann für den weiteren Gesprächsverlauf stark beeinträchtigt oder findet kaum noch statt. Deshalb sollte jeder Interviewer besonders achtsam mit den Eindrücken der ersten Minuten umgehen!

Vorurteile können aber gerade als Vorteile genutzt werden, denn in der Anfangsphase eines Bewerbungsgesprächs entsteht das grundlegende Bild vom Bewerber. Ein hohes Maß an Informationen wird dabei vom Interviewer z. T. auch unbewusst verarbeitet. Jeder Mensch verfügt über einen enormem Speicher an Sinneserfassungskapazitäten, also „Antennen", mit denen er Mitmenschen wahrnehmen kann. Diese sollten gerade im Vorstellungsgespräch genutzt werden, um dem Kandidaten in seiner Gesamtpersönlichkeit gerecht zu werden. Erste Eindrücke können also zu wahren Schätzen für die Exploration werden, wenn man achtsam mit ihnen umgeht und sie für weitere Klärungsfragen zu nutzen versteht. Das heißt, wenn eine Person besonders selbstbewusst erscheint, sollte auch überprüft werden, ob er sich genügend selbstkritisch hinterfragen kann. Tritt jemand als hervorragender Rhetoriker auf, lautet die Fragerichtung, ob er sich ebenso ernsthaft anderen zuwenden und geduldig zuhören kann. Erfolgsverwöhnten Kandidaten sollte man „auf den Zahn fühlen", inwieweit sie sich durchbeißen können und frustrierende Niederlagen wegstecken können, u.s.w. ... .

Überzeugende Studien belegen, dass der erste Eindruck sehr oft zutrifft. Er sollte deshalb ernst genommen werden. Damit sich der Gesprächsverlauf aber nicht aufgrund einseitiger Informationssammlung verengt, sollte jeder Interviewer umsichtig mit diesen Momenteindrücken umgehen. Er sollte registrieren, wo er positive bzw. negative Bewertungen vornimmt und diese dann zur Gegenprobe nutzen.

Fassen wir zusammen:

- Der erste Eindruck kann eine Fundgrube sein, wenn man ihn achtsam und selbstkritisch nutzt.
- Deshalb ist es wichtig, das eigene Blickfeld nicht durch einseitige Informationssammlung zu verengen, sondern im Gegenteil alle Antennen zur Blickfelderweiterung „auszufahren".
- Gezielte Fragen nach dem Gegenteil, um den eigenen Ersteindruck zu relativieren, sind hierzu nützlich.

REGEL NR. 10: **Stressmomente durch kurze Stehgreif-Rollenspiele oder Mini-Fallstudien zumuten**

Eine weitere Möglichkeit besteht darin, „Verhaltensstichproben" anhand spontan durchgeführter Rollenspieleinlagen vorzunehmen. Hierzu sollte man vorher die Zustimmung des Bewerbers einholen. Bei einer Position im Dienstleistungsbereich ist es beispielsweise nahe liegend, ein repräsentatives „schwieriges Kundengespräch" zu initiieren, das nicht länger als fünf Minuten dauert. So wird geprüft, wie es um die Kundenorientierung des Bewerbers im Verhaltensbereich tatsächlich bestellt ist. Dabei kann der Interviewer (oder ein Interviewpartner) in die Rolle des schwierigen Kunden schlüpfen. Als Rollenspieler ist man fast immer in der Lage, sich bestimmte typische Kundensituationen aus dem Alltag vorzustellen und diese realistisch zu simulieren. In medias res gezeigtes, unwillkürliches Verhalten des Bewerbers gibt dann konkreten Aufschluss darüber, wie es um seine tatsächlichen sozialen Kompetenzen bestellt ist. Natürlich sollten Anfang und Ende der Rollenspiel-Sequenz klar gekennzeichnet werden, um Irritationen zu vermeiden. Sie können insbesondere zur Prüfung von Sozialkompetenzen, wie z.B. Einfühlungsvermögen, Durchsetzungsvermögen, Abschlussstärke u.s.w. dienen.

Mini-Fallstudien bieten sich bei Managern an, um den Bewerber aus der Reserve zu locken und seine Reaktion auf besondere Problemlagen zu prüfen, z. B. unter Aspekten unternehmerischer Kompetenzen oder spezieller Know-how-Bereiche. Sie können in ihrem Schweregrad variiert und auf die Anforderungssituation zugeschnitten werden. Dabei bieten sich auch typische Nagelproben aus dem Führungsalltag an, die das interne Milieu zutreffend abbilden.

Fassen wir zusammen:

– Verhaltensstichproben durch Stehgreif-Rollenspiele oder Minifallstudien sind wertvolle zusätzliche Informationsquellen, weil sie Verhalten „live vivo" beobachtbar machen.
– Eine faire und klare Einführung sowie die Einwilligung des Bewerbers sind unbedingt erforderlich.
– Anfang und Ende der Sequenz müssen unbedingt deutlich gemacht werden, um Irritationen zu vermeiden.

REGEL NR. 11: Urteile des Bewerbers über andere genau analysieren

In den Vorstellungsgesprächen werden oft „projektive" Fragen gestellt. Projektive Fragen sind solche Fragen, die den Bewerber veranlassen sollen, über einen anderen zu sprechen. Bei dieser Fragestellung wird davon ausgegangen, dass sich der Bewerber meistens selbst an die Stelle der anderen Personen setzen wird, auf welche die Frage Bezug nimmt, wodurch die Antwort in Wahrheit seine eigene Einstellung zu dem Thema widerspiegelt. Solche Fragen werden immer dann angewendet, wenn man bei ganz bestimmten Fragestellungen hofft, durch diese indirekte Art mehr Informationen zu erhalten, als es durch direktes Fragen zu erwarten ist.

Untersuchungen haben bestätigt: Wurden Menschen zuerst gefragt, wie sich andere im Allgemeinen in bestimmten Situationen verhalten, und danach, wie sie sich selbst in der gleichen Situation verhalten würden, dann zeigte eine spätere Prüfung, dass sich viele Befragte in Wirklichkeit so verhielten, wie sie das Verhalten der anderen beschrieben hatten, und nicht so, wie sie es für sich selbst voraussagten.

Tatsächlich fällt es vielen Menschen leichter, über andere zu sprechen als über sich selbst. In Vorstellungsgesprächen tauchen immer wieder Aussagen über das Verhalten der Vorgesetzten und Kollegen während der bisherigen Arbeitsverhältnisse auf. Nicht selten werden der „unmögliche" Führungsstil der Vorgesetzten oder schwierige Kollegen beschrieben oder sogar für Kündigungen verantwortlich gemacht. Für die Diagnostik ist es interessant zu erkunden, wie das Verhalten der anderen im Einzelnen war und wie es aus der Sicht des Bewerbers hätte sein sollen.

Eine andere Möglichkeit besteht darin, nach Urteilen und Fremdeinschätzungen zu fragen, die der Kandidat von anderen Personen z. B. Freunden, Lehrern, Kollegen oder Vorgesetzten über sich selbst im Laufe seines Werdeganges erhalten hat. Diese so genannten Rückmeldefragen thematisieren also mögliche Rückmeldungen, die der Bewerber von anderen zur eigenen Person erhalten hat. Sie ermöglichen einen Perspektivenwechsel und bieten für bestimmte Lebensabschnitte sehr aussagekräftige und plastische Anhaltspunkte. Zum Beispiel: Welche Rückmeldungen haben Sie während Ihrer Schulzeit von Lehrern oder guten Freunden erhalten? Oder: Wie würden Ihre Mitarbeiter (oder Kollegen) Sie charakterisieren? Durch diese Fremdurteile werden wichtige Bezugspersonen mit einbezogen. Besonders interessant zur Persönlichkeitsbeurteilung ist dabei auch die Reaktion des Kandidaten hierauf, also die Art, wie er hierzu Stellung bezieht und wie offen er sich zeigt.

Fassen wir zusammen:

- Den meisten Menschen fällt es leichter, über andere zu sprechen als über sich selbst.
- Stellen Sie deshalb dem Bewerber Fragen dazu, wie er andere „sieht" oder wie andere über bestimmte Dinge und Personen denken (z. B. Kollegen, frühere Vorgesetzte).
- Menschen neigen unbewusst dazu, ihre eigenen Gefühle und Wünsche und Verhaltensweisen – da sie sich für sich selbst nicht so ausdrücken würden – in andere Gestalten hinein zu „projizieren". Das kann aufschlussreiche Informationen geben.

REGEL NR. 12: **Zeit zum Antworten lassen, Gesprächspausen herbeiführen**

Bei dem Personalleiter, der sehr viele Vorstellungsgespräche absolvieren muss, besteht die Gefahr, dass er zur Erledigung aller Aufgaben mit zunehmender Routine seine Fragen immer schneller stellt und in einer mechanischen Weise „herunterleiert". Dadurch kann es für den Bewerber schwierig werden, den Interviewer immer richtig zu verstehen und mit ihm in ein echtes persönliches Gespräch zu kommen. Eile und Erfahrung können aber auch sehr leicht dazu führen, dass der Personalleiter bereits in den Ansätzen der Beantwortung seiner Fragen das zu erwartende Ergebnis der Antwort erkennt, daraufhin ungeduldig wird, unterbricht oder schnell zur nächsten Frage übergeht.

Solch ein Verhalten gefährdet ein erfolgreiches Einstellungsinterview. Es ist höflich, aber auch wichtig, den Bewerber ausreden zu lassen. Es ist genauso wichtig, dass man zwischen den verschiedenen Fragen Pausen macht und den Bewerber ansieht, während man die Frage stellt. Es wird von vielen Interviewern in den Betrieben noch übersehen, wie bedeutsam für das Kennenlernen des Anderen auch das Beobachten der Pausen ist. Für viele Menschen ist es schwierig, eine längere Gesprächsunterbrechung hinzunehmen, ohne zu reagieren. Das trifft ganz besonders auf Bewerber zu, die sofort glauben, sie müssten, um keine Verlegenheit zu zeigen, dann weitersprechen. Im Wechselgespräch ist es üblich, wenn ein Partner aufgehört hat zu reden, dass der andere nach kurzer Pause (rd. eine Sekunde) weiterredet. Diese Pause ist ein stabiles Element im Gespräch, sie signalisiert uns: Ich bin fertig und warte auf deine Rückmeldung (Feedback). Das geschieht unbewusst. Wenn wir nun – entgegen dieser Kommunikationsregel – nicht reagieren, also nicht zu sprechen beginnen, entstehen beim Partner ein Unbehagen und eine gewisse Befangenheit. Er weiß nicht so recht, wie er sich verhalten soll.

Aus Untersuchungen wissen wir, dass viele Kommunikatoren eine über das normale Maß hinausgehende Pause, z. B. länger als 4 Sekunden, als peinlich empfinden. Um diese als unangenehm empfundene Situation zu überbrücken, wird weiter geredet. Diese Erkenntnis machen sich einige Persönlichkeiten zunutze. Sie verwenden die Gesprächspause als manipulative Technik, um über einen bestimmten Sachverhalt noch mehr Informationen aus dem anderen herauszulocken. Selbst wenn aus solchen Situationen nur Leerlaufgerede zustande kommt, so kann die innere Belastung des „Redenmüssens" den Bewerber dazu veranlassen, Dinge zu sagen, die er eigentlich nicht von sich geben wollte.

Der Beurteiler hat im Gespräch eine doppelte Aufgabe zu erfüllen. Er muss einerseits auf den Inhalt, andererseits auf die Art und Weise des Sprechens und vor allem auch der Pausen achten. Es gibt natürlich Pausen; sie ergeben sich dort, wo ein Thema erschöpft ist. Sie sind deutlich von den Widerstandspausen (den genannten Pausen) zu unterscheiden. Gerade an diesen Stellen ist es wichtig, dass der Beurteiler den gehemmten Bewerber auflockert und zu unbefangener Äußerung führt.

Die Widerstände zeigen sich in sehr verschiedenen Symptomen: im Räuspern oder Husten, in vagen Angaben, in der Themaverschiebung. Auch können Gegenfragen oft als ein Ablenkungsmanöver erkannt werden. Der Personalleiter wird sich die speziellen Punkte merken und an anderer Stelle, bei anderer Gelegenheit, von einer anderen Seite her versuchen, sich Klarheit zu verschaffen.

Es gibt unterschiedliche Auffassungen über die Frage, wieviel Zeit man dem Befragten zum Nachdenken lassen soll. Kinsey glaubte z. B., dass es gut sei, die Fragen nach Schnellfeuerart zu stellen, damit der Befragte keine Zeit hat, seine Abwehr zu organisieren und eine ausweichende Antwort auszudenken. Diese Technik geht von der Annahme aus, dass dem Befragten immer die Wahrheit zuerst in den Sinn kommt für seine Antwort.

Bei Kinsey bestimmt aber der Frageinhalt – nämlich das Geschlechtsleben – das richtige Verhalten bei der Fragestellung. Personal-Fachleute sind dagegen der Auffassung, daß es bei einem Vorstellungsinterview nie hektisch vor sich gehen soll. Wenn der Bewerber Pausen macht, um nachzudenken, um sich an Dinge aus der Vergangenheit zu erinnern, sollte der Interviewer nicht sprechen und kein Zeichen von Ungeduld zeigen. Das kann nur den Gedankengang stören. Es fällt manchen Menschen schwerer, ihre Gedanken zu formulieren. Solche Menschen sollte man deshalb nie drängen. Druck bringt sie nur in eine Verteidigungsstellung, was gerade für ein Vorstellungsgespräch genau das Gegenteil von dem ist, was man sich wünscht. Oberflächliche und gedankenlose Antworten sind sicherlich auch dadurch zu verhindern, dass man dem Befragten mehr Zeit lässt.

Von dieser grundsätzlichen Haltung kann es jedoch auch Ausnahmen geben, insbesondere dann, wenn es sich um Fragen handelt, bei denen man einen gefühlsmäßigen Widerstand bei dem Bewerber erwartet. So kann z. B. die Frage nach dem jetzigen Monatsgehalt, mit Schnellfeuertechnik gestellt oder ohne Zusammenhang zum gerade besprochenen Thema eingestreut, in vielen Fällen zu einer spontanen wahrheitsgemäßen Antwort führen, die bei reichlich Zeit für den Bewerber vielleicht nicht gekommen wäre.

Fassen wir zusammen:

– Zeit und Geduld haben ist die wichtigste Voraussetzung für das Führen von ergiebigen Vorstellungsgesprächen.
– Deshalb dürfen Antworten des Befragten nicht mit eigenen Zwischenbemerkungen unterbrochen werden; fallen Sie also nicht ins Wort!

3. Die Durchführung des Vorstellungsgespäches

- Äußerungen des Befragten dürfen nicht vorschnell bewertet werden und als wichtig oder unwichtig differenziert werden (bewertet wird erst nach der Beobachtung und dem Vergleich – viel später).
- Pausen sagen oft mehr als Worte – aber an der richtigen Stelle. Beobachten Sie das Pausenverhalten des Anderen und führen Sie selbst solche herbei.
- „Peinliche" Pausen können u. a. den Partner zum Weiterreden bewegen und zu Aussagen anregen, die sonst verschwiegen worden wären.

REGEL NR. 13: **Ein sehr guter Zuhörer sein und den Bewerber sprechen lassen**

Das Interview ist ein Suchverfahren, und nur der Bewerber hat die meisten der gesuchten Fakten. Der Personalleiter sollte den Bewerber daher ermutigen, ihm ein Maximum an Information zu geben. Nur wenn der Interviewer den Bewerber zum freien Sprechen ermuntert, geduldig zuhört, höfliches Interesse zeigt und die Beziehung zu ihm auf eine ruhige, sachliche Basis stellt, wird der Bewerber das Vorstellungsgespräch angenehm und anregend finden.

Eine Selbstverständlichkeit ist das keineswegs, stellt Kroeber-Keneth (1995) fest. Umfangreiche Wortauszählungen haben ergeben, dass die Gesprächsaktivität des „Examinators" im Allgemeinen einen wesentlich größeren Anteil einnimmt, als er selbst weiß. Im günstigsten Fall beträgt sein Anteil 60%.

Es gibt ein Kinderbuch von Michael Ende mit dem Titel „Momo". Darin wird ein kleines Mädchen mit einer ungewöhnlichen Eigenschaft beschrieben.

Momo wird wie folgt beschrieben:

„So wie man sagt: ‚Alles Gute!' oder ‚Gesegnete Mahlzeit!' oder ‚Weiß der liebe Himmel!', genauso sagte man also bei allen möglichen Gelegenheiten: ‚Geh doch zu Momo!'

Aber warum? War Momo vielleicht so unglaublich klug, dass sie jedem Menschen einen guten Rat geben konnte? Fand sie immer die richtigen Worte, wenn jemand Trost brauchte? Konnte sie weise und gerechte Urteile fällen?

Nein, das alles konnte Momo ebenso wenig wie jedes andere Kind.

Was die kleine Momo konnte wie kein anderer, das war: Zuhören. Das ist doch nichts Besonderes, wird nun vielleicht mancher Leser sagen, zuhören kann doch jeder.

Aber das ist ein Irrtum. Wirklich zuhören können nur ganz wenige Menschen. Und so wie Momo sich aufs Zuhören verstand, war es ganz und gar einmalig.

Momo konnte so zuhören, dass dummen Leuten plötzlich sehr gescheite Gedanken kamen. Nicht etwa, weil sie etwas sagte oder fragte, was den anderen auf solche Gedanken brachte, nein, sie saß nur da und hörte einfach zu, mit aller Aufmerksamkeit und aller Anteilnahme. Dabei schaute sie den anderen mit ihren großen, dunklen Augen an, und der Betreffende fühlte, wie in ihm auf einmal Gedanken auftauchten, von denen er nie geahnt hatte, dass sie in ihm steckten.

Sie konnte so zuhören, dass ratlose oder unentschlossene Leute auf einmal ganz genau wussten, was sie wollten. Oder dass Schüchterne sich plötzlich frei und mutig fühlten. Oder dass Unglückliche und Bedrückte zuversichtlich und froh wurden. Und wenn jemand meinte, sein Leben sei ganz verfehlt und bedeutungslos und er selbst nur irgendeiner unter Millionen, einer, auf den es überhaupt nicht ankommt und der ebenso schnell ersetzt werden kann wie ein kaputter Topf – und er ging hin und erzählte alles das der kleinen Momo, dann wurde ihm, noch während er redete, auf geheimnisvolle Weise klar, dass er sich gründlich irrte, dass es ihn, genauso wie er war, unter allen Menschen nur ein einziges Mal gab und dass er deshalb auf seine besondere Weise für die Welt wichtig war.

So konnte Momo zuhören!"

Aus dieser kurzen Beschreibung der besonderen Fähigkeit des Mädchens Momo wird deutlich, dass Zuhören etwas mit Schweigen, mit Nicht-Reden zu tun hat. Ganz sicher bedeutet dies nicht so etwas wie Teilnahmslosigkeit oder Reglosigkeit; ganz im Gegenteil, Zuhören drückt sich gerade in einer regen Anteilnahme aus.

Doch genau dabei treffen wir auf die besonderen Schwierigkeiten, die sich beim Zuhören einstellen können.

Um zu einem besseren Zuhörer zu werden, sollten folgende Prinzipien beachtet werden:

– Konzentration auf den Inhalt der Antwort. Auch bei schlechter Sprechweise davon ausgehen, dass der Gehalt der Worte groß sein kann.
– Zurückhalten mit einer Stellungnahme, bis die Antwort beendet ist. Nicht schon während der Antwort Erwiderungen überlegen.

3. Die Durchführung des Vorstellungsgespäches

- Ausnützen der Differenz zwischen Sprechen und Denkgeschwindigkeit.

Zuhörer denken im Durchschnitt viermal so schnell wie der Sprechende, nämlich mit einer Geschwindigkeit von etwa 400 Wörtern in der Minute. Nicht diesen Vorsprung, den man als Zuhörer hat, durch Unkonzentriertheit vergeuden.

Der erfolgreiche Interviewer ist vor allem ein guter Zuhörer. Aber ein „aktiver" Zuhörer, der genau weiß, wie er das Gespräch lenkt (Bay, R. 2000), hat dazu die „Gesprächsförderer" und „Gesprächsstörer" exemplarisch zusammengestellt (s. Abb. 38 und 39). Der Personalleiter muss sich daher ständig fragen, ob der Bewerber reichlich Gelegenheit zum Sprechen hat.

Abb. 38: Gesprächsförderer und Gesprächsstörer

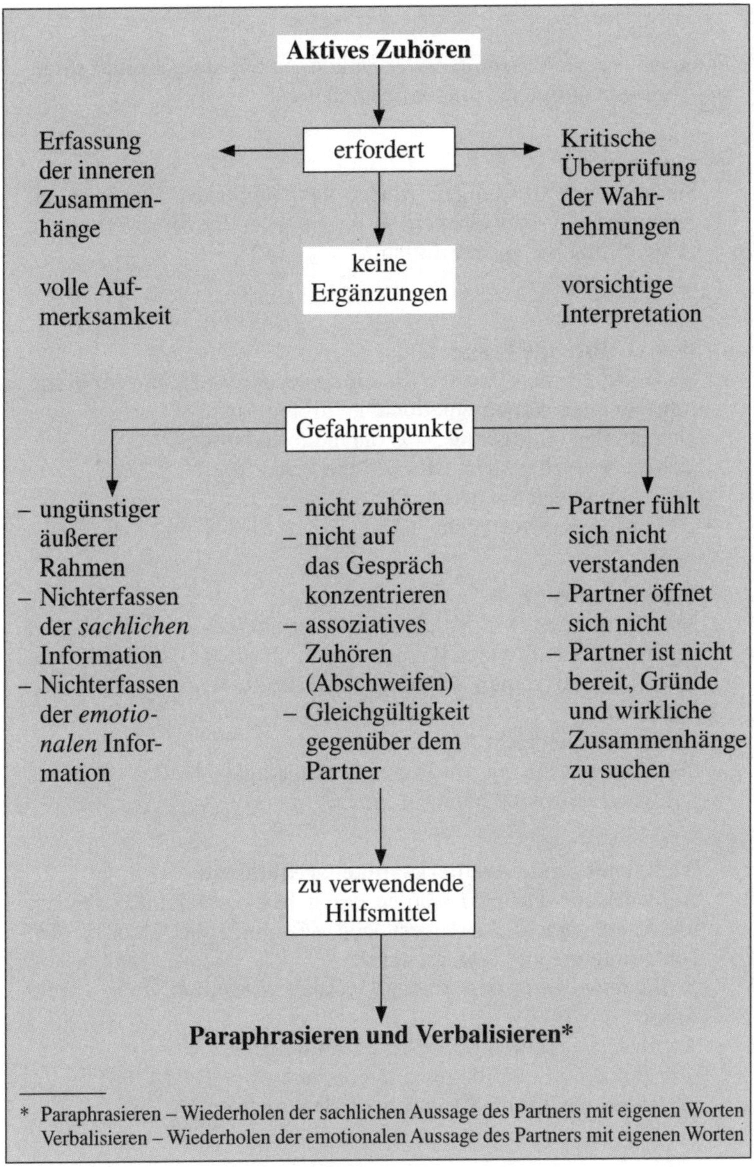

Aktives Zuhören

Erfassung
der inneren
Zusammen-
hänge

volle Auf-
merksamkeit

←— erfordert —→

↓

keine
Ergänzungen

Kritische
Überprüfung
der Wahr-
nehmungen

vorsichtige
Interpretation

Gefahrenpunkte

– ungünstiger
äußerer
Rahmen
– Nichterfassen
der *sachlichen*
Information
– Nichterfassen
der *emotio-*
nalen Infor-
mation

– nicht zuhören
– nicht auf
das Gespräch
konzentrieren
– assoziatives
Zuhören
(Abschweifen)
– Gleichgültigkeit
gegenüber dem
Partner

– Partner fühlt
sich nicht
verstanden
– Partner öffnet
sich nicht
– Partner ist nicht
bereit, Gründe
und wirkliche
Zusammenhänge
zu suchen

↓

zu verwendende
Hilfsmittel

Paraphrasieren und Verbalisieren*

---

* Paraphrasieren – Wiederholen der sachlichen Aussage des Partners mit eigenen Worten
Verbalisieren – Wiederholen der emotionalen Aussage des Partners mit eigenen Worten

Abb. 39: Gesprächsförderer (nach Bay, R., 2000)

Folgende *6 Zuhör-Verhaltensweisen* können Sie abwechselnd *situationsbezogen* einsetzen, um aktiv zuzuhören.

– **Statements**
Sie benennen in wenigen Worten das *Gefühl* des *Partners* und ermuntern ihn so zu einer *stärkeren emotionalen Selbstmitteilung*
„Das stimmt Sie zuversichtlich."
„Sie sind enttäuscht."

– **Weiterführende Frage**
Sie wirkt für den Partner wie ein *emotionaler Denkanstoß* und führt zu einer stärker emotional gefärbten Aussage.
„Ich überlege mir gerade, was Sie daran so bewegt?"
„Ich frage mich gerade, wieviel Ihnen an ... liegt?"
„Was empfinden Sie, wenn ...?"
„Was bedeutet Ihnen denn ...?"

– **Klärende Frage**
Mit ihr greifen wir nebensächlich erscheinende *Teilaussagen* des Partners auf (wie z. B. „eigenlich", „im Prinzip", „vielleicht" usw.), um so seinen *inneren Abwägungsprozess* erläutert zu bekommen.
„Sie sagen ‚vielleicht'."
„Was meinen Sie mit ‚im Prinzip einverstanden'?"
„ ‚Eigentlich zuviel' heißt für Sie ...?"

– **Nichtfestlegende Aufmerksamkeitsreaktionen**
Aussagen des Partners werden durch Blickkontakt, Kopfnicken und kurze sprachliche Äußerungen, wie „hm", „ja", „fein", „toll", „oh", „interessant" usw. verstärkt.
Schlüsselworte in der Aussage werden wiederholt, z. B. „5000 Stück!"
Aufforderung, etwas zu äußern, zum Beispiel:
„Ihr Standpunkt würde mich interessieren."
„Hört sich an, als ob Sie darüber reden möchten."

– **Wiederholung mit eigenen Worten**
Das Wesentliche der Aussage wird mit eigenen Worten wiederholt,
wobei der Umfang der Aussage, nicht aber der inhaltliche Kern
verändert werden darf.
„Sie meinen, dass..."
„Sie glauben, dass..."

– **Zusammenfassende Wiederholung**
Sie dient zur Zusammenfassung des Problemkerns und bietet dem
Partner Orientierungspunkte für eine erweiterte und präzisere
Aussage. Dazu wird die Technik des *In-Beziehung-Setzens* an-
gewandt.
„Einerseits..., andererseits..."
„An sich..., aber dann..."

Abb. 40: Gesprächsstörer (nach Bay, R., 2000)

Verhaltensweisen, die auf Dauer effektive Gespräche verhindern, sind:

- **Von sich selbst reden**
  „Ich war auch schon mal in so einer Lage."
  „Ich kenne das nur zu gut."
  „Bei mir geht das so ..."

- **Lösungen liefern, Ratschläge erteilen**
  „Die beste Lösung, wenn Sie ..."
  „Versuchen Sie es doch einmal so ..."
  „Die Erfahrung sagt uns, dass ..."

- **Herunterspielen, bagatellisieren, beruhigen**
  „Nehmen Sie sich das nicht so zu Herzen."
  „Das Leben geht doch immer irgendwie weiter."
  „Es gibt schlimmere Dinge."

- **Ausfragen, dirigieren**
  „Ist das immer so bei Ihnen?"
  „Haben Sie denn schon etwas unternommen?"
  „Was ist das Bild denn wert?"

- **Interpretieren, Ursachen aufzeigen, diagnostizieren**
  „Das sagen Sie doch nur, weil Sie enttäuscht sind."
  „Das sind erste Anzeichen von Resignation."
  „Sie fühlen sich bestimmt dem Stress nicht gewachsen."

- **Vorwürfe machen, moralisieren, urteilen**
  „Finden Sie so etwas vielleicht in Ordnung?"
  „Selbstmitleid hilft jetzt wohl kaum weiter."
  „Ganz schlimm, so etwas!"

- **Befehlen, drohen, warnen**
  „Ich erwarte von Ihnen, dass Sie sich nicht hängen lassen."
  „Treiben Sie es lieber nicht auf die Spitze."
  „Hören Sie sofort damit auf!"

Bei den Vorgesetzten des Fachbereiches, bei denen sich ein Bewerber vorstellt, ist erfahrungsgemäß die Gefahr des geringen Zuhörens sehr groß. Viele Führungskräfte neigen dazu, dem Bewerber sehr deutlich klarzumachen, was von ihm alles erwartet wird. Und sie schildern sehr ausführlich die Probleme des Aufgabenbereiches. Erst nachdem der Bewerber weg ist, fällt es ihnen auf, dass sie kein rechtes Bild von dem Bewerber erhalten haben, da sie selbst sehr viel gesprochen haben. Eine Schulung der Führungskräfte im Reden ist häufig. Doch ein Training zum Lernen des Zuhörens wäre oft wichtiger. Es sei verwiesen auf die ausgezeichneten Beispiele von G. Comelli (1987) sowie die Übungen von Bay, R. H. a. a. O. und Reitzig (1994).

Die 14 Gebote des Zuhörens beim Vorstellungsgespräch

1. *Wenig sprechen!*
   Wir können nicht gut zuhören, solange wir sprechen.

2. *Den Gesprächspartner entspannen!*
   Zeigen Sie dem Bewerber, dass er frei sprechen kann. Schaffen Sie eine „erlaubende" Atmosphäre.

3. *Zeigen Sie, dass Sie zuhören wollen!*
   Zeigen Sie Interesse. Lesen Sie z. B. während des Gesprächs nicht in den Bewerbungsunterlagen. Sie sollen zuhören, um zu verstehen.

4. *Halten Sie Ablenkung fern!*
   Stellen Sie das Telefon ab und veranlassen Sie, dass keiner den Raum betritt, um Sie sprechen zu wollen.

5. *Stellen Sie sich auf den Partner ein!*
   Versuchen Sie, sich in die Situation des Bewerbers zu versetzen, damit Sie seine Argumentationen und Fragen verstehen.

6. *Geduld, gewähren lassen!*
   Haben Sie Zeit! Unterbrechen Sie nicht! Nicht auf dem Sprung sein!

7. *Beherrschen Sie sich!*
   Ärgern Sie sich nicht, sonst interpretieren Sie die Worte des Bewerbers evtl. falsch.

8. *Ermuntern Sie zum Sprechen!*
   Interpretieren Sie das vom Bewerber Gesagte laufend.

9. *Lassen Sie sich durch Kritik und unverständliche Reaktionen nicht aus dem Gleichgewicht bringen!*
   Bleiben Sie ruhig. Das bringt Ihren Partner in Zugzwang. Dann muss er weitersprechen.

10. *Streiten Sie sich nicht mit dem Bewerber!*
Auch wenn Sie Recht haben und den Streit gewinnen: Sie haben verloren.

11. *Fragen Sie viel!*
Das ermutigt Ihren Partner und zeigt Ihr Interesse. So werden Sie das Gespräch vertiefen.

12. *Wiederholen Sie die letzte Äußerung!*
Der Bewerber wird aus solchen Wiederholungen schließen, dass Sie gern und mit Interesse zuhören. Geben Sie den Inhalt der letzten Äußerung mit Ihren Worten wieder.

13. *Reflektieren Sie zielbewusst!*
Binden Sie die Wiederholungen des Gesagten in Ihr Gesprächsziel ein.

14. *Wohlwollende Haltung zeigen!*
Zeigen Sie Achtung und Respekt über die Meinung des Bewerbers. So fördern Sie sein Interesse, sich im Gespräch zu öffnen.

REGEL NR. 14: Interesse am Gespräch zeigen

Sehr wichtig ist es, den Partner fühlen zu lassen, dass ein ehrliches Interesse an der Tätigkeit und der Person des anderen Partners besteht. Das ist nicht immer einfach, weil Voreingenommenheit, Antipathie oder zu schnelle negative Beurteilung ein Desinteresse erzeugen. Nicht selten – so werden erfahrene Personalleiter berichten – wird sich in solchen Fällen im späteren Verlauf des Gesprächs mitunter ein interessanter Gesprächspartner und potenzieller Bewerber herausstellen. Ein Fehler des ersten Eindrucks, den es zu vermeiden gilt. Aber auch die Höflichkeit allein gebietet dem Personalleiter, das Interesse deutlich zu bekunden.

Am ergiebigsten sind Gespräche nun einmal, wenn ein echtes Interesse am Gespräch offenbar wird. Dann beginnt der andere – losgelöst von der jeweiligen Situation – offen und frei zu erzählen, weil die meisten Menschen ein natürliches Mitteilungsbedürfnis haben, das sie befriedigen wollen.

Der wichtigste Schlüssel für ein erfolgreiches Gespräch ist die Herstellung einer persönlichen Beziehung. Dabei hilft es, den anderen im Laufe des Gesprächs manchmal mit seinem Namen anzureden. Jeder hört gern, wenn sein Name genannt wird. Auch die Verwendung der „wir"-Formulierung hilft dabei, einen gemeinsamen Standpunkt herauszustellen und so die Brücke zueinander zu schlagen, was dem offenen Gesprächsverlauf dienlich sein kann.

„Zugewandt" bedeutet aber auch, durch geeignete Bemerkungen den Gesprächsfluss zu fördern, den anderen zum Weiterreden zu ermuntern durch das „aha"-Verhalten. „So", „naja", „ist wahr?", „tatsächlich" sind geeignete Wörter, um das Interesse an dem Gesagten anzudeuten. Auch Ergänzungsfragen zeigen das Interesse des Zuhörers.

Aktives Zuhören erfordert die richtige innere Einstellung des Zuhörers zum Gesprächspartner. Es bedeutet Anerkennung des Anderen in seiner Persönlichkeit und ist die wertvollste Grundlage für ein informatives Vorstellungsgespräch.

In der Praxis ist es sehr schwer, dieses konzentrierte, interessierte Verhalten über viele Vorstellungsgespräche durchzuhalten. Nicht anders ergeht es dem Arzt, was die Patienten manchmal bedauern. Doch dies kann nur ein Signal dafür sein, mehrere Gespräche mit längeren Zwischenräumen zu versehen, um „aufzutanken" und wieder volle Konzentration und Zugewandtheit dem Bewerber gegenüber erbringen zu können. Versuchen Sie es – es zahlt sich aus.

Fassen wir zusammen:

- Sie müssen hören *wollen,* was die Bewerber zu sagen haben.
- Zeigen Sie Ihr *ehrliches* Interesse an den Ausführungen des Partners.
- Beweisen Sie dies durch Blickkontakt, aufmunternde Bemerkungen und Ergänzungsfragen.
- Legen Sie Pausen zwischen verschiedenen Vorstellungsgesprächen ein, um sich vorzubereiten und ganz auf den „Neuen" konzentrieren zu können.

REGEL NR. 15: Blickkontakt suchen – freundlich wirken

Zur positiven Gestaltung des ersten Eindrucks gehört vor allem das offene und freundliche Ansehen unseres Gesprächspartners, denn der Blickkontakt ist für das Steuern eines Gespräches von erstrangiger Bedeutung. Wer sein Gegenüber offen anschaut, vermittelt den Eindruck eines fairen und sicheren Gesprächspartners. Durch den Blickkontakt kann er seinen Worten mehr Überzeugungskraft verleihen und aufkeimenden Widerspruch abblocken.

3. Die Durchführung des Vorstellungsgespräches

Die Blickrichtung zeigt auch an, ob ein Kontakt aufgenommen wurde und ob er aufrecht erhalten werden soll. Menschen, die einem sympathisch sind, blickt man im Gespräch länger und häufiger an. Häufiger Blickkontakt und Lächeln sind typische Zeichen für Sympathie oder sogar Vertrautheit.

Ein freundlicher, heiterer Gesichtsausdruck schafft eine gute Ausgangsbasis für eine positive Gestaltung des Gesprächs. Freundlichkeit und Lächeln stecken an. Der Gesprächspartner muss das Gefühl haben, dass wir echtes, aufrichtiges Interesse an seinem Angebot und/oder an seiner Person haben. Dazu gehört, dass wir ihm unsere ungeteilte Aufmerksamkeit widmen.

Schauen Sie den Bewerber an, wenn er spricht. Sprechen Sie selbst, dann sollten Sie einen zu langen Blickkontakt vermeiden. Vermeiden Sie jede Unruhe beim Blickwechsel und schauen Sie niemals zu Boden oder aus dem Fenster, es sei denn, Sie denken nach.

Diese Regel könnte genauso gut für den Bewerber stehen. Sie gilt jedoch für jede Gesprächsseite. Bewerber, die diesem Blickkontakt ausweichen, fallen auf. Bewerber, die selbst keinen Blickkontakt suchen, sondern beim Sprechen ständig an die Wand oder aus dem Fenster sehen, werden beim Personalleiter Zweifel auslösen. Wird etwas verborgen? Ist die Information unklar oder falsch? Oder ist es nur eine Angewohnheit des anderen? Prüfen Sie genau nach, bevor Sie urteilen. Nicht immer bedeutet dies Unsicherheit. Stellen Sie den Bewerber deshalb anderen vor, oder beobachten Sie ihn in anderen Gesprächssituationen. Vermeidet er auch dort den Blickkontakt? Erst dann ziehen Sie daraus Ihre Schlüsse.

Fassen wir zusammen:

- Zeigen Sie einen freundlichen, heiteren Gesichtsausdruck.
- Schauen Sie den Bewerber an, wenn er spricht.
- Führen Sie den Blickkontakt bewusst durch Ihr Verhalten herbei.
- Der Blickkontakt signalisiert Ihnen ggf. Verstehen und Vertrauen.
- Er erlaubt Rückschlüsse auf das innere Engagement des Bewerbers bei seinen Ausführungen.

REGEL NR. 16: Weder Kritik noch Zustimmung zu den Angaben des Bewerbers äußern

Die Erfahrung lehrt uns, sobald das Gespräch locker und flüssig verläuft, wirken kritische Bemerkungen des Personalchefs nachteilig für die Ergiebigkeit des Gespräches. Der Interviewer tut gut daran, in diesem Stadium des Gespräches unter keinen Umständen auch nur die leiseste Kritik an den Ausführungen des Bewerbers oder seinem Verhalten erkennen zu lassen oder gar moralische Urteile zu äußern oder sich anmerken zu lassen. Auch wenn der Bewerber Ansichten des Befragers zum Ausdruck bringt – also die erwartete Antwort kommt –, sind Kopfnicken oder sonstige Zustimmungsäußerungen möglichst zu vermeiden, will man nicht Gefahr laufen, dass sich der Bewerber daran orientiert.

Es ist z. B. ohne weiteres möglich, dass der Bewerber während des Interviews Dinge über sich erzählt, die den Interviewer abschrecken. Der Interviewer sollte seine Reaktion nicht im Geringsten merken lassen, da sonst die Beziehungen zum Bewerber zerstört werden. Auch sollte der Bewerber, während er seine Ansichten äußert, normalerweise weder unterbrochen noch verbessert werden. Das ist nicht einfach, vor allem dann, wenn seine Äußerungen mit der Sachkunde des Fragenden zusammenstoßen.

Ziel des Interviews ist es, Fakten zu sammeln. Das Gespräch soll nicht der Belehrung oder Schulung des Besuchers dienen. Anstelle von Aufklärung über die richtige Sachlage sollte besser erforscht werden, wie weit es sich hierbei um das eigene Gedankengut des Bewerbers oder um unkritisches Nachgerede handelt. Oder es ist zu prüfen, ob und wie sich der Bewerber mit Einwänden auseinanderzusetzen vermag oder ob er aus Bequemlichkeit, Beeinflussbarkeit oder Opportunismus schnell umschwenkt. Selbst in Fällen, wo ein Bewerber taktlos oder aggressiv wird, darf keine nur annähernd gleichartige Resonanz erfolgen. Vielmehr muss der Personalchef versuchen herauszufinden, was den anderen zu einem solchen unverständlichen Verhalten bewegt hat, denn jedes Verhalten hat eine bestimmte Ursache.

Eines darf dabei allerdings nicht übersehen werden. Eine völlige Unempfindlichkeit und Neutralität des Interviewers kann eine bestehende natürliche Gesprächsatmosphäre zerstören und den Kontakt zum Gesprächspartner verschlechtern. Das muss verhindert werden. In solchen Fällen hat es sich als wirksamer Kompromiss herausgestellt, wenn der Interviewer eine Haltung freundlichen Gewährenlassens annimmt.

Fassen wir zusammen:

– Zustimmung zu den Angaben des Bewerbers ermuntern diesen zum Weitersprechen.
– Zeigen Sie aber nicht durch Ihr zustimmendes Verhalten, was Sie gern hören möchten. Der Bewerber wird diesen Weg allzu leicht einschla-

gen und Ihnen damit nicht immer verlässliche Informationen liefern.
- Zeigen Sie überhaupt nicht die leiseste Kritik an den Äußerungen des Bewerbers, denn Sie haben sich nicht zum Belehren getroffen. Im Gegenteil, Sie zerstören dadurch das Gespräch.
- Akzeptieren Sie alle Meinungen des Bewerbers und lassen Sie ihn fühlen, dass Sie gerade seine Erfahrungen und Kenntnisse kennenlernen möchten.

REGEL NR. 17: Seien Sie aufrichtig

Allzuoft wird bei dem Versuch, einen sehr interessanten Bewerber zu gewinnen, mit Übertreibungen gearbeitet oder werden wichtige Sachverhalte, Kompetenzen, Stärken und Schwächen wissentlich unrichtig dargestellt. Doch so legitim es sein mag, das eigene Unternehmen und die vakante Position in rosigem Licht erscheinen zu lassen – mit einer faktisch unzutreffenden Schilderung beschädigen Sie auch Ihre Glaubwürdigkeit im eigenen Unternehmen wie draußen.

Verheimlichen Sie nichts. Wenn Sie wissen, dass Überstunden in Ihrem Betrieb häufig anfallen, dann muss das angesprochen werden. Erwähnen Sie ebenfalls Sondereinsätze, auch wenn sie nur selten vorkommen. Schildern Sie die Realität ohne Beschönigung. Die Gefahr, den Bewerber abzuschrecken, ist zwar gegeben, aber ist es nicht viel schlimmer, wenn Sie falsche Erwartungen wecken und der Bewerber schon in der Probezeit kündigt? Es muss *alles zur Sprache kommen,* was die Stelle, die Sie anbieten, betrifft.

Fassen wir zusammen:

- Offenheit wird belohnt.
- Verheimlichen Sie nichts.
- Ehrlichkeit zahlt sich aus.

REGEL NR. 18: Zur rechten Zeit das Gespräch beenden

Für Vorstellungsgespräche sollte immer genügend Zeit vorhanden sein. Es gibt aber auch Bewerber, die bestürmen den Gesprächsführer zum Schluss mit ihrem Hobbythema, wenn sie feststellen, dass hierfür Interesse gezeigt wurde. Jagdbesessenheit, Segelleidenschaft oder Briefmarkensammeln, jeder hat ein Thema, das er liebt. Mitunter können gerade diese Ausführungen besonderen Aufschluss über die Verhaltensweisen des Bewerbers geben. Doch irgendwann ist auch dieses Thema zu beenden. Ein kluger Gesprächsführer überlegt sich beizeiten, wie er – ohne das gute Einvernehmen im Gespräch zu zerstören – solche Gespräche stoppt. Am besten ist es, man lässt sich von der Sekretärin zu einem neuen Termin mahnen.

Nicht selten stellt sich während des Interviews bereits zeitig heraus, dass der Bewerber offensichtlich nicht die erforderliche Qualifikation für die ausgeschriebene Position besitzt. Dann hat es wenig Sinn, das Interview bis zum Ende fortzuführen. Hier ist die unauffällig herbeigeführte Verkürzung des Vorstellungsgespräches in beiderseitigem Interesse. Die ablehnende Haltung sollte man den Bewerber möglichst nicht merken lassen.

Andererseits sollte man nie einen Bewerber einstellen, ohne das Interview vollständig bis zum Ende durchgeführt zu haben. Zum Schluss des Interviews können noch Fakten zutage kommen, die den Bewerber für die auszuführende Tätigkeit disqualifizieren.

Fassen wir zusammen:

– Nehmen Sie sich viel Zeit, denn sehr oft erfahren Sie durch ein langes und ausführliches Gespräch am Ende erst diejenigen Fakten, die Ihr Urteil maßgeblich beeinflussen können.
– Überlegen Sie sich vorher geeignete Mittel, um ein Gespräch jederzeit immer noch freundlich beenden zu können.

REGEL NR. 19: **Eine bereits feststehende Ablehnung des Bewerbers nicht zum Ende des Gesprächs ausdrücken**

In der Praxis ist immer wieder die Situation anzutreffen, dass dem Bewerber bereits zum Abschluss des Vorstellungsgespräches eine ablehnende Haltung des Unternehmens zum Ausdruck gebracht wird, wenn diese zu diesem Zeitpunkt bereits feststeht. Offenbar hält man diese Offenheit für zweckmäßig und rational. Einerseits erspart sie dem Unternehmen, zu einem späteren Zeitpunkt dem Bewerber das Ergebnis des Vorstellungsgespräches schriftlich geben zu müssen, zum anderen glaubt man, dem Bewerber sehr damit zu helfen, wenn man ihm die Gründe für die ablehnende Haltung mündlich mitteilt. Erfahrene Personalleiter verhalten sich anders. Sie gehen davon aus, dass jeder Mensch eine sehr hohe Meinung von seinen eigenen Fähigkeiten hat. Wenn sich jemand auf eine Anzeige vorstellt, so wird er sich in der Regel für geeignet halten, die vakante Position auszufüllen. Selbst wenn nun die Ablehnungsgründe eindeutig verständlich sind, würde der Interviewer den Bewerber meistens kränken, wenn er ihm die Tatsache selbst und die maßgeblichen Gründe unmittelbar mitteilt. Auch wenn der Bewerber die Gründe objektiv einsieht, könnte er die Kränkung subjektiv nicht ertragen. Das Ergebnis wären sehr negative Reaktionen gegenüber dem Interviewer und dem Unternehmen.

Auch wenn die Entscheidung bereits während oder nach dem Gespräch feststeht, empfiehlt es sich, dem Bewerber darüber noch nichts zu sagen. Wenn der Bewerber nach mehreren Tagen eine ablehnende Antwort erhält, die mit entsprechendem Taktgefühl formuliert ist, wird ihm die Aufnahme dieser Nachricht leichter fallen und seine Haltung gegenüber dem Unternehmen nicht grundsätzlich verändern. Auch er sieht die Welt anders, wenn ein paar Tage darüber vergangen sind. Obwohl auch spätere Erklärungen den Bewerber nie befriedigen können, verletzen sie doch nicht das Selbstwertgefühl des Bewerbers in dem Maße wie die ausdrückliche spontane Kritik bestimmter Eigenschaften. Die endgültige schriftliche Absage sollte deshalb auch nicht die Gründe für die getroffene Entscheidung enthalten, soweit diese in der Position des Bewerbers liegen. Folgende Formulierung könnte gewählt werden:

Betr.: Ihre Vorstellung vom ...

Sehr geehrte Dame! Sehr geehrter Herr!

Wir danken Ihnen für Ihren freundlichen Besuch und bedauern, Ihnen mitteilen zu müssen, dass wir die ausgeschriebene Position inzwischen aus Gründen, die nicht in Ihrer Person liegen, einem anderen Bewerber übertragen haben.

Wir bitten Sie, in dieser Absage keine negative Beurteilung Ihrer Fähigkeiten zu sehen, und wünschen Ihnen recht bald an anderer Stelle Erfolg. Die uns freundlicherweise überlassenen Bewerbungsunterlagen reichen wir Ihnen mit diesem Schreiben zurück.

Mit freundlichen Grüßen

Eine Ausnahme von diesen Verhaltensregeln wird es selbstverständlich geben, wenn wesentliche Eigenschaften für die Tätigkeit beim Bewerber fehlen: wenn der Bewerber z. B. nicht die Voraussetzungen zum Führen eines Kraftfahrzeuges mitbringt, obwohl es für die Position erforderlich ist, oder ein Einsatz an verschiedenen Orten oder in anderen Ländern vorgesehen ist, was dem Bewerber nicht angenehm ist, oder bestimmte Ausbildungsabschlüsse unerlässlich und nicht vorhanden sind. Der Bewerber wird es immer verstehen, wenn deshalb das Gespräch nicht fortgesetzt wird.

Eine solche Situation kann anlässlich eines Vorstellungsgespräches nur dann vorkommen, wenn nicht genügend Zeit zu einem vorherigen Informationsaustausch vorhanden gewesen ist. In einem solchen Fall würden beide Teile gleich zu Beginn des Zusammentreffens die wichtigsten Informationen austauschen, bevor sie zu einem längeren Gespräch zum gemeinsamen Kennenlernen übergehen.

Fassen wir zusammen:

- Jeder Mensch hat von sich selbst eine hohe Meinung und hört deshalb ungern eine Disqualifikation.
- Jeder, der sich um eine Stelle bewirbt, glaubt auch, ihr gewachsen zu sein. Eine Ablehnung bedeutet deshalb immer eine Disqualifikation.
- Hinterlassen Sie deshalb bei jedem Bewerber bei der Verabschiedung den Eindruck, dass seine Chancen für die Einstellung gut sind – auch wenn die Ablehnung bereits feststeht.
- Eine bewusst erst spätere freundliche und sinnvoll begründete Nachricht über eine schon sehr früh feststehende Ablehnung schont das Empfinden des Bewerbers und ist deshalb der sofortigen Mitteilung vorzuziehen.
- Jede Ablehnung muss so erfolgen, dass das Image des Unternehmens gefördert wird.

REGEL NR. 20: **Das Gespräch immer mit einer positiven Note beenden**

Fassen Sie zum Schluss des Gespräches Ihre Erkenntnisse aus dem Gespräch zusammen. Danken Sie Ihrem Partner für seine Bereitschaft, Sie zu informieren. Geben Sie ihm das letzte Wort, damit Sie seine Stimmung und seinen Eindruck vom Gespräch erfahren. Der Bewerber sollte das Gefühl mitnehmen, das Gespräch mitgestaltet und maßgeblich beeinflusst zu haben.

Unabhängig vom Ausgang des Vorstellungsgespräches muss angestrebt werden, das Interview mit einer positiven Note für den Bewerber enden zu lassen. Dazu eignet sich insbesondere ein Dank für das Interesse, das der Bewerber mit seinem Besuch dem Unternehmen gezeigt hat. Man wird dem Bewerber eine möglichst rasche Information über die bevorstehende Entscheidung versprechen und sie auch einhalten. Dies liegt sowohl im Interesse des Bewerbers als auch der Firma, da beide Teile zwischenzeitlich andere Entscheidungen treffen könnten.

Der Abschluss eines Gespräches ist der letzte Eindruck, den der Bewerber mit nach Hause nimmt. Daraus ergibt sich die Forderung: Er muss wohlwollend und freundlich sein. Er muss die Wiederaufnahme des Kontaktes fördern. Eine Aufbruchstimmung wegen anstehender Termine, Unruhe jeglicher Art sind keine guten Zeichen einer rechten Gesprächsstimmung. Selbst wenn den Personalchef Termine drängen und bereits viel Zeit für das Gespräch verwendet wurde, müssen die letzten Worte den guten Eindruck erhalten. „Entschuldigen Sie, aber ich muss mich beeilen, ich habe einen Termin für eine Besprechung", klingt bestimmt nicht so wie die Worte: „Es freut mich, dass wir uns getroffen und in so vielen Punkten eine Einigung erzielt haben!"

Eine nicht zu kleinliche Abrechnung der mit der Vorstellung verbundenen Aufwendungen und das Begleiten des Bewerbers zum Ausgang des Hauses, in dem das Gespräch stattgefunden hat, sind Gesten, die sich eigentlich von selbst verstehen, doch viel zu selten beherzigt werden.

Auch Bewerber, bei denen sich der Personalleiter bereits zum Gesprächsende sicher ist, dass es zu keiner Einstellung kommen wird – ohne das gezeigt zu haben –, sollten nicht anders behandelt werden. Abgelehnte Bewerber dürfen nicht zu einer Quelle schlechter Meinung über das Unternehmen werden und den Ruf des Hauses schädigen.

Fassen wir zusammen:

– Bedanken Sie sich bei dem Bewerber für das Gespräch – unabhängig vom Verlauf.
– Geben Sie dem Bewerber das letzte Wort zum Abschluss des Vorstellungsgespräches, damit Sie einen Eindruck von seiner Meinung bekommen.
– Vermitteln Sie bis zur Verabschiedung den Eindruck, dass Sie Zeit haben.
– Finden Sie beim Abschied immer freundliche Worte – auch wenn Sie enttäuscht worden sind.

3.2.3 Informationen während des Gesprächs mitschreiben

Untersuchungen haben gezeigt, dass die Erinnerungen aus den Vorstellungsgesprächen immer mehr verblassen, je mehr Zeit darüber vergangen ist. Deshalb ist es besonders wichtig, insbesondere bei mehrfachen Bewerbern für einen Arbeitsplatz, genaue Aufzeichnungen über den Gesprächsinhalt zu machen. Viele Firmen verwenden für diesen Zweck besondere Beurteilungsbögen, die von den Interviewern z. T. zur Vorbereitung und für Notizen zum Gesprächsverlauf benutzt werden (s. Abb. 41 + 42).

Es geht jedoch nicht nur darum, den Eindruck vom Bewerber in diesem Beurteilungsbogen festzuhalten, sondern sich bestimmte Informationen, die im Gespräch herausgekommen sind, festzuhalten. Die Niederschrift solcher Informationen aus dem Gedächtnis nach Beendigung des Vorstellungsgespräches hat den offensichtlichen Nachteil, dass sie eine größere Verzerrung durch die Voreingenommenheit des Interviewers gestattet, als dies bei unmittelbaren Aufzeichnungen während des Gesprächs der Fall wäre.

Es empfiehlt sich daher für den Personalleiter, bereits innerhalb des Gespräches die Dinge mitzuschreiben, die zu einer späteren Beurteilung des Bewerbers notwendig sein könnten. In der Praxis hat es sich bestätigt, dass derartige Aufzeichnungen später die wertvollsten waren.

Machen Sie jedoch keine *Bewertungen* während des Interviews. Sonst ist eine objektive Informationssammlung nicht mehr möglich. Doch darauf kommt es an. Die Auswertung erfolgt später.

Man könnte diesem Verfahren entgegenhalten, dass die Niederschrift während des Interviews den Befragten stören kann und eine unnatürliche Atmosphäre hervorruft. Insbesondere aus diesem Grunde bevorzugen heute noch manche Interviewer die Niederschrift aus dem Gedächtnis und nehmen die dadurch entstehenden Fehler in Kauf. Es zeigt sich in den Versuchen jedoch immer wieder, dass Notizen während des Interviews den Bewerber weit weniger stören, als angenommen wird.

Wenn wir erwarten, dass den Bewerber unsere Aufzeichnungen stören könnten, sollten wir dazu einige Bemerkungen machen. Zu Beginn des Gespräches wäre beispielsweise folgender Satz anzubringen: „Ich hoffe, dass es Ihnen recht ist, dass ich mir einige Notizen mache. Ich möchte dadurch sichergehen, dass ich alles richtig behalte. Da wir mehrere Bewerber für die Position haben, für die Sie sich interessieren, kann es auch in Ihrem Interesse sein, wenn ich mir Einzelheiten, die Sie für diese

Position besonders geeignet erscheinen lassen, unbedingt festhalte." Oder wir fordern ihn auf, sich selbst auch Notizen zu machen.

Bei wichtigen Gesprächen werden zwei Teilnehmer des Unternehmens teilnehmen. Der Interviewer kann sich dann voll auf das Gespräch konzentrieren, und ein zweiter hört zu und schreibt gleichzeitig mit. Das erlaubt später eine viel bessere Gesprächsanalyse und Entscheidungsfindung.

In der Praxis zeigt es sich, dass die Mehrzahl der Bewerber es als völlig natürlich ansieht, dass sich der Personalleiter oder Vorgesetzte Notizen während des Gespräches macht. Wenn der Interviewer es geschickt macht, können die Aufzeichnungen im Laufe des Gespräches vom Bewerber fast ganz vergessen werden. König (1966) sagt daher mit Recht: „Fast alle Sozialwissenschaftler, die das Interview verwenden, sind der Ansicht, dass die Vorteile durch die Niederschrift während des Interviews wegen der erzielten Genauigkeit bei weitem die Nachteile aufwiegen, sodass irgendeine Form der Aufzeichnung während des Interviews fast überall gebräuchlich ist."

Abb. 41: Bewerbergespräch

Position:				Aushang Nr.:
Name:	Vorname:	Geburtsdatum:	Alter:	Gehaltswunsch:
Adresse, Telefon:		1. Termin:	Teilnehmer:	
Früheste Eintrittsmöglichkeit:	Wechselgrund?	2. Termin:	Teilnehmer:	

Ausbildung:
Berufserfahrung:
Fragen aus den Bewerbungsunterlagen:
Erster Eindruck:
Qualifikation/Erfüllung Anforderugsprofil:
Fragen/Wünsche/Erwartungen:
Im Gespräch getroffene Vereinbarungen:
Fazit:

Vor Gespräch Stichworte

169

3. Die Durchführung des Vorstellungsgespäches

Abb. 42: Bewerbergespräch – Notizen zum Gesprächsverlauf

Evtl. zu klärende Details der fachlichen Anforderungen (vorher mit Führungskraft abklären!)		

Hauptaufgaben und Tätigkeiten bisher (konkret)
Wechselgründe?

Sonstige Arbeiten/Projekte

Weiterbildung/Initiativen

Herausforderungen/Schwierigkeiten (Situation – Aktion – Ergebnis – Lerneffekte)

Was Spaß/Was Stress?

Ausgleich und Freizeit?

Einschätzung durch andere (Beispiele)

	Führungskraft	Kollegen
Motivation		
Tempo/Menge		
Organisation		
Stärken Schwächen (Lernfelder)		
Zeugnisdetails?		

Wie Kontakt zum Unternehmen?/Was angesprochen in der Anzeige?

Sonstige Bemerkungen

3.2.4 Prozessuale Diagnostik – den individuellen Zugang zum Menschen finden

Wer diagnostizieren – also andere Menschen kennenlernen – will, muss etwas über ihre Biographie, ihren persönlichen Werdegang erfahren. Man ist letztlich immer darauf angewiesen, die Biographie des anderen zumindest ansatzweise „aufzuschließen", um nachzuvollziehen, was für ein Mensch er ist und wie er in verschiedenen Situationen „funktioniert". Dabei ist hervorzuheben, dass man keinesfalls eins zu eins von einer Lebensgeschichte auf den darin gewordenen Menschen schließen kann. Zum Beispiel gibt es die weit verbreitete Annahme, schwierige Situationen in der Kindheit würden eher unreife, leistungsschwache Persönlichkeiten hervorbringen. Eine Befragung bei extrem erfolgreichen Executives wies jedoch nach, dass eine überdurchschnittlich hohe Anzahl dieser Personen besondere Härteerfahrungen der Kindheit und Jugend in ihrer Biographie aufwiesen und an diesen offensichtlich in besonderer Weise gereift waren. Menschen sind alles andere als „triviale Systeme". Sie sind komplex, mehrschichtig und nicht selten äußerst widerspruchsvoll. Gerade große Persönlichkeiten haben eben oft auch große Fehler.

Prozessuale Diagnostik bedeutet also, dass wir aus der Hier-und-jetzt-Situation des Gespräches heraus alle offensichtlichen Eindrücke aufnehmen und dabei auch den Gesprächsprozess selber sensibel mitberücksichtigen. Skalen und herkömmliche Messinstrumente blockieren im Negativfalle das Erkennen der Persönlichkeit. Die entstehende Interaktion bzw. Gesprächsdynamik spricht oft Bände.

Hinzu kommt, dass wir gerne Idealbildern folgen.

• Wie muss eine Person sein, damit sie bei mir etwas werden kann?

So lautet die bange Frage, der sich auch der Bewerber (ob er will oder nicht) letztlich stellen muss. Deshalb sollte jeder Interviewer herausfinden, welche zum Teil unbewussten Idealbilder, Wünsche aber auch Ängste er hat und unterschwellig in das Gespräch mit einbringt. Jeder sollte wissen, wonach er Ausschau hält und welche Gesprächssituationen er dadurch herstellt. Es ist also wichtig, auch die innere „Landkarte" mit der Frage zu beleuchten: Wer bin ich und wonach suche ich? Wodurch lasse ich mich leicht blenden? Suche ich am Ende das persönliche Gegenstück zu mir, das am besten genauso ist wie ich oder eine Ergänzung durch das Gegenteil? Mag ich Softies, weil sie zu schwach sind und mir nicht gefährlich werden können? Suche ich den „Kumpeltypen", mit dem man alles besprechen kann, weil ich mich in meinem Unternehmen einsam fühle? Lasse ich mich von Scheinsouveränität und Perfektionismus blenden, die, sobald „unruhiges Wetter" aufkommt, ins Gegenteil umschlagen können? Suche ich mein „Ebenbild" oder jemanden, den ich danach formen kann, ohne kritisch hinter die Fassade zu schauen? All diese Fragen sind wesentlich.

Eine andere wichtige Leitfrage zur „Eigenprüfung" lautet auch:

• **Würde ich den Bewerber gerne als eigenen Chef haben oder lieber nicht?**

Denn hier werden plötzlich Aspekte zur Prüfung freigesetzt, die vorher kaum berücksichtigt wurden und nun auf den Punkt gebracht werden können.

Wenn man Menschen einschätzt, muss man das Alter und den möglichen Reifegrad mit berücksichtigen. In welcher Lebensphase steht ein Mensch? Ist er der eifernde junge Mann um die Dreißig, der vieles durch seine jugendliche Energie wendet? Oder wo steht beispielsweise der Fünfzigjährige, der aus der Fülle seiner Erfahrungen und mit dem Gewicht seiner Worte die Führungsrolle angemessen wahrnimmt? Es ist auch ein weitverbreiteter Irrtum zu meinen, Diagnostik könne als abgeschlossener Prozess funktionieren. Das Gegenteil stimmt! Denn Diagnostik hört nie auf, ist ein never ending process. Menschen wandeln sich, werden durch neue Situationen geprägt und machen grundlegende neue Erfahrungen. Kurzum: Man ist also nie fertig, und das ist gut so.

Besonders wichtig ist es, personennahe Themen mit dem angemessenen Taktgefühl anzusprechen. Generell gilt: Wer anständig fragt, kann alles fragen! Er braucht natürlich die notwendige Ernsthaftigkeit, Sensibilität und Verantwortungsfähigkeit.

Ein weiteres Moment, um Menschen in ihrer Gesamtheit einschätzen zu können, ist das

• **Suchen nach dem Gegenteil.**

Wenn man besondere Eindrücke im Gespräch registriert, zum Beispiel enormen Fleiß und Arbeitsbereitschaft einer Person, kann man durchaus die Gegenfrage stellen: Ist diese Person auch in der Lage abzuschalten, (die „Seele baumeln zu lassen") oder wird es dann eng? Besteht die Gefahr, auf Dauer auszubrennen? Ist ein Mensch beispielsweise ein hervorragender Teamspieler, so stellt sich die Frage nach dem Gegenteil, inwieweit er auch einsame Entscheidungen treffen kann.

Hierzu ist es wichtig die eigenen Eindrücke sensibel zu registrieren und dann Suchbilder aufzubauen und diese durch entsprechende Fragen zu prüfen: Kann er auch das Gegenteil? Hierdurch gewinnt das Gespräch an Tiefe sowie Lebendigkeit, und verdeckte Bereiche werden ausgeleuchtet.

3.2.5 Wichtiges zur „Bauchdiagnose"

Die aus der Physik bekannte „Heisenbergsche Unschärferelation" besagt, dass jedes Messinstrument während des Messvorganges den Gegenstand verändert, den es untersucht. Ähnliches geschieht, wenn der Interviewer mit dem Bewerber spricht. Er sendet durch seine Person situative Signalreize aus, auf die sein Gesprächspartner reagiert. Hinzu kommt die Tatsache, dass Menschen keineswegs unabhängig von Situationen verstehbar sind und dabei sehr unterschiedliches Verhalten an den Tag legen können. Oft ist uns nicht bewusst, wie wir das Verhalten anderer mit beeinflussen.

Zur Veranschaulichung zwei Szenen:

Erste Szene: Auf einer Waldlichtung begegnen Sie in der Abenddämmerung einem dunkel gekleideten, schwarzen Mann mit düster funkelnder Miene!

Zweite Szene: Im frühen Morgentau treffen Sie an derselben, jetzt sonnendurchfluteten Waldlichtung eine gütige Frau, die ihnen entgegenlächelt!

Was wäre geschehen, wenn diese beiden Personen Sie eingeschätzt hätten? Beide sehen etwas anderes: nämlich Ihre besondere Reaktion in dieser Begegnung. Deshalb ist es ungemein wichtig wahrzunehmen, welche Reaktionen man bei anderen tendenziell hervorruft, um diese als solche einordnen zu können und nicht als unabänderliche Charaktermerkmale festzuschreiben. Der gute Interviewer weiß um seine Wirkung auf andere und bezieht sie in das diagnostische Feld mit ein. Er verfügt deshalb nach Fear (1978) unter anderem über ein herzliches, engagiertes Wesen, Sensibilität in sozialen Situationen und persönliche Reife.

Für die Bauchdiagnose ist es vor allem wichtig wahrzunehmen, welche Atmosphären ein Mensch verbreitet. Welche Anmutungen und welche Phantasien jedweder Art löst er aus? Der Interviewer tut gut daran, sich selbst als Resonanzboden zu verstehen. Er ist insofern gleichzeitig Messinstrument und eine Art Seismograph, der registriert, welche Seiten ein Mensch bei anderen zum Klingen bringt. Die persönliche Begegnung steht deshalb im Mittelpunkt und ist der Schlüssel zur Öffnung und Entdeckung des Anderen. Lassen Sie sich deshalb von einem „absichtslosen Schauen" leiten und eigene Bauch-Reaktionen unwillkürlich aufsteigen. Welche Signalreize erkennen und spüren Sie und welche Gegenreaktion bzw. Impressionen entstehen dadurch? Dadurch vervollständigt sich das Bild. Der andere wird zu einem offenem Buch vielsagender Eindrücke, in dem Sie lesen können. Wertvolle Einsichten ermöglicht hierzu der philosophische Ansatz der neuen Phänomenologie oder Leibphilosophie von Hermann Schmitz (Schmitz 1992).

3.2.6 Wichtige Explorationsfelder zur Einschätzung der Persönlichkeit – die 7 Säulen der Identität

Als wichtige Beobachtungsfelder bieten sich die 7 Säulen der Identität an (Heinl/Petzold 1983, Petzold 1993 modifiziert durch Becker, H.). Sie bilden die wichtigen Lebensbereiche ab, in denen Menschen ihre Identität entwickeln und stabilisieren:

1. Körper und Leiblichkeit,
2. Emotionalität,
3. Denken und kognitiver Bereich,
4. Sinn und Wertebereich,
5. soziales Vernetztheit,
6. Arbeit und Leistung,
7. materielle Sicherheit.

Die hier aufgezeigten Explorationsfelder stellen Fundgruben dar, um sich ein umfassendes Bild über die Persönlichkeit eines Menschen zu machen. Dabei ist es wichtig für den Interviewer, seinen eigenen Empfindungen, Gefühlen und Wahrnehmungen in besonderer Weise zu trauen. Das heißt, alle auftauchenden Phänomene aus dem Vordergrund des Offensichtlichen ernst zu nehmen und sich hieraus ein Gesamtbild zu zeichnen. Besonders wichtig ist hier auch die Einschätzung, wie stabil diese Säulen die Persönlichkeit „tragen" oder ob es defizitäre Bereiche dort gibt, die sich bei Stress negativ auswirken.

Abb. 42a: Die 7 Säulen der Identität

1. **Körper und Leiblichkeit:**
   Vitaler Antrieb, Ausdrucksfähigkeit, Fitness, Mimik, Gestik, Atmung, Haltung, Bewegungsqualität, ...

2. **Emotionalität:**
   Emotionale Bandbreite, und Reaktionsbereitschaft, Differenziertheit, Flexibilität, Intensität, Dosierung, Angemessenheit, Ort und Form des Ausdrucks, Kongruenz, ...

3. **Denken und kognitiver Bereich:**
   Fähigkeit wahrzunehmen und zu verarbeiten, Wissen zu integrieren, Widersprüche aufzulösen, geistige Beweglichkeit, Offenheit, Neugier ... .

4. **Sinn und Wertebereich:**
   Sinn, Ziele, Normen, Einstellungen zu: Leben, Tod, Liebe, Wahrheit, Mitmenschlichkeit, Hoffnung und Weltanschauung, ...

5. **Soziale Vernetztheit:**
   Kontaktbereitschaft, Fähigkeit Nähe und Distanz zu regulieren, Rollenrepertoire und Rollenflexibilität, Familie, Freunde, Gemeinschaften, ...

6. **Arbeit und Leistung:**
   Selbstwert durch Leistung, Disziplin, Ausdauer und Spannkraft, Stellenwert des Arbeitsthemas im Leben, besondere Verantwortungsbereiche, ...

7. **Materielle Sicherheit:**
   Materielle Grundlagen, Stellenwert von Geld, Prestige, Status, Reichtum, Besitz, Sicherheitsdenken, ...

3.2.7 Neue Wege in der Gesprächsführung

„Das Bewerbungsgespräch ist ein ritueller Paarungstanz, in dem die besten Partner die glänzendsten Preise davontragen. Die Schritte des Tanzes sind Stoß, Parade, Geben und Nehmen, Frage und Antwort. Ihr Partner in dem Tanz ist der Interviewer, der Sie mit überraschenden Fragen führt, deren Hintergründigkeit dem Ohr entgeht." So Yate (2000).

Gehören die üblichen Vorstellungsgespräche also bald der Vergangenheit an? Es gibt im Rahmen der Führungsstil-Untersuchungen auch die Fragen nach einem kooperativen Interview, in dem gemeinsam ausgehandelt und geklärt wird, inwieweit Bedürfnisse und Interessen des Bewerbers zu den Erwartungen des Unternehmens passen. „Das Ergebnis dieses emanzipierten Gespräches hat dann eher den Charakter einer gemeinsamen im Diskurs erarbeiteten Problemlösung. Zu ihr können beide Parteien – auch wenn es negativ ausläuft – stehen", so J. Freimuth (1991).

Natürlich, dieses Verständnis von der Durchführung eines Auswahlprozesses schließt das Recht des Bewerbers ein, selbst in den Verhandlungs- und auch Beurteilungsprozess eingreifen zu können.

Obwohl dies ein tiefer Einschnitt in das Verständnis über die Grundwerte eines Vorstellungsgespräches („Suchverfahren") wäre, müsste darüber mehr nachgedacht und die Idee nicht gleich aufgegeben werden. Überall müssen wir gewohnte Denkmuster und Strukturen durchbrechen, um zu besseren Ergebnissen zu gelangen. Warum nicht auch hier?

Was würde das bedeuten? Aus dem Vorstellungsgespräch wird ein Dialog zwischen Teilnehmern mit gleichem Interesse. Die Fakten, nämlich die Anforderungen des Unternehmens und die selbst erstellte Eignungsbeurteilung des Bewerbers, kommen auf den Tisch. Da keiner daran interessiert sein kann zu pokern, weil die Nichtbewährung der Diagnose und Vereinbarung in der Probezeit für beide Seiten ein Fiasko bedeutet, wären Ehrlichkeit und Fairness und selbstkritisches Entscheidungsvermögen ein Gebot im beiderseitigen Interesse. Fehleinschätzungen der eigenen Fähigkeiten und Persönlichkeitsstruktur lassen sich damit zwar auch nicht ausschließen, gegenüber den normalen Vorstellungsgesprächen dürften die daraus resultierenden Fehlbeurteilungen jedoch zurückgehen.

Eine ähnliche Situation haben wir heute bereits bei innerbetrieblichen Ausschreibungen, wo die Informationen über beide Seiten viel umfangreicher und genauer vorliegen. Und es funktioniert.

Die ungleiche Machtverteilung (Anbieter – Nachfrager) ist bei vielen externen Bewerbern für die Realisierung dieses Versuches genauso hinderlich wie die oft fehlende Fähigkeit zum gleichwertigen Dialog bei manchen Bewerbern. Wer qualifiziert ist und aus einer guten und sicheren Position heraus verhandeln kann (d. h. hier gemeinsam beurteilen kann), hat es leichter. Doch das sind die selteneren Fälle in der Praxis.

Erfahrungen zeigen aber auch, dass beide Seiten auf Dauer davon profitieren, wenn der Mut zur Ehrlichkeit vorherrscht. Und dann ist der Weg zu neuen Wegen bei der Personalauswahl nicht mehr weit. Vielleicht muss sich unsere Führungskultur noch weiter verändern, um solche neuen emanzipierteren und faireren Entscheidungsverfahren zu bevorzugen.

4. Die Auswertung des Vorstellungsgespräches

Bevor wir im Unternehmen zu einem abschließenden Urteil daraber kommen, welcher Bewerber für den vakanten Arbeitsplatz der geeignetste ist, sind die vielen erhaltenen Informationen nochmals zu überprüfen, miteinander zu vergleichen und zu bewerten. Jeder Beurteiler muss die Fehlerquellen in seiner Beurteilung soweit wie möglich auszuschalten versuchen. Die Ergebnisse der Beurteilungen unterschiedlicher Interviewer müssen miteinander verglichen werden. Es ist abzuwägen, ob ein zweites Vorstellungsgespräch zur Absicherung des gemeinsamen Urteils noch notwendig ist oder noch weitere Informationen benötigt werden.

Das abschließende Ergebnis ist schriftlich festzuhalten, um es mit der Entwicklung des Bewerbers im Unternehmen zu vergleichen. Nur so lassen sich erst später sichtbar werdende Fehlbeurteilungen analysieren und Korrekturen in der eigenen Beurteilungsfähigkeit erreichen.

4.1 Die Chancen für eine objektive Beurteilung der Fähigkeiten und Eigenschaften

Eignungsurteile auf der Basis von Vorstellungsgesprächen sind kaum vermeidbaren Verzerrungen ausgesetzt. Der Prüfungscharakter bedingt taktierendes Verhalten auf beiden Seiten, zudem Unsicherheit und Stressreaktionen auf Seiten des Bewerbers, dagegen Überlegenheit auf Seiten des Interviewers. Der Interviewer muss auf jeden Bewerber individuell reagieren, sodass die Vergleichbarkeit der Leistungen zwischen Bewerbern stark eingeschränkt ist. Auch resultieren Urteilsverzerrungen aus der begrenzten Informationsverarbeitungskapazität der Interviewer. Die Informationsvielfalt wird bereits durch Wahrnehmungsstrategien (selektive Aufmerksamkeit) reduziert. Führungskräfte stehen unter Zeit- und Handlungsdruck. Obwohl dem Interviewer vielleicht bewusst sein mag, dass in Vorstellungsgesprächen das Verhalten von Bewerbern unrepräsentativ für ihr „normales" Verhalten ist, kann er sich nicht einfach dem Beurteilungsproblem entziehen, nur weil es unlösbar ist. Abwarten oder Nicht-Handeln mag teurer sein als Entscheiden auf verzerrter Datenbasis. Darüber hinaus ist der Praktiker auch noch anderen Zielen verpflichtet.

4. Die Auswertung des Vorstellungsgespräches

Er ist eingebettet in soziale Gruppen, deren – womöglich falsche – Sicht er zu teilen bereit ist.

Es ist daher falsch, von den Eindrücken aus schriftlichen und mündlichen Äußerungen endgültig auf die Fähigkeiten und Verhaltensweisen des Bewerbers an seinem künftigen Arbeitsplatz zu schließen. Trotz aller ausführlichen Gespräche, Analysen und Zusatzinformationen durch Tests usw. werden wir immer nur eine grobe und begrenzt zuverlässige Aussage machen können. Welche Instrumente zur Erkennung welcher Eigenschaften am besten geeignet sind, versucht Schmidt (1993) zu beschreiben. Allerdings könnte man auch hierzu zu anderen Ergebnissen kommen, wenn man Schuler (1995) folgt. Bei allem Ehrgeiz für die richtige Auswahl von Bewerbern wäre es fatal, wenn es Menschen gelänge, Verfahren zu finden, die den „gläsernen Menschen" auch im emotionalen Bereich ermöglichen. Wir alle hätten viel von dem verloren, was uns so wertvoll macht und so menschlich!

Welche Eigenschaftskombinationen für den Erfolg am günstigsten sind, hängt wesentlich von den Gegebenheiten ab.

In verschiedenen Situationen reagieren Menschen unterschiedlich. Deshalb favorisieren erfolgreiche Unternehmen den „situativen" Führungsstil. Und die Situationen bei den Vorstellungen und den Tests sind mit Sicherheit anders als im Arbeitsleben selbst. Bei wissenschaftlichen Überprüfungen lässt sich in der Tat eine stabile Beziehung zwischen verschiedenen Fähigkeiten und Eigenschaften und dem Erfolg nicht bestätigen.

Diese pessimistische Beurteilung darf uns nicht zu dem Schluss kommen lassen, auf die Prüfung von Fähigkeiten und Eigenschaften ganz zu verzichten. Damit würden wir auch dem Bewerber nicht gerecht werden, denn der verlässt sich zu Recht darauf, dass seine Eignung für die freie Stelle geprüft wird, weil er nicht wieder so schnell wechseln will oder kann.

Wir müssen nur akzeptieren, dass alle beschriebenen Verfahren in ihrer Aussagekraft begrenzt sind und nur grobe Anhaltspunkte für bestimmte Vermutungen geben können, die dann später zu kontrollieren sind. Und wir müssen zusätzlich akzeptieren, dass es uns nicht immer gelingt, die besten Verfahren methodisch einwandfrei und fehlerfrei anzuwenden.

Einerseits machen alle Menschen als Beobachter ganz menschliche Fehler, andererseits gibt es immer wieder Methodenfehler, die offensichtlich nicht vermieden werden können.

Der Traum von fehlerfreien Auswahlverfahren bleibt Illusion. Die Experten auf der 12. Studientagung des Instituts für Management-Entwicklung (IME) kamen zum Ergebnis, dass auch von professionellen Diagnoseverfahren keine Wunder erwartet werden dürfen.

4.2 Der Nutzen der nichtverbalen Kommunikation

Wir alle wissen, wie sehr wir uns – obgleich wir uns dagegen wehren – von optischen und äußerlichen Eindrücken beeinflussen lassen. Wir erfahren oft die Täuschungen solcher Eindrücke und unterliegen nicht selten wieder solchen Einflüssen. So geht es uns, wenn wir einem Bewerber oder einer Bewerberin zum ersten Mal begegnen. Um die dadurch zwangsläufig auftretenden Eindrücke nicht falsch zu interpretieren, müssen sich Personalfachleute und Vorgesetzte immer wieder diese Situation bewusst machen.

Im Vordergrund des Vorstellungsgespräches steht das gesprochene Wort. Wir wissen aber aus unserer eigenen Erfahrung, dass unser Urteil über einen anderen nicht nur von seinem Wissen und Können, seiner Sprechweise oder seiner Beredsamkeit abhängt. Wir beziehen den ganzen Menschen in unser Urteil über ihn mit ein, sein Auftreten, seine Gesten und Mienen, seine äußere Erscheinung u. a. m.

Mehrabian hat festgestellt, dass Sympathie nur zu einem geringen Teil auf den Inhalt gesprochener Worte zurückzuführen ist. Am Gesichtsausdruck äußert sich am stärksten, ob man jemanden mag (55%). Es zeigt sich deutlich (mit 38%) in der Stimme und nur zu etwa 7% aus dem gesprochenen Wort.

Welchen Wert müssen wir unseren Eindrücken beimessen? In welchem Umfang dürfen unsere Beobachtungen unser Urteil über den Bewerber beeinflussen? Eins wissen wir alle: Das Verhalten der Bewerber ist in den verschiedenen Situationen seiner Anwesenheit im Betrieb unterschiedlich und beeinflusst unser Urteil – auch wenn wir uns dagegen wehren. Auch wenn wir uns noch so sicher sind, dass seine Verhaltensweisen unnatürlich sein können und uns nicht täuschen dürfen: Fest steht, wir können uns nur schwer ihrem Eindruck entziehen. Wir müssen deshalb mehr über die Hintergründe bestimmter Verhaltensweisen wissen, um Fehldeutungen unserer Eindrücke zu verringern und damit unsere Urteilsfähigkeit zu verbessern.

4. Die Auswertung des Vorstellungsgespräches

Gefühle sind unteilbar, sagt Samy Molcho, der Experte für Körpersprache. Sie stehen stets für hundert Prozent. Nonverbale Kommunikation ist der Ausdruck unserer Gefühle, wie Ehrgeiz, Rechthaberei, Machtgier, Geiz. Gefühle bestimmen ganz überwiegend unsere Entscheidungen.

Merkwürdigerweise fällt es den Menschen schwer, die Gefühle anderer zu akzeptieren, besonders im Berufsleben. Im Gegenteil, Menschen neigen schnell dazu, die Emotionen anderer zu verniedlichen, nicht zu verstehen. Dabei geben uns Emotionen die beste Möglichkeit, andere Menschen kennenzulernen, so wie sie sind und nicht, wie sie sich geben. Und das gerade ist für ein Vorstellungsgespräch die große Chance. Körpersprache kann nicht lügen, sich nicht verstellen, im Gegensatz zur Sprache. Das ist wichtig zu wissen. Wenn Körpersprache und Wort nicht harmonieren, müssen wir besonders aufmerksam werden, denn Körpersprache entlarvt.

Mimik, Bewegung, Augen, Mundwinkel sind ablesbar und in Beziehung zum Sprachinhalt zu beobachten; Harmonie oder Disharmonie? Auch Stimmfarbe und Stimmstärke sind wichtig für die Beobachtung und Ausdruck von Gefühl, Harmonie oder Kontrast. Melodik und Modulation einer Stimme können auch schnell Sympathie oder Antipathie auslösen und somit eine objektive Beurteilung der Person erschweren.

Wir erkennen einen Menschen auch an seinem Sprech-, Denk- und Arbeitsrhythmus. Der Rhythmus des Körpers entwickelt sich mit dem Kulturkreis, in dem man groß geworden ist, und ist somit Teil der Persönlichkeit und wichtige Informationsquelle für Einschätzungen.

Menschen geben Signale, wenn sie ungeduldig sind, und zeigen somit ihren gewünschten Denk- und Arbeitsrhythmus auf. Sie lehnen sich zurück mit dem Oberkörper, beginnen mit den Füßen oder Fingern zu takten oder zu trommeln. Phlegmatische Menschen werden noch anders reagieren.

Molcho analysiert auch die Gangart. Kleine Schritte deuten darauf hin, dass einem Details wichtig sind, ein klares Konzept benötigt wird. Große Schritte dagegen kennzeichnen einen Menschen, der Details zu überspringen gewohnt ist, also für das Rechnungswesen kaum geeignet ist, eher für Planungs- und Strategiefunktionen.

Bewegliche Arme zeigen die Lust zum Handeln an. Freie Bewegungen der Arme beim Gehen lassen darauf schließen, dass die Person die Aktion liebt, risikofreudig ist und schnell zum Handeln kommt. Molcho beschreibt 5 Ganganalysen. Einem Gesamtbild zugeordnet zeigen sie teilweise Denk- und Arbeitsweise der Menschen und sind somit für die Beurteilung von Bewerbern wichtig.

Die Bewegung ist für die geübten Personalleiter eine Fundgrube für Beobachtung und Erkenntnis. Das beginnt bei der Begrüßung des Bewerbers. Der Händedruck, stark oder schwach? Eine Verweigerung ist kaum denkbar, aber die Dauer des Händedrucks signalisiert viel. Wer sich von anderen etwas erhofft, hält die Hand des anderen länger. Wer sitzt zuerst? Wie richtet sich der Bewerber zum Sitzen ein? Wie sitzt er, mit ausgestreckten Beinen nach hinten gelehnt oder die Beine eng angezogen und nach vorn gebeugt? Wer den angebotenen Stuhl verrückt, strahlt Selbstbewusstsein aus.

Nach den Erkenntnissen der Psychologie spiegeln diese Ausdruckserscheinungen den Charakter des Menschen auf die Dauer mehr wider als die Gesprächsinhalte. Nur auf Dauer sind wir mit dem Bewerber nicht zusammen, und die Entscheidung über eine Einstellung fällt aufgrund relativ kurzer Eindrücke, wodurch die Aussagefähigkeit dieser Ausdruckserscheinungen wesentlich eingeschränkt wird.

Kein Mensch kann die Signalwirkungen seines Körpers bewusst vollständig unter Kontrolle bringen. Die Körpersprache ist ein unbestechlicher Wahrheits- und Lügendetektor. Sie verrät dem genau Beobachtenden, dem, der sie unbewusst aufnimmt, und erst recht dem Geschulten, ob hinter dem Wort auch die volle persönliche Überzeugung steht.

Während der ganzen Zeit des Zusammenseins im Vorstellungsgespräch haben wir das Gesicht des Bewerbers vor uns. Sein Mienenspiel hinterlässt bei uns Eindrücke, die etwas davon ahnen lassen, was in dem anderen Menschen vorgeht. Erfahrungsgemäß können wir schnell feststellen, ob ein anderer Mensch traurig oder heiter gestimmt ist. Solche spontanen Ausdrücke nehmen wir wahr, ohne dass wir uns damit kritisch auseinander setzen müssen. Zwischen heiter und traurig existiert jedoch eine große Palette unterschiedlicher Gesichtsausdrücke, die wir beim Menschen in Verbindung mit bestimmten Gefühlssituationen und sprachlichen Aussagen kennenlernen, ohne sie genau einschätzen zu können. Für denjenigen, der im Vorstellungsgespräch andere Menschen beurteilen soll, ergibt sich dadurch zwangsläufig die Frage, inwieweit und auch wie er aus solchen unterschiedlichsten äußeren Erscheinungen auf die Wesensart des Bewerbers schließen kann.

Der Vorgesetzte im Unternehmen ist interessiert zu erfahren, ob z. B. die Aussage des Bewerbers über seine Zufriedenheit mit den angebotenen Tätigkeiten, dem Einstellungsgehalt oder der Arbeitszeit echt ist. Ob er wirklich daran nichts auszusetzen hat. Manchmal besteht ja die Möglichkeit, bei Unzufriedenheit andere Absprachen zu treffen und somit doch noch zu einer beiderseits zufrieden stellenden Zusammenarbeit zu kommen. Die Deutung der verschiedenen Ausdrücke des anderen Menschen bleibt dem Einfühlungsvermögen des Beurteilers überlassen und ist somit als ein sehr subjektiver Akt der Erkenntnis in der Richtigkeit nicht nachweisbar. Doch hierzu können keine Rezepte verteilt werden. Ein sicheres Urteil ist in der reichhaltigen Palette verschiedener Gesichtsausdrücke sehr schwer zu finden. Vor voreiligen Beurteilungen ist abzuraten.

„Das Gesicht ist nicht immer der Spiegel der Seele", sagt Klinzing. „Da wir von Kindheit an gelernt haben, unser Gesicht bewusst zu kontrollieren, werden Gesichtsausdrucksmuster zur Selbstdarstellung (z. B. Ernsthaftigkeit), zum Ausdruck von Gefühlen und interpersonalen Einstellungen, der Qualifikation, Illustration und Modifikation der Bedeutung von verbalen Inhalten in besonderem Maße verfügbar. Somit sind sie nicht immer echte Widerspiegelungen eines inneren Zustands. Insbesondere Bewegungen im Bereich des Mundes (einschließlich Nasenfalten und Wangen), und fast alle der Augenbrauenbewegungen sind sehr bewusst steuerbar. Da diese Bereiche ohnehin die Hauptlast des Ausdrucks tragen, können sie der Kommunikation absichtsvoll dienstbar werden. So lassen sich mit dem Gesichtsausdruck absichtsvoll, weit wirkungskräftiger als mit Worten, Gefühle und interpersonale Einstellungen anderer verstärken oder abschwächen, positive Gefühle und Einstellungen sogar erzeugen. Sie können auch den verbalen Anteil der Kommunikation eindrucksvoll untermalen. Schwierig allerdings ist der Augenausdruck zu steuern (Pupillen, Stellung der Augenlider). Aus ihm sickert gelegentlich etwas von wahren Befindlichkeiten durch."

Wir wissen, dass uns bestimmte *Sprechstimmen* in unserer Urteilsbildung beeinflussen, obwohl wir keine realen Begründungen für unsere Meinung haben.

Die Mentalität des Bewerbers erkennen wir an der Fülle der Sprechweise. Entdecken wir eine flache Stimme, so können wir im Vorstellungsgespräch nach der seelischen Belastbarkeit forschen. Am einfachsten ist für uns das Tempo des Sprechverlaufs zu erkennen. Bei einem sehr schnellen Sprechen können wir auf eine Beweglichkeit und Lebendigkeit des Temperaments schließen. Eine langsame Sprechweise zeigt uns eine stärkere innere Beharrlichkeit und weniger Temperament.

Hierzu stellt Klinzing fest: „So werden Personen mit klangvollen, angenehmen Stimmen allgemein positive Eigenschaften, solchen mit nasalen Stimmen unerwünschte Eigenschaften, solchen mit lauten, scharfen, durchdringenden Stimmen ein hohes Maß an Dominanz zugeordnet. Personen mit sanfter, warmer Stimme gelten als freundlich, solche mit volltönender Stimme und großer Variation in der Tonhöhe als dynamisch und extravertiert. Solche Sprechausdrucksmerkmale können durch die Umgebung, in der man sich häufig befindet, angeeignet oder durch Training erworben sein. Ob sich allerdings die Erwartungen, die Personen aufgrund der Stimme zugeschrieben werden, erfüllen, ist gänzlich unsicher."

Im Vorstellungsgespräch geht es darum herauszubekommen, ob die Angaben des Bewerbers der Wahrheit entsprechen. – Wie entlarvt man einen Schwindler? „Leider zeigen Menschen keine Reaktion wie Pinocchio. Der italienischen Puppenfigur wuchs die Nase jedesmal, wenn sie log, ein Stück länger", sagt Professor Paul Ekmann. Der Psychologe an der Uni von Kalifornien und sein Schüler Dr. Frank in Sydney (Australien) haben dennoch untrügliche Anzeichen gefunden, die Lügner verraten: fehlender Augenkontakt, übertriebenes Gestikulieren, Klopfen mit Händen oder Füßen, Reiben und Kratzen an Kopf oder Händen.

Lügner, so meinen die Forscher, zeigen meist Anzeichen von Anspannung. Angst erzeugt eine unfreiwillige Verschiebung der Augenbrauen nach oben. Die Pupillen vergrößern sich, die Nasenmuskeln ziehen sich zusammen.

Interessant ist auch, was Klinzing (1992) über den *Blickkontakt* ausführt:

„In nur geringem Maße kann Blickverhalten als Ausdruck von Persönlichkeitscharakteristika gelten. Neben einigen Geschlechtsunterschieden in Qualität und Quantität des Blickverhaltens zeigt sich zwar, dass z. B. Selbstsicherheit, Extravertiertheit und Dominanz zu häufigerem und dauerhafterem Blick führen. Ungewiss bleibt jedoch, ob dieses Verhalten spontan oder bewusst verwendet wird.

Zuverlässiger spiegeln sich im Blickverhalten Gefühle und interpersonale Einstellungen. Negative Gefühle, Angst, Trauer, Scham, Unsicherheit oder Verlegenheit führen zumeist zur Blickvermeidung. Positive Gefühle dagegen, Interesse, Sympathie äußern sich in häufigerem Anblicken und Blickkontakt. Ein starrer, direkter, länger dauernder Blick fungiert als Kontrolle oder Aggression; ein Abwenden des Blicks wirkt als Beschwichtigung.

Beim Sprechen wirkt Blickverhalten vor allem mit bei der Verdeutlichung der Redestruktur. So vermag es z. B. Bedeutungsvolles der Rede (durch kurzes Aufblicken) hervorzuheben, oder es setzt Anfangs- und Schlusszeichen bei syntaktischen Einheiten und Redeabschnitten.

4. Die Auswertung des Vorstellungsgespräches

Mit dem Blickverhalten wird Kontakt zu anderen aufgenommen, zum Sprechen aufgefordert oder angezeigt, dass man zum Sprechen bereit ist oder sich aus der Kommunikation zurückziehen will. Mit Anblicken und Wegsehen kann somit auch informell die Abfolge von Beiträgen während z. B. einer Diskussion geregelt werden.

Blickverhalten kann gut bewusst gesteuert werden, selbst in unangenehmen Situationen. So stimmt es z. B. nicht immer, dass Personen, die etwas zu verbergen haben, Blickkontakt meiden, manchmal wird er dabei bewusst erhöht."

Es ist schwierig für uns, die *Gesten* als Spiegel des gefühlsmäßigen Zustandes zu deuten. Die Beurteilung der Gesten ist nämlich sehr stark mit allen Fehlerquellen behaftet, die der erste Eindruck schnell mit sich bringt. Unsere Vorurteile stellen sich immer dort ein, wo wir mit einem ähnlichen Menschentyp oder dem Träger einer gleichen Eigentümlichkeit schlechte Erfahrungen gemacht haben. Es ist aber sicher, dass eine solche Zuordnung der Beobachtung noch nichts darüber aussagt, ob die Aussage der Beobachtung auch wirklich richtig ist. Erst längere Beobachtungen lassen gewisse Schlüsse zu.

Die Analyse verschiedenartiger Ausdrucksweisen der Bewerber ist zwangsläufig bei dem Beurteiler gegeben. Beurteilungen von nichtverbaler Ausdruckskraft kann sich kein Personalleiter und Fachvorgesetzter entziehen. Beide interessiert schon das Temperament, die Initiative, die Arbeitsgesinnung, die geistige Wendigkeit oder das Verhältnis zum Mitmenschen. Für die Einordnung des Mitarbeiters in die Arbeitsgruppe sind diese Aussagen von Bedeutung. Allerdings ist große Vorsicht bei der Beurteilung der Verhaltensweisen angebracht, da diese Eindrücke oft täuschen können. Selbst geschulte Psychologen sind in ihrem Urteil hier nicht immer treffsicher. Die Praxis beweist es immer wieder: Als typisch erkannte Situationen brauchen nicht in jedem Falle zuzutreffen. Erst die Verbindung und der Vergleich mit anderen Beobachtungen lassen gewisse Schlüsse zu. Eine systematische und planvolle Auswertung ist auch hierzu notwendig, wenn wir Entscheidungen davon abhängig machen wollen. Und auch dann ist noch Vorsicht geboten.

Nonverbale Kommunikation lässt nach wissenschaftlicher Erkenntnis einen großen Spielraum, der eine Einschätzung sehr erschwert. Weder weiß man so genau, ob die Ausdrucksweise echt oder antrainiert ist, noch weiß man, ob die eigene Wahrnehmungsfähigkeit ausreicht und die allgemeine Bedeutung auf diesen Bewerber auch zutrifft. Eigene subjektive Wahrnehmungen sollten daher im Zweifelsfall den Ausschlag geben.

4.3 Das Berücksichtigen der Beurteilungsfehler

Es gibt mehr Fehlerquellen für die Beurteilung von Menschen, als uns lieb sein kann. Und das Kennen dieser Fehlerquellen schützt uns leider nicht davor, Fehler ständig zu wiederholen. Zu tief sitzen oft die Vorurteile, und zu sehr verlassen wir uns gern auf unsere „Menschenkenntnis", die eigentlich streng beurteilt nie groß genug ist – auch nicht bei Personalleitern und Psychologen, sondern oft nur eine subjektive „Persönlichkeitstheorie" darstellt.

Interviewer neigen generell dazu, bei einem unstrukturierten Gespräch ihre Entscheidung bereits in den ersten Minuten zu fällen; das haben viele internationale Untersuchungen immer wieder bestätigt. Deshalb findet bei den Bewerbern auch ein bekanntes Buch besonderen Zuspruch, das erläutert, wie man in den ersten 5 Minuten überzeugend auftreten kann.

Deshalb muss jeder, der für die Auswahl von Bewerbern Mitverantwortung trägt, sich seiner *„Unkenntnis"* bewusst sein. Er muss selbstkritischer sein als andere und ständig „auf der Hut" sein vor allzu großen Fehlern beim Beurteilen.

Bezüglich des Vorstellungsgespräches sind solche Fehlerquellen aus dem Denk- und Gefühlsbereich bekannt, aber auch aufgrund eines bewussten Verhaltens. U. a. zählen dazu:

Mögliche Fehlerquellen in der Person des Beurteilers

1. Fehler im Denkbereich
- Tendenz zu willkürlicher Verallgemeinerung (Stereotype),
- Wahrnehmungsfilter (Verhaltenskredite),
- Urteile aufgrund Aussage Dritter,
- Verzerrung des Urteils infolge Zeitablauf,
- Überbewertung von Einzelbeobachtungen (Überstrahlungseffekt),
- bestimmte Eigenschaften färben das Gesamtbild (Rückschlüsse von einer Eigenschaft auf die andere).

2. Fehler im Gefühlsbereich
- Fehler der Nähe oder Ferne zur Person,
- Sympathie oder Antipathie,
- Sperrung gegen fremde Wesen (Kontrastfehler),
- gruppenegoistische Schönfärberei (z. B. alle Beamten sind nicht ...),
- Symboldeutung beim Äußeren.

4. Die Auswertung des Vorstellungsgespräches

3. Fehlerquellen als Folge bewusster Fehleinstellung
  – Begünstigungsabsichten (Sportverein, Club, Partei, Freundschaft),
  – Mittelmäßige vorziehen, um keine Konkurrenz zu haben (für Vorgesetzte).

4. Sonstige Fehlerquellen
  – Zeitdruck,
  – Stimmungslage.

Für Management-Positionen gelten ähnliche Bedingungen, die von Fernandez sehr trefflich beschrieben werden (s. Abb. 43: „Die 10 gefährlichen Fallen").

Abb. 43: Die 10 gefährlichen Fallen

1. Reaktives Vorgehen
Man sollte meinen, Firmen suchen nach dem Abgang einer Führungskraft nach einer ganz anderen Persönlichkeit. Aber nein. Firmen suchen in der Regel nach einem Kandidaten, der dieselben Qualitäten wie sein Vorgänger hat, aber frei von dessen negativen Seiten ist.

2. Unrealistische Anforderungen
Umfangreiche Untersuchungen werden angestellt, um das Anforderungsprofil des neuen Kandidaten genauestens zu beschreiben. Dabei werden so viele Forderungen gestellt, die eine einzelne Person oft nicht erfüllen kann. Dadurch verkleinert sich der Kreis der Kandidaten enorm, und man lehnt solche ab, die durchaus mit ihren Schwächen in Verbindung mit dem Kollegenkreis eine gute Mischung für die Führung geben könnten.

3. Pauschalurteile
Oft werden den Bewerbern pauschale Fragen gestellt, die zu pauschalen Antworten verführen. Wie z. B. die Frage: Was sind Ihre Stärken, was sind Ihre Schwächen?
Die Antworten auf solche Fragen sind dann meistens auch pauschale Antworten, mit denen man wenig anfangen kann, die eher die Gefahr mit sich bringen, dass bestimmte Vorurteile des Fragenden bestätigt werden.

4. Nach Augenschein urteilen
Der Befragende glaubt gern den Angaben im Lebenslauf und der Bewerbung. Bewerber versuchen sich ins beste Licht zu rücken und spielen deshalb oft nicht mit offenen Karten. Die „Wahrheiten"

werden dabei den Fragen angepasst. Leider bemühen sich zu wenige Interviewer darum, auch die anderen Seiten des Bewerbers zu sehen.

5. Glaube an Referenzen

So wie Personalverantwortliche gern den Aussagen von Stellenbewerbern Glauben schenken, neigen sie auch dazu, Referenzen für bare Münze zu nehmen. Doch diese sind, wenn sie von den Bewerbern beigebracht werden, nur wenig wert.

6. Die „Einer-wie-ich"-Stärke

Interviewer sind auf Ihre eigene Entwicklung und Einstellung stolz. Wenn sie Bewerber treffen, die eine ähnliche Laufbahn eingeschlagen haben oder die gleichen Präferenzen für bestimmte Dinge haben, dann haben diese gleich Pluspunkte in der Beurteilung.

7. Delegationsfehler

Die meisten Führungskräfte wollen die Einstellung einer wichtigen Person selbst entscheiden. Doch die Vorauswahl delegieren sie an andere. Dabei können gerade besonders interessante Bewerber herausfallen, wenn die Mitarbeiter nicht sehr genau wissen, was der Chef eigentlich sucht. Dabei kann es auch sein, dass interessante Bewerber abspringen, wenn sie feststellen, dass die Vorauswahl von Personen vorgenommen werden, die später ihre Mitarbeiter sein könnten.

8. Unstrukturiertes Vorstellungsgespräch

Die Nachteile unstrukturierter Gespräche sind beträchtlich. So mancher interessante Bewerber wird abgelehnt, weil er sich auf den Smalltalk nicht versteht.
Strukturierte Gespräche bestehen aus gesammelten Fragen, bei denen sich aus den Antworten ergeben wird, über welche Kompetenzen der Bewerber verfügt.

9. Vernachlässigung emotionaler Intelligenz

Die meisten Unternehmen achten auf die „harten" Faktoren in der Vorstellung. Sie übersehen, dass emotionale Fähigkeiten ein sehr maßgeblicher Faktor für den Erfolg im Beruf sind (Selbsterkenntnis, Selbstkontrolle, Motivation, Empathie und soziale Fähigkeiten). Gerade bei Führungskräften trägt die emotionale Intelligenz bis zu 90% zum beruflichen Erfolg bei.

10. Sachfremde Zwänge

Viel öfter als man glaubt, werden für wichtige Positionen Personen bevorzugt, mit denen man befreundet ist oder die man einstellt, weil

4. Die Auswertung des Vorstellungsgespräches

(Forts. Abb. 43)

man anderen Freunden oder Unternehmenspartnern einen Gefallen tun möchte. Äußere Einflussnahmen, gegen die man sich nur schwer wehren kann, bestimmen viel häufiger die Einstellungsentscheidung, als man glaubt.

Quelle: C. Femández-Aráoz. Die Führungspositionen richtig besetzen, in: Havard Business Manager, Hamburg, 1/2000

Die Abb. 44 gibt einen ergänzenden Überblick über die Beurteilungsfehler bei der Einschätzung anderer Personen.

Auf einige bedeutsame und typische Fehlerquellen beim Vorstellungsgespräch wollen wir in den nächsten Abschnitten genauer eingehen.

Abb. 44: Beurteilungsfehler

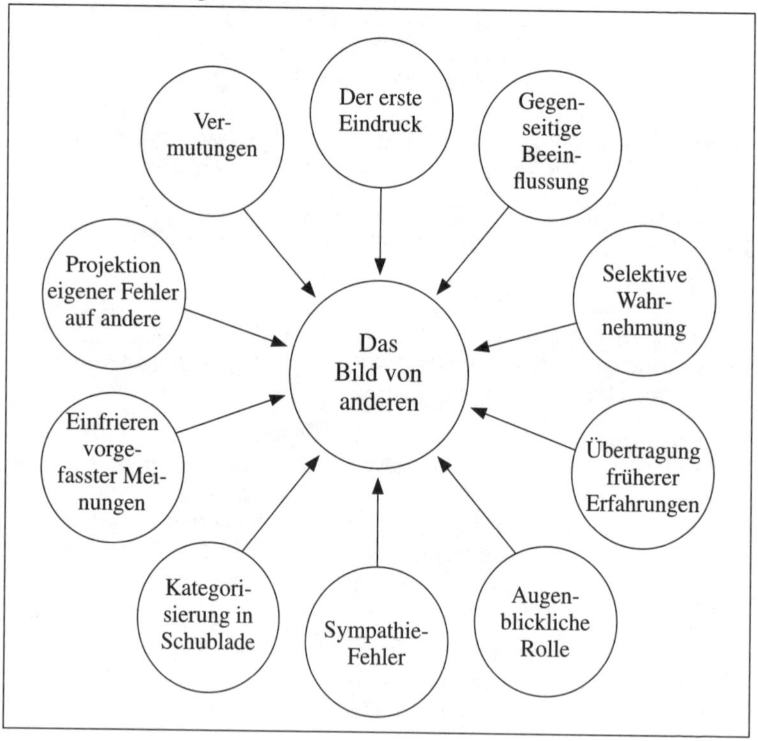

4.3.1 Erwartungsenttäuschung

Beim Studium der Bewerbungsunterlagen ohne Foto entstehen bei Personalleitern oder Fachvorgesetzten meist gewisse Vorstellungen über das Erscheinungsbild des Bewerbers. Tritt dieser nun in das Blickfeld des Gesprächsführenden, können starke Unterschiede zwischen den Erwartungen und der Wirklichkeit Eindrücke hinterlassen, die für eine sachliche Urteilsbildung hinderlich sind.

Selbst wenn die äußere Erscheinung mit dem „Vorgestellten" übereinstimmt, kann sich während des Gesprächsverlaufs eine große Diskrepanz zwischen dem „Ideal" und dem „Gegenteil" ergeben, die zu einer Erwartungsenttäuschung führt und damit die sachliche Beurteilung beeinträchtigt. Oft wird dadurch eine ablehnende Haltung beim Interviewer provoziert, wenn die elastische Anpassung nicht ausreicht. Solche Situationen werden besonders dann entstehen, wenn der Bewerber Fotos von sich mitgeschickt hat, die ihn besonders günstig darstellen, oder seine Bewerbung ist zielgerichtet auf die ausgeschriebene Stelle geformt, um sich im günstigsten Licht erscheinen zu lassen. Die Erfahrungen zeigen, dass nicht selten für die Person nachteilige Aussagen bewusst vom Bewerber zurückgehalten werden und erst durch eine systematische und umfassende Analyse des Vorstellungsgespräches sichtbar werden.

Um solche Beurteilungsfehler aufgrund der Erwartungsenttäuschung auszuschließen, versuchen manche Unternehmen, „neutrale" Interviewer hinzuzuziehen, die die Bewerbungsunterlagen vorher nicht einsehen können.

4.3.2 Die Aussagefähigkeit des ersten Eindrucks

Wenn ein fremder Mensch in unser Blickfeld gerät, so ist das allemal eine etwas unbehagliche Sache. Wie ist er, was verspricht, was verbirgt er? Das sind die Fragen, die uns in einer Mischung von Neugierde und Zurückhaltung bewegen. Fragen, die in der Regel – das haben wissenschaftliche Untersuchungen ergeben – bereits in den ersten drei Minuten der Begegnung intuitiv beantwortet und entschieden werden.

Der erste Eindruck hat unbestritten einen hohen Stellenwert für die spätere Gestaltung menschlicher Beziehungen. Wer dabei ins Schwarze trifft, hat viel gewonnen, erspart sich Enttäuschungen, Fehlhaltungen, Fehldispositionen.

4. Die Auswertung des Vorstellungsgespräches

Was ist der „erste Eindruck" jedoch wirklich wert, wie oft trifft man damit wirklich ins Schwarze? Hier gehen die Meinungen allerdings beträchtlich auseinander. Reihenuntersuchungen deutscher Universitätspsychologen beispielsweise haben in einem Fall rund 70 Prozent, im anderen nur – oder soll man sagen, immerhin noch?! – 40 Prozent richtig georteter Schnelldiagnosen erbracht.

Erfahrungsgemäß entstehen am häufigsten Fehler bei der Beurteilung der Bewerber, wenn dem ersten Eindruck zuviel Aussagekraft beigemessen wird. Der erste Eindruck ist nachweislich keine echte Beobachtung, sondern in erster Linie ein Vergleich des Beobachteten mit Erfahrenem. Das erklärt Kroeber-Keneth (1995) mit folgenden Worten:

„Jeder hat gewisse Vorurteile aus hängengebliebenen Erinnerungen. Zu einem Teil entstammen sie frühkindlichen Erlebnissen, werden aber auch laufend neu angereichert. Diese Vorurteile bewirken spontane Analogieschlüsse. Sie klinken dort ein, wo wir mit einem ähnlichen Menschentyp oder dem Träger einer bestimmten Eigentümlichkeit bereits besondere Erfahrungen gemacht haben."

Keinem Menschen gelingt es, sich ganz von diesen Vorurteilen freizumachen. Deshalb muss man sich zuerst durch die eigenen Vorurteile durchkämpfen, wenn man einen anderen Menschen wirklich genauer kennenlernen will.

Das ist erfahrungsgemäß sehr schwer. Wie die Erfahrungen zeigen, ändern wir unsere eigene Klassifizierung nur selten. Im Gegenteil, wir „frieren sie regelrecht ein", und diskrepante Informationen werden überhaupt nicht wahrgenommen.

Interessant ist in diesem Zusammenhang auch die Feststellung der Psychologen, dass wir negative Eindrücke viel schneller und intensiver aufnehmen als positive. Das bedeutet, dass ein Vorstellungsgespräch bei negativem äußeren Eindruck schon erheblich für den Beurteilungsprozess vorbelastet ist und der Bewerber gut daran tut, durch sein erstes Auftreten, seine Erscheinung (Höflichkeit, Entgegenkommen) diesen wichtigen Eindruck zu seinen Gunsten zu gestalten.

Unsere eigenen Erfahrungen bestätigen uns fast täglich, dass unser Erlebnis des ersten *Eindrucks* nach *drei Richtungen* ablaufen kann: *als Sympathie, als Antipathie* oder *als Indifferenz.*

Am häufigsten haben wir wohl das Gefühl der Indifferenz. Wir wissen mit dem Neuen „nichts Rechtes anzufangen". Widerstreitende Empfindungen, die sich gegenseitig aufheben, bewirken in uns eine gewisse Unsicherheit. Wir sind unschlüssig, wie wir den Neuen in unseren Lebensraum einordnen sollen. Besonders bei jungen Bewerbern, wo das Persönlichkeitsgefälle in Bezug auf Bildungs- und Altersabstand sehr groß ist, fehlen uns oft die rechten Beziehungspunkte zum anderen.

Beim Bewerber spielen sich analoge Vorgänge ab – auch er tastet sein Gegenüber ab; auch er versucht, den anderen zu durchschauen. Das Ergebnis ist eine wechselseitig errichtete Verlegenheitsbarriere, die einen natürlichen Gesprächsverlauf hemmt. Aufgabe einer überlegten Gesprächsführung ist es deshalb, diese *Gesprächsbarriere zu überwinden* und gemeinsame Verbindungspunkte zu schaffen.

Viel einfacher verläuft dagegen das Vorstellungsgespräch, wenn sich die Gesprächspartner gleich zu Beginn sympathisch sind. Doch diesem Umstand ist besondere Aufmerksamkeit zu schenken. Für die Analyse des Vorstellungsgespräches ist die fundierte Erkenntnis interessant, dass Kontakt, Sympathie und Aktivität nicht unabhängig voneinander existieren, sondern voneinander abhängen und im Zusammenhang stehen. Es hat sich herausgestellt, dass im Allgemeinen die Intensität des Kontaktes mit der Sympathie und dem Ausmaß der Aktivität steigt. Dieses Ergebnis ist recht einsichtig. Je mehr man sich mag, desto leichter und intensiver sind die wechselseitigen Kontakte. Etwas überraschender ist dagegen der Befund, dass aufsteigende Aktivität die Sympathie steigern kann. Das trifft allerdings nur dann zu, wenn das Ausmaß der Aktivität größer wird als eine bestimmte Grenze, die wiederum von der ursprünglichen Sympathie abhängt. Bemerkenswert ist die andere Seite dieser Regel, die besagt, dass mit dem Sinken der Aktivität die Sympathie ebenfalls abnimmt. Das ist für das Vorstellungsgespräch nicht unwichtig.

Sympathie ist aber auch – und davor kann nicht genügend gewarnt werden – eine der größten Fehlerquellen in der Beurteilung von Bewerbern. Sympathie und Verhaltenskredit aufgrund gemeinsamer Herkunft, gleicher Gesinnung, gleicher Landsmannschaft und Temperamente führen sehr schnell dazu, dass erkannte Mängel unterbewertet werden. Der Überstrahleffekt führt zu falschen Beurteilungen.

Entscheidender als Zeugnisse und Erzählungen über Leistung und Arbeit ist der „Türschwelleneffekt", der Eindruck auf den ersten Blick. Der Mann muss durch sein Äußeres unauffällig Werbung für sich betreiben. Korrekte Kleidung ist wichtig: Kleider machen Leute, auf die Verpackung kommt es an (Karriere-Trends, Handelsblatt Nr. 17, 1993).

Doch was ist ein angemessenes Outfit? Turnschuhe und weiße Socken und unrasiert ist out. Karrierebewusste Bewerber schlüpfen in einen biederkorrekten Geschäftsanzug in unaufdringlicher dunkler Farbe.

4. Die Auswertung des Vorstellungsgespräches

Klassisch, neutral, möglichst gedeckte Farben, aber natürlich mit einem dezenten sportlichen Akzent, das macht auf Personalleiter Eindruck, denken inzwischen auch Bewerber und „verkleiden" sich dementsprechend. Dabei übersehen sie aber auch, wie mit einer solchen Aufmachung die Chance einer zusätzlichen Profilierung vertan wird. Für diejenigen Personalchefs, die keine angepassten Mitarbeiter suchen, ist diese Uniformität ein großes Hindernis in der ersten Beurteilung, das im Gespräch abgebaut werden muss. Unternehmen, die den nicht angepassten Individualisten suchen, werden gerade ein pfiffiges individuelles Outfit begrüßen.

Noch gefährlicher für eine objektive Urteilsbildung ist eine sich sofort einstellende *Antipathie* beim Begegnen von zwei Menschen. Der Personalleiter oder der Leiter des personalsuchenden Fachbereiches müssen sich sehr davor hüten, solche Regungen in ihre Urteilsbildung mit einfließen zu lassen. Sie sind es ja auch nicht, die normalerweise mit dem Mitarbeiter zusammenarbeiten müssen. Sie müssen sich deshalb allen inneren Regungen widersetzen, um den Bewerber in seiner wirklichen Qualifikation besser erkennen zu können und dadurch ihre Entscheidung zu objektivieren.

Wenn sich allerdings bei dem direkten Vorgesetzten während des Vorstellungsgespräches spontane Regungen einer Antipathie herausbilden, ist das für eine künftige fruchtbare Zusammenarbeit sicherlich hinderlich. Hier können Sympathie und Antipathie schon eine berechtigte Bedeutung bei der Urteilsfindung haben.

Eine besonders subjektive *Fehlerquelle* ist der *äußerliche Anschein*. „Experimentelle Erfahrungen lehren uns auch hier, dass gefühlsmäßige Vorurteile die objektive Auswertung unvermeidlich verfälschen, sodass auf diese Weise verzerrte Bilder des Bewerbers zustande kommen müssen. Ein gewisser Ton oder Akzent in der Stimme, eine Hautfarbe, Manieren, die wir als sonderbar oder affektiert betrachten, ein Stil der Kleidung oder ein Lächeln des Gesichts wecken häufig eine Gefühlsstimmung, die zum Brennpunkt unserer Beurteilung wird. Wir werden unaufmerksam gegen andere Anzeichen oder vernachlässigen sie zugunsten eines hervorstechenden Eindrucks. Experimente haben gezeigt, dass Menschen, die schön, gesund und sauber sind und ein lächelndes Gesicht haben, im Allgemeinen als intelligent beurteilt werden, obwohl es wenig oder überhaupt keine Beziehungen zwischen diesen Bezügen und der intellektuellen Fähigkeit gibt" (Kroeber-Keneth, 1995).

Die objektive Unzuverlässigkeit des ersten Eindrucks ist auch experimentell nachgewiesen. Reihenuntersuchungen haben gezeigt, dass die

Begründung des ersten Eindrucks im Durchschnitt zu *60% falsch* ist. Die meisten Komponenten des ersten Eindrucks schränken ein abgewogenes Urteil ein.

Der Personalleiter muss diesen Gesichtspunkten während der Vorstellung große Aufmerksamkeit schenken. Er muss sich dagegen wehren, dass der Bewerber aufgrund seines spezifischen „Etiketts" bereits beim ersten Eindruck in eine Rolle gedrängt wird, aus der kein Entkommen mehr ist. Eine Kategorisierung des Eindrucks kann grundsätzlich nicht vermieden werden und erfüllt letztlich auch eine vorteilhafte Funktion. Kein Mensch ist nämlich in seiner ganzen Individualität zu erfassen, und wir benötigen daher gewisse Klassifikationsmerkmale zur Beurteilung. Es muss nur geprüft werden, ob die erkannten „Kerneigenschaften"

- wirklich typische Merkmale des Bewerbers sind,
- wichtig für die Beurteilung der Gesamtpersönlichkeit sind,
- für die auszuführende Tätigkeit von Vorteil oder zum Nachteil sind.

Besonders kritisch müssen wir bei der Besetzung von Topp-Positionen sein, denn hier zeigen die Erfahrungen: „Je höher die zu besetzende Position, desto weniger systematisch und kritisch werden die Gespräche geführt, und die beschriebenen Beurteilungsfehler nehmen zu."

4.3.3 Wie können Beurteilungsfehler vermieden werden?

Es gibt kein Allheilmittel gegen Beurteilungsfehler. Wir unterliegen alle psychischen Gesetzen, die unsere Urteilsfähigkeit schmälern. Aber die Fehlerhäufigkeit, die Ungenauigkeit unseres Urteils und die unbeabsichtigte Willkür, mit der manche Beurteilungen getroffen werden, lassen sich doch ganz erheblich eingrenzen. Die nachfolgende Übersicht zeigt, wie Sie Ihre Urteilsfähigkeit schärfen können.

So verhindern Sie Beurteilungsfehler!

- *Machen Sie sich die Fehlerquellen bewusst!*
  Verlieren Sie dabei nicht den Mut, es hilft nichts, Sie müssen Urteile abgeben. Überwinden Sie die entstehende Unsicherheit dadurch, dass Sie *möglichst gute Informationen* sammeln.

- *Trennen Sie Beobachtung und Beurteilung!*
  Erst wenn Sie genügend Fakten gesammelt haben, sind Sie in der Lage, ein Urteil abzugeben.

4. Die Auswertung des Vorstellungsgespräches

– *Notieren Sie Ihre Beobachtungen!*
Schreiben Sie die positiven Fakten und auch die negativen auf. Ohne solche Aufzeichnungen sind Sie bei der Urteilsbildung nur auf Ihr Gedächtnis angewiesen – und das Gedächtnis ist durchaus nicht so zuverlässig, wie wir glauben.

– *Gehen Sie systematisch vor!*
Beobachten Sie den Bewerber in möglichst vielen Situationen, sodass Sie zum Schluss wirklich ein repräsentatives Bild gewinnen. Bereiten Sie diese verschiedenen Situationen vorher vor.

– Ziehen Sie *nur wirklich relevante Beobachtungen* zur Beurteilung heran! Nur solche Fakten, die wirklich für die erfolgreiche Ausübung einer Tätigkeit von Bedeutung sind, dürfen Einfluss auf die Beurteilung haben.

– *Stärken Sie Ihre Selbsterkenntnis!*
Beobachten Sie, wie andere über Sie urteilen oder wie Sie auf andere wirken. Überdenken Sie kritisch, inwieweit Ihre Urteile über andere wirklich auf beobachteten Fakten beruhen und inwieweit Ihnen Ihre eigene Psychologie einen Streich spielt.

– *Besprechen Sie Ihre Urteile mit anderen!*
Sie werden dabei sehen, dass man oft nur einen Ausschnitt aus dem breiten Spektrum des aufgabenrelevanten Verhaltens sieht. Auch die Treffsicherheit Ihrer Schlussfolgerungen können Sie dabei überprüfen.

– *Gestalten Sie die Urteilssituation bewusst!*
Nehmen Sie sich genügend Zeit. Fällen Sie keine Urteile, wenn Sie selbst in Ihrer Stimmung unausgeglichen sind. Man wird schwerlich objektiv urteilen können, wenn man selbst erregt ist.

Ein eigener Gesprächsleitfaden, der konsequent bei allen Bewerbern für die gleiche Funktion anzuwenden ist, der in seinem Aufbau auf die Besonderheiten des Anforderungsprofils aufgebaut ist, ist das allerwichtigste Hilfsmittel zur Reduzierung von Fehlerquellen. Wer ohne Leitfaden Vorstellungsgespräche führt, handelt fahrlässig und betreibt seine Einstellungsbeurteilung nicht professionell.

4.4 Das Abstimmen verschiedener Eindrücke

Im Kapitel 2.3.3 wurde beschrieben, von welchen Teilnehmern die Vorstellungsgespräche am zweckmäßigsten zu führen sind. Dabei wurde begründet, warum es gut ist, den Bewerber während der Vorstellung von mehreren beurteilen zu lassen.

Ein anschließender Meinungsaustausch zwischen den verschiedenen Teilnehmern des Vorstellungsgesprächs ist für eine objektive Urteilsfindung von großer Bedeutung.

Auch hier sollte möglichst planmäßig vorgegangen werden. Es reicht nicht aus, sich per Telefon darüber zu verständigen, dass man den Bewerber „interessant" findet oder dass er für die Position nicht in Frage komme.

Es empfiehlt sich daher, die Interviewer zu einem Gespräch zusammenzuziehen, um die verschiedenartigen Eindrücke und Informationen systematisch zu vergleichen (s. Abb. 45).

Abb. 45: Vergleich verschiedener Beurteilungsergebnisse

Kriterien	Bewerber: Müller Stelle: Vertriebsingenieur					
	Beurteilen durch					
	direkten Vorgesetzten	nächsthöhere Vorgesetzte	Personalabteilung	Kollegen	weitere Personen, z.B. Betriebsrat	∅ Ergebnis
1. Fachliches Können						
2. Soziales Verhalten						
3. Äußerer Eindruck						
4. usw.						
5. usw.						

In der Praxis hat es sich auch als vorteilhaft erwiesen, dass jeder einzelne Interviewer seinen Eindruck über den Bewerber schriftlich festhält, und zwar sogleich nach dem Vorstellungsgespräch, solange die Eindrücke noch „frisch" sind. Um die Wiedergabe der Eindrücke zu systematisieren und den Beurteilern die Sache so einfach wie möglich zu machen, sind von verschiedenen Unternehmen dazu besondere Beurteilungsbogen für Einstellungsgespräche entwickelt worden, über die in dem nächsten Kapitel mehr gesagt werden soll.

Erst der Vergleich der verschiedenen Informationen und das gegenseitige Abstimmen führen zu einem anforderungsgerechten Urteil. Die Erfahrungen zeigen: Über bestimmte Beurteilungskriterien wird man sich sehr schnell ein einheitliches Urteil bilden. In anderen Punkten werden die Meinungen auseinander gehen. Das ist nicht außergewöhnlich. Hier kommt es auf das Gewicht des Kriteriums an. Wenn es sich dabei um eine Anforderung handelt, deren Erfüllung für die Einstellung des Bewerbers von großer Bedeutung ist, so müssen alle Beteiligten dafür sorgen, dass auch hier ein sicheres Urteil zustande kommt. Dieses Ziel wird kaum durch eine längere Diskussion erreicht. Viel besser dafür ist ein zweites Vorstellungsgespräch.

Die Erfahrung in der Praxis zeigt: Ein systematischer Vergleich des Anforderungsprofils mit den Beurteilungsergebnissen verschiedener Beurteiler ist enorm wertvoll – wird aber leider zu selten verwendet.

4.5 Der Auswertungsbogen für Vorstellungsgespräche

Einige Unternehmen sind dazu übergegangen, zur einfacheren und besseren Auswertung der Vorstellungsgespräche besondere Auswertungsbögen zu verwenden. Sie eignen sich besonders für den ersten Austausch von Informationen zwischen den verschiedenen Partnern der Vorstellungsgespräche. Sie helfen auch, die ersten spontanen Eindrücke von Bewerbern zwischen vielen Vorstellungsgesprächen festzuhalten.

Für viele genügen zum Festhalten des ersten Eindrucks folgende Merkmale:

1. Auftreten, Erscheinung,
2. Lebendigkeit, Vitalität, Spontaneität (vermutet),
3. Zielstrebigkeit, Initiative für das Weiterkommen (vermutet),
4. geistige Regsamkeit, sprachlicher Ausdruck,
5. Soziabilität, Teamfähigkeit (vermutet),
6. fachliche Qualifikation (belegt).

Dieser Aufbau kommt in etwa im folgenden Formular „Vorstellungsverhandlung" zum Ausdruck.

Andere betriebliche Beispiele sind da schon ausführlicher (s. Abb 46 + 47).

Abb. 46: Vorstellungsverhandlung

VORSTELLUNGSVERHANDLUNG   FACHBEREICH

Unterlagen und der ausgefüllte Bogen gehen umgehend an PP zurück!   _____

Die Verhandlungen mit Herrn/Frau/Fräulein _____

haben am _____ stattgefunden.

Beurteilung der Eignung des Bewerbers für den betreffenden Arbeitsplatz

BEWERTUNG

Eindruck bei der Vorstellung	über Durchschnitt	Durchschnitt		unter Durchschnitt	
1. Berufliches Können	①	②	③	④	⑤
1.1 *Ausbildung* Entspricht die Ausbildung den Anforderungen (Fachrichtung, Ausbildungsabschlüsse) der zu besetzenden Stelle?	①	②	③	④	⑤
1.2 *Berufserfahrung* Beurteilen Sie die allgemeine und spezifische Berufserfahrung bitte ausschließlich hinsichtlich ihres Wertes für die zu besetzende Stelle.	①	②	③	④	⑤

2   Verhalten im Gespräch*

2.1 *Auftreten*   ① ② ③ ④ ⑤
arrogant – aufdringlich – etwas befangen – bescheiden distanziert – ernst – forsch – gehemmt – gewinnend – heiter – herausfordernd – höflich – korrekt – kühl – lässig liebenswürdig – offenherzig – schwerfällig sicher – recht unsicher – unsicher zurückhaltend – nicht besonders gewandt – energisch – hält nicht genügend Abstand – gesundes Selbstvertrauen – natürlich – kritisch – gute / mittelmäßige / schlechte Kontaktfähigkeit – neigt zur Opposition – tolerant – etwas verschlossen zu selbstbezogen – kann (bestechend) überzeugen – keine besondere Überzeugungskraft – freundlich.

2.2 *Intellektuelle Leistungsfähigkeit / Auffassung*   ① ② ③ ④ ⑤
aufgeweckt – denkt mit – gute/durchschnittliche/ schwerfällige Auffassung – gesunder Menschenverstand – hört genau zu – gutes/durchschnittliches Denkvermögen/Kombinationsvermögen, kann sich (schnell) umstellen – konzentriert – sprunghaft – stellt (keine) präzisen Fragen – umständlich – unkonzentriert.

197

4. Die Auswertung des Vorstellungsgespräches

(Forts. Abb. 46)

2.3 Sprachlicher Ausdruck   ①   ②   ③   ④   ⑤
(nicht ganz) fehlerlos – flüssig – präzise – klar
– knapp – leicht missverständlich – macht viele
Worte – redegewandt – schlagfertig – treffend –
schwerfällig – umständlich – unklar – verliert den
Faden – kann sich gut/durchschnittlich ausdrücken
– steht Rede und Antwort, nicht mehr.

2.4 Zielstrebigkeit   ①   ②   ③   ④   ⑤
hat bisher wenig für sein berufliches Fortkommen
getan – hat sich selbstständig weitergebildet – hat
wenig eigenen Antrieb – impulsiv – matt – sehr/
wenig begeisterungsfähig – träge – übertrieben
hohe Ziele – (keine) klare Vorstellung – etwas
bequem.

3 Gesamturteil

		ja	nein					
3.1 Eignung für die	persönlich	◯	◯	①	②	③	④	⑤
gebotene Stelle	fachlich	◯	◯	①	②	③	④	⑤

3.2 Vorschläge für anderweitigen Einsatz im Unternehmen

_____

_____

_____

_____

* Zutreffendes bitte unterstreichen!

Bemerkungen (z. B. Stellungnahme zu vorhandenen Entwicklungsmöglichkeiten)

198

Abb. 47: Der Bewerber-Beurteilungsbogen

Bewerber-Beurteilung

(bitte die Bewertung ankreuzen)

Name des Bewerbers   für die Position

Analytisches Denkvermögen	unlogisch ○	siehe Zu- ○ sammenhänge	sachlich ○ nüchtern	erkennt das ○ Wesentliche	ordnet ○ richtig ein
Kreatives Denkvermögen	unbegabt ○	hat wenig ○ Sinn dafür	begabt ○	künstler. ○ Fähigkeiten	sehr be- ○ gabt und befähigt
Konzentrationsfähigkeit	unkonzen- ○ triert	hört zu, ○ erfasst nichts	aufmerk- ○ sam	konzentriert ○ u. scharfsinnig	denkt ○ bereits weiter
Auffassungsgabe	begreift ○ langsam	fast gut ○	gut ○	sehr gut ○	ausge- ○ zeichnet
Auftreten	unsicher ○	nervös ○	unbefangen ○	selbst- ○ sicher	gekonnt ○
Gewandheit	schüchtern ○ reserviert	braucht ○ Zeit	passt sich ○ schnell an	flott ○ und sicher	sehr ○ selbstbewusst
Kontaktverhalten	unverbind- ○ lich	reserviert ○	freundlich ○ zuvorkommend	frei und ○ offen	sehr ○ verbindlich
Verhandlungsgeschick	unbeholfen ○	wenig ○ ausgeprägt	hat ○ Argumente	sachlich ○ sicher	über- ○ zeugend
Konfliktverhalten	redet sich ○ heraus	verhält ○ sich neutral	sucht den ○ Kompromiss	aus- ○ gleichend	überzeugt ○
Führungsbefähigung	keine	wenig ○	nur bis zur ○ mittl. Ebene	gut ○	sehr gut ○
Fachkenntnisse	wenig ○	einseitig ○	ausreichend ○	gut ○	sehr gut ○
Planerische Fähigkeit	keine ○	wenig ○	sieht die ○ Reihenfolge	gut ○	sehr gut ○
Realitätssinn	nicht ○ vorhanden	wenig ○ ausgeprägt	sachlich ○ nüchtern	wirklich- ○ keitsnah	sehr ○ ausgeprägt
Gesamteindruck	nicht ○ geeignet	geeignet ○	sehr gut ○ geeignet	andere ○ Verwendung	

Datum: _____ Unterschrift:_____

Quelle: R. Schmidt (1993)

Der einfache Aufbau solcher Beurteilungsbögen ist wichtig, wenn davon Gebrauch gemacht werden soll. Größere schriftliche Ausführungen sagen selten mehr, sondern verführen höchstens zur Überbetonung bestimmter Merkmale.

Noch besser ist ein Beurteilungsbogen, der sich präzise an dem vorher festgelegten speziellen Anforderungsprofil orientiert (s. Kap. 2.1). Nicht immer fühlt sich der Beurteiler in der Lage, zu allen Kriterien Stellung zu nehmen; das hat die Erfahrung gezeigt. Das ist dann meistens ein Zeichen dafür, dass im Gespräch das Augenmerk auf diese Beurteilungskriterien vernachlässigt wurde und demzufolge bei einem zweiten Vorstellungsgespräch besondere Beachtung verdient, soweit das Merkmal für den Arbeitsplatz wichtig ist.

Das schriftliche Beurteilen wird um so wichtiger, je mehr Bewerber zur Auswahl stehen. Nachdem man mit mehreren Bewerbern für die gleiche Position gesprochen hat – und darüber vergehen mitunter Tage oder Wochen – ist es sehr schwer, sich noch genau an die unterschiedlichen Eindrücke zu erinnern.

Die Erinnerungen trügen auch, je mehr Zeit vergangen ist. Ja selbst eine unmittelbar nach dem Gespräch gemachte Aufzeichnung gibt nicht mehr den Eindruck genau wieder. König hat in Untersuchungen festgestellt, dass die Aufzeichnungen aus dem Gedächtnis mit einem beträchtlichen Verlust an Inhalt verbunden sein können (König, 1966). Fast die Hälfte aller wichtigen Punkte wurde fortgelassen. Die Niederschrift aus dem Gedächtnis hat den offensichtlichen Nachteil, dass sie eine größere Verzerrung durch die Voreingenommenheit des Interviewers gestattet, als dies bei unmittelbarer Aufzeichnung – „also während des Gesprächs" – der Fall wäre. Die Punkte im Interview, die dramatisch oder dem Interviewer besonders bedeutungsvoll erscheinen, werden wahrscheinlich unterstrichen, andere Punkte dagegen ausgelassen. Die Antworten werden oft zusammenhängender wiedergegeben, als sie es tatsächlich waren. Kurz, alle Arten der Verzerrung durch ein mangelhaftes Gedächtnis können bei dieser Form der Aufzeichnung auftreten.

Es spricht demnach sehr viel für die *sofortige* schriftliche Wiedergabe des Auswertungsergebnisses *nach* einem Vorstellungsgespräch. Die Aufzeichnungen werden dann für die ausstehende Entscheidung herangezogen und miteinander verglichen.

Solche Auswertungsbögen sind aber nicht überzubewerten. Für die endgültige Entscheidung sind sie meistens nicht ausreichend. Dazu sind sie im Anforderungsprofil zu allgemein, was nur für das Festhalten des ersten Eindrucks ausreichen mag. Besser sind speziell aufzubereitende Auswertungsformulare, die präzise auf die verschiedenen Aufwendungs- und Eignungsprofile und Gesprächskomplexe eingehen.

Für das zweite Vorstellungsgespräch – also die engere Auswahl – müssen in jedem Fall die arbeitsplatzrelevanten Kriterien herangezogen und dem Eignungsprofil gegenübergestellt werden, wie das im Kapitel 5.4 „Die Entscheidungsanalyse für die Einstellung" dargestellt wird.

5. Zusatzinformationen und Entscheidung

5.1 Der Nutzen eines zweiten Vorstellungsgespräches

Eigentlich wäre es wünschenswert, wenn für jeden Bewerber mindestens zwei Vorstellungsgespräche von den gleichen Interviewern vorgesehen würden, um die zeitlich verschiedenen Eindrücke miteinander zu vergleichen. Bei der Auswahl von Spitzenkräften ist dies selbstverständlich und ein *Muss*. Bei Tarifangestellten lässt es sich in der Praxis jedoch nur selten durchführen, da die Personalabteilung und die Vorgesetzten dies arbeitsmäßig nicht bewältigen können. Schließlich gehen die Bewerbungen in die Hunderte für neue Stellen, und die Fluktuation vermehrt die Auswahlverfahren. Das Ergebnis sind manchmal voreilige Entscheidungen, die sich betrieblich nachteilig auswirken können, wenn sie nicht noch während der Probezeit korrigiert werden.

Bei qualifizierten Bewerbern, ganz besonders bei der Einstellung von Führungskräften, sind zwei Vorstellungsgespräche durch den suchenden Vorgesetzten in einem bestimmten zeitlichen Abstand üblich. Ein zweites Gespräch am gleichen Tage bringt bereits eine Verbesserung in der Urteilsbildung. Eine größere zeitliche Sequenz – mehrere Tage – hat für die Urteilsbildung allerdings größere Vorteile. Dieser Zwischenraum ergibt sich meist von allein, wenn man mehrere Bewerber für eine Position hat. Man wird dann zuerst einmal mit allen einmal sprechen, um sich eine Transparenz über das Angebot zu verschaffen. Dann wird man das zweite – meist entscheidende – Gespräch mit den Bewerbern vereinbaren, die zur engeren Auswahl gehören. Eindrücke vom ersten Gespräch werden sich im Laufe der Zeit gefestigt haben oder verloren gegangen sein, wodurch das zweite Vorstellungsgespräch einen ganz anderen Verlauf nehmen kann.

Die Erfahrungen zeigen, dass die Eindrücke zwischen zwei Gesprächen oft sehr voneinander abweichen, und zwar mehr als man vorher annimmt. Das hängt zum Teil damit zusammen, dass der Bewerber bei seinem zweiten Gespräch normalerweise viel freier und natürlicher auftritt, denn er ist mit der Umgebung bereits vertraut und kennt sein Gegenüber bereits durch das letzte Gespräch. Es finden sich sogleich Anknüpfungspunkte, die einen natürlichen Gesprächsverlauf verbessern. Auch das Überdenken der eigenen Situation und der Aussagen im letzten Gespräch ergibt neue

Gesichtspunkte und Fragen, deren Beantwortung für beide Seiten von großem Interesse sein kann. Dieses tiefere Gespräch gibt dem Interviewer eine bessere Ausgangsposition für seine Urteilsbildung. Erst hier wird er sich sicher über seine Ablehnung oder Zusage.

Der erste Eindruck entspringt – wie bereits erwähnt – meistens aus den unbewussten Schichten unserer eigenen Person. Der zweite Eindruck ist dagegen sachbezogener. Die beiden Eindrücke sollten sich ergänzen, können sich aber auch widersprechen. Dann lohnt es, den ersten Eindruck nochmals gründlich dahingehend zu überprüfen:

- Anforderungsprofil und Eignungsprofil miteinander zu vergleichen;
- Eindrücke des ersten Gesprächs zu überprüfen; ergänzende Informationen einzuholen (z. B. durch Tests und Fachgespräche);
- Bewerber der engeren Auswahl miteinander zu vergleichen;
- zusätzliche Beurteiler hinzuzuziehen.

Wenn man sich dann noch nicht sicher ist, sind weitere Informationen einzuholen, die mit den folgenden Verfahren erlangt werden können.

5.2 Vorstellungsgespräche im internationalen Kontext

5.2.1 Kulturspezifische Verhaltensweisen für Vorstellungsgespräche

Auch wenn Bewerber und Arbeitgeber die gleiche Sprache sprechen (Deutsch oder Englisch), so muss das nicht zwingend heißen, dass Sie einander auch verstehen.

Denn es gibt zahlreiche national unterschiedliche Kommunikationskulturen. Kriterien zur Unterscheidung einzelner Kulturen sind z.b.:

- Gesprächsregeln,
- Tonlage,
- äußeres Erscheinungsbild,
- Gestik und Mimik,
- Art und Weise, wie mit Körperkontakt umgegangen wird,
- Art und Weise, wie bestimmte Themengebiete behandelt werden.

Eine große Trennwand zwischen den Kulturen stellt z. B. das jeweilige Geschäftsgebaren dar – abschlussorientiert versus beziehungsorientiert.

5. Zusatzinformationen und Entscheidung

Abschlussorientierte Geschäftspartner beziehen sich primär auf ihre eigentliche Aufgabe, während beziehungsorientierte Typen sich eher am Menschen orientieren. Konflikte entstehen dadurch, wenn abschlussorientierte Exporteure mit Vertretern beziehungsorientierter Märkte ins Geschäft kommen wollen. Viele beziehungsorientierte Leute empfinden abschlussorientierte Menschen als aufdringlich, aggressiv und unverblümt. Umgekehrt sehen abschlussorientierte Typen ihre beziehungsorientierten Partner als zögerlich, vage und schwer fassbar. Diese „große Trennwand" zwischen den Kulturen der Welt beeinflusst die Art und Weise, wie interkulturelle Geschäfte abgewickelt werden können, und zwar vom Anfang bis zum Ende einer jeden Geschäftsbeziehung.

Um diese verhaltensspezifischen Unterschiede zu überwinden, bedarf es eines kultursensiblen Vorgehens. Somit ist es sehr vorteilhaft, diese interkulturellen Unterschiede zu kennen und entsprechend zu berücksichtigen.

Zur vergleichenden Darstellung kritischer Verhaltensbereiche dient die tabellarische Gegenüberstellung der aufgelisteten Kriterien nach den fünf übergreifenden regionalen Bereichen: Nord-, Süd-, Osteuropa, Asien und Nordamerika (s. Abb. 48). Dadurch soll das differenzierte Kommunikationsverhalten der verschiedenen Kulturen, im Vergleich zu Deutschland, verdeutlicht werden (vgl.: Gesteland, Richard R., 2002, Global Business Behaviour).

5.2.2 Besondere Tipps zum Umgang mit internationalen Bewerbern

Die Internationalität eines Bewerbers ändert prinzipiell erst einmal nichts an der systematischen Durchführung des diagnostischen Prozesses. Zu beachten ist Folgendes im Gesprächsverlauf:

- Schaffen Sie Verständnis und Einsicht für notwendige Nachfragen und Präzisierungen.
- Erläutern und erklären Sie mehr, als Sie es u.U. bei einem inländischen Bewerber tun würden.
- Vermeiden Sie den Eindruck von Misstrauen.
- Scheuen Sie sich in diesem Zusammenhang nicht, auch wenig Erfahrung oder wenig Wissen über bestimmte internationale Sachverhalte zuzugeben. Begründen Sie damit auch Nachfragen oder Wünsche nach zusätzlichen Informationen.

Abb. 48: Vergleichende Darstellung kritischer Verhaltensbereiche

Regionen	Gesprächsregeln	Tonlage	Äußeres Erscheinungsbild	Gestik/Mimik	Umgang mit Körperkontakt	do´s and dont´s
Nordeuropa	Wenige Unterscheidungspunkte in der Art und Weise, wie die Deutschen verglichen mit den Nordeuropäern kommunizieren					
Südeuropa	• Smalltalk hat die gleiche Bedeutung • Sprachen sind wortreicher • Geschlossene Fragen werden meist wortreich beantwortet	• Kommunikation ist lauter	• Stilvolles, elegantes Äußeres • Deutsche wirken im Vergleich oft „underdressed"	• Temperamentvoller und ausdrucksstärker	• Offener Umgang mit Körperkontakt	• Geld ist kein Tabuthema • Religion kann ein kritisches Thema sein
Osteuropa	• Höflichkeit und konjunktivisches Formulieren • Gespräch kann bei Nichtbeachten der Formulierungsregeln schnell scheitern • Ungeduld wird als unhöflich empfunden	• Tonlage der Deutschen wirkt oft aggressiv	• Es gelten ähnliche Regeln für die Kleidung wie in Deutschland	• Gestik/Mimik unterscheiden sich nur minimal • Tonlage sollte etwas gezügelt werden	• „Shake-Hands" ist eher unter Männern üblich • Wenn Frauen beteiligt sind, dann reichen sie zuerst die Hand • Grundsätzlich ist eine gewisse Distanz geboten	• Deutsche sollten es vermeiden, überheblich zu wirken • Wodka ist fester Bestandteil einer Kommunikation
Asien	• Höflichkeit und konjunktivisches Formulieren • Geduld und Zuhören sind wichtige Gesprächselemente • Ausgiebiger Smalltalk, welcher z.B. Komplimente über die Stadt, Kultur etc... beinhaltet • Geschlossene Fragen werden direkt beantwortet • Angebote werden aus Höflichkeit erst einmal abgelehnt – es wird ein zweites erwartet	• Zurückhaltung ist geboten • Heben der Stimme wird als Angriff verstanden	• Auf ein korrektes, dem Anlass entsprechendes Erscheinungsbild wird großen Wert gelegt • Freizügige Kleidung wird als mangelnde Wertschätzung aufgefasst und aus ästhetischem Gründen sollte darauf verzichtet werden	• Es gilt als unhöflich, zu viele Emotionen zu zeigen • Lächeln sollte immer gewahrt werden • Direkter Blickkontakt ist mit Vorsicht zu behandeln	• „Shake-Hands" ist eher unter Männern üblich, jedoch sollte der Druck nicht zu stark sein • Begrüßung sollte durch ein Kopfnicken oder eine leichte Verbeugung ausgedrückt werden • Der körperliche Abstand sollte gewahrt werden	• Das Thema Geld wird eher gemieden • Tischgespräche sollten vermieden werden • Schmatzen und Schlürfen gehört zum Essen
Nordamerika	• Smalltalk ist ein wichtiger Bestandteil • Ausgiebiger Erkundigung nach dem Wohlbefinden des Gesprächspartners • Häufiges Verwenden des Vornamens, wird häufig als sehr oberflächlich empfunden	• Tonlage der Deutschen wirkt oft aggressiv	• Kleidungsstil erfolgt wie in Deutschland, der Position und dem Anlass entsprechend	• Amerikanische Gestik impliziert mehr Offenheit	• Jeglicher Körperkontakt über das „Shake-Hands" hinaus ist tabu und kann schnell als sexuelle Belästigung aufgefasst werden	• Absolut tabu sind die Themen Politik, Religion und Sex • Körperkontakt sollte im Geschäftsleben unbedingt vermieden werden

5. Zusatzinformationen und Entscheidung

• Bleiben Sie freundlich und seien Sie bereit, freundliche Gesten (lächeln, zugewandte Gestik ...) eher aufzunehmen als bei einem inländischen Bewerber.

• Stellen Sie tendenziell offenere Fragen. „Welche Erfahrung haben Sie mit XY?" an Stelle von „Haben Sie Erfahrung mit XY?".

Machen Sie Internationalität und mögliche Unterschiede bewusst zum Thema und stellen Sie dem Bewerber entsprechende Fragen:

„Inwiefern würden Sie in Deutschland (D) genauso vorgehen?"
„Worin unterscheidet sich der Aspekt Z in D von Z in XY Land?"
„Wie bereiten Sie sich auf die Tätigkeit in D vor?"
„Woran werden Sie sich bei und (in D) gewöhnen müssen?"
„Sehen Sie ein Thema darin, als xy in D tätig zu sein?"
„Worauf müssen sich Ihre Mitarbeiter u.U. bei Ihnen einstellen?"

Je offener und bereitwilliger ein Bewerber auf diese Thematik eingeht, desto leichter wird es auch Ihnen fallen, entsprechende Themen anzusprechen. Stellen Sie Internationalität immer als mögliche Bereicherung dar – suchen Sie immer auch nach dem „added value" einer anderen Mentalität.

Aber: Klären Sie unbedingt zentrale Begriffe in Bezug auf ein gemeinsames Verständnis. Klären Sie unbedingt Ausdrücke wie „Manager", „responsibility for people", „project", „knowledge", „competence" in Bezug auf den tatsächlichen Hintergrund. Gehen Sie nicht von einem gleichen Verständnis aus. Nehmen Sie entsprechende Antworten gleich als Anstoß, die Situation in Ihrem Hause in dieser Hinsicht darzustellen und im Gespräch zu vergleichen. Fragen Sie tendenziell weniger nach Begriffen wie z.B. „Verantwortung", „Führung", sondern nach konkreten Situationen.

Machen Sie die Internationalität wiederum nicht zu einem Thema, welches es unter Umständen gar nicht ist – viele Verhaltensweisen und Standards haben mittlerweile einen hohen allgemeinen Internationalisierungsgrad erreicht. Schildern Sie konkrete Anforderungssituationen Ihres Hauses und bitten Sie um Lösungen und Stellungnahmen. Bitte machen Sie sich immer wieder auch Ihre konkreten Anforderungen bewusst.

Spiegeln Sie Antworten des Bewerbers und begründen Sie ggf. Präzisierungswünsche. „Ja, auch wir würden erst einmal das persönliche Gespräch suchen – aber wir haben die Erfahrung gemacht, dass dieses nicht immer ausreicht. Wie sähe eine mögliche Eskalation der Situation aus?"

Seien Sie aufrichtig sich selbst gegenüber, im Hinblick darauf, wie der Bewerber auf Sie wirkt. Registrieren Sie bewusst positive und kritische Vorurteile (die unter Umständen schon vor dem Gespräch bestanden!). Fragen Sie wie in folgenden Beispielen beschrieben gezielt nach:

Vorurteil: Bewerber ist autoritäre Führungsstrukturen gewohnt
Fragen: „Wie delegieren Sie?"
„Wie leben Sie konkret kooperative Führung?"
„Wann machen Sie Gebrauch von sanktionierenden Führungsinstrumenten?"

Vorurteil: Bewerber ist gedanklich undifferenziert
Fragen: „Worin sehen Sie konkret den Unterschied zwischen a und b?"
„Beschreiben Sie doch einmal ganz präzise den Ablauf?"

Begründen Sie Fragen durch situative Gegebenheiten. Bleiben Sie selbst in dieser Hinsicht eher „unpersönlich" und setzen Sie sich keinen falschen Vermutungen aus.

5.3 Der Nutzen von Auswahlplanspielen und Tests, Gruppengesprächen, biografischen Informationsbogen, situativem Interview und Assessments

Immer mehr Unternehmen sind mit den herkömmlichen Auswahlverfahren allein nicht zufrieden und suchen nach Möglichkeiten zur Verbesserung und Absicherung ihrer Entscheidung. Sie versuchen nach einer Umfrage von Schuler (1993), die verschiedenen Methoden anzuwenden und machen dabei unterschiedliche Erfahrungen (s. Abb. 49).

Fortschrittliche Unternehmen möchten eine Risikominderung bei personellen Entscheidungen und führen folgende Gründe für die Anwendung wissenschaftlicher Fundierung des Ausleseverfahrens an:

- Lang andauernde und schwerwiegende menschliche und wirtschaftliche Konsequenzen der meisten Ausleseentscheidungen, denn:
  - Fehlauslese bedeutet Versagen und Unzufriedenheit, oft Verlust wertvoller Lebensjahre,
  - Personal- und Ausbildungskosten sind beträchtlich gestiegen,
  - Entlassungsmöglichkeiten sind vielfach beschränkt,
- Spezialisierung der Anforderungen bedingt die Spezifizierung der Eignungsfragen.

5. Zusatzinformationen und Entscheidung

• Unzulänglichkeit rein intuitiver Entscheidungen ruft Unsicherheit und Bedürfnis nach Objektivität hervor.

In der Praxis – insbesondere großer Unternehmen mit vielen qualifizierten Mitarbeitern in den Personalabteilungen – werden daher zur Absicherung von Auswahlentscheidungen in zunehmendem Umfang zusätzlich eignungsdiagnostische Verfahren angewendet, wie sie auch hauptsächlich von Personalberatern bei der Vorauswahl von Spezialisten und Führungskräften verwendet werden.

Abb. 49: Durchschnittliche Einschätzungen von Verfahren zur externen Personalauswahl (aus Schuler, Frier & Kauffmann, 1993, S. 55)

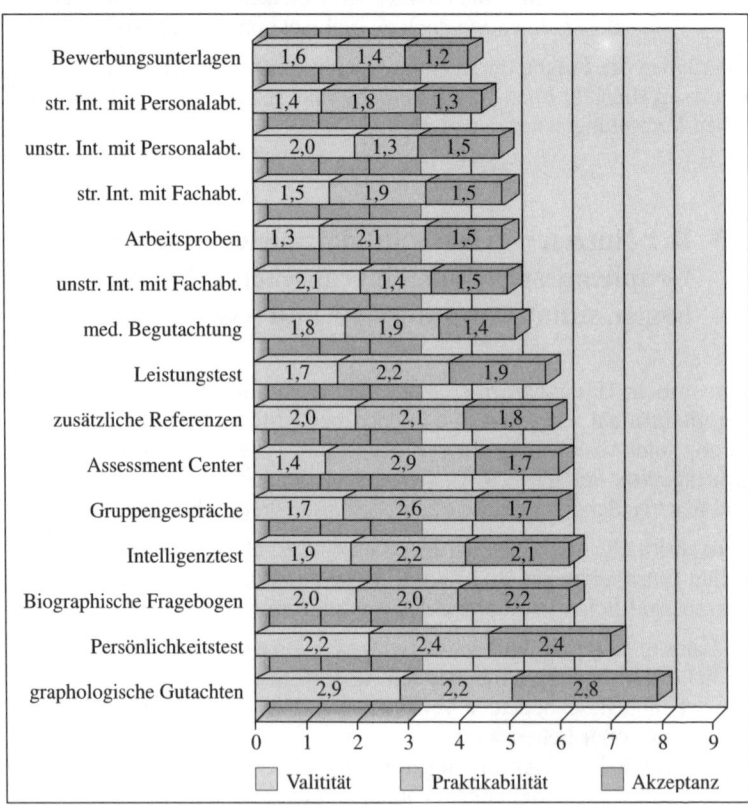

Anmerkungen: 1 = gut, 2 = mittel, 3 = schlecht. Für die Summe der drei Urteilsaspekte beträgt der positivste Wert 3, der negativste Wert 9. MN = 105.

Dazu gehören insbesondere

- Tests verschiedener Art,
- biografische Informationsbögen,
- Gruppengespräche,
- Einzel-Assessment,
- Assessment-Center,
- situative Interviews.

Für die Anwendung und Auswertung solcher Diagnosen ist geschultes Personal unerlässlich, was insbesondere die meisten klein- und mittelständischen Firmen davon abhält, davon Gebrauch zu machen.

Um dem interessierten Leser Informationen über den Inhalt solcher Verfahren zu geben, werden diese hier kurz vorgestellt. Eine ausführliche Darstellung zur Anwendung solcher Verfahren in die eigene Praxis ist im Rahmen dieses Buches nicht beabsichtigt, liegt aber im „Handbuch wirtschaftspsychologischer Testverfahren" vor (Sarges & Wottawa, 2001).

Zielsetzung von *Testverfahren* ist die Beantwortung der prognostischen Fragestellung, d.h. die Vorhersage zukünftigen Verhaltens, zukünftiger Leistung, zukünftiger beruflicher Bewährung.

Bekannt sind folgende Testarten in den Unternehmen:

- *Intelligenztests*
  Messung allgemeiner bzw. spezieller kognitiver Begabungen, z. B. „Ist '70"

- *Leistungstests*
  Messung *umschriebener* motorischer, sensorischer oder intellektueller Leistungen (z. B. Handgeschicklichkeit, Rechnen)

- Neben *Wissenstests* neuerdings auch *Lerntests*

- *Persönlichkeitstests*
  Messung bestimmter Eigenschaften, Einstellungen, Verhaltensweisen, Interessen, aber auch Ermittlung von Charakter oder Persönlichkeitsprofilen bzw. der Typenzugehörigkeit u. ä.; bekannt sind: „16 PF-Test" oder „MMPI" sowie der „Deutsche CPI".

Intelligenztests und Leistungstests sind Papier- und Bleistifttests, bei denen in einer vorgegebenen Zeitspanne verschiedene Aufgabenreihen zu bearbeiten sind. Sie werden gern bei der Auswahl von Auszubildenden und Berufsanfängern angewendet, aber auch manchmal für qualifizierte Funktionen. Sie sind nur gestattet, wenn sie sich auf die zukünftigen Anforderungen am Arbeitsplatz beschränken. Ein Intelligenztest, der ausschließlich eine einzige Maßzahl – den Intelligenzquotienten – liefert, ist fast immer zulässig.

Durch Tests ermittelte Intelligenzgrade bringen keine Informationen über fachbereichsübergreifendes Wissen, obwohl uns bekannt ist, dass Problemlöser sowohl im Bereich des Wissens als auch des Denkens gut sein müssen. Deshalb müssen Intelligenztests immer um Wissenstests ergänzt werden. *Lerntests* werden heute immer häufiger angewendet, insbesondere im Assessment-Center-Verfahren. Dabei werden kognitive Leistungstests, Trainingsperioden mit ähnlichen Testaufgaben und Wiederholung des Eingangstests miteinander verbunden. Auch für die Ermittlung der „praktischen" Intelligenz werden zwischenzeitlich Verfahren erarbeitet.

Da die Beurteilung bestimmter tätigkeitsbezogener Persönlichkeitsmerkmale für die richtige Auswahl – auch im Interesse des Bewerbers – für viele Arbeitsplätze unerlässlich ist, sind Auswahlverfahren akzeptiert, die folgende Merkmale erfüllen:

- Jeder Bewerber erfährt vorher, welche Beurteilungsmerkmale erfasst werden sollen.
- Jeder Bewerber erfährt aber auch, bei welchen Merkmalen eine positive Ausprägung gewünscht wird.
- Die Spielsituation ist weitgehend identisch mit der späteren Arbeitssituation.
- Das Verfahren erfasst nur berufsspezifische Verhaltensweisen. Die Persönlichkeitsmerkmale des Bewerbers werden nur soweit erfasst, wie sie für die Arbeitssituation typisch sind. So kommt es zu keiner Verletzung des privaten Persönlichkeitsbereichs.
- Der Bewerber erfährt auf Wunsch das Ergebnis seiner Beurteilung.

Darüber hinaus empfiehlt es sich, in einer betriebsinternen Regelung festzulegen, wie die verfassungsrechtlichen Maßstäbe zum Schutz persönlicher Daten sichergestellt werden, und betriebsverfassungsrechtliche Vorschriften einzuhalten sind. Nach § 80 Abs. 1 Nr. 1 BetrVG hat der Betriebsrat die Aufgabe zugewiesen bekommen, darauf zu achten, dass solche Verfahren keine Abfrage von Merkmalen enthalten, die nach der geltenden Rechtsordnung unstatthaft sind.

Die Anwendung psychologischer Testverfahren in der betrieblichen Eignungsdiagnostik bringt Probleme mit sich. Bereits die Anwendung der meisten Verfahren, noch mehr aber deren Interpretation, bedarf in der Regel einer fundierten Sachkenntnis, die nicht zuletzt damit zu begründen ist, dass Tests sich einer ausgesprochenen Fachsprache bedienen.

Das anforderungsspezifische Verhaltensmerkmal muss zunächst in diese Sprache „übersetzt" und nach erfolgter Untersuchung in die Alltagssprache rückübersetzt werden. Man wird deshalb nicht umhinkommen, die betriebliche Eignungsuntersuchung mit Hilfe von Testverfahren einem internen oder externen Psychologen anzuvertrauen.

Im Ganzen gesehen liefern psychologische Testverfahren ein weiteres von mehreren Mosaiksteinchen bei der Eignungsfeststellung.

Ohne fremde Hilfe kann jedes Unternehmen die Auswahlentscheidung für neue Mitarbeiter durch *Gruppengespräche* verbessern. Dabei werden verschiedene Bewerber gemeinsam eingeladen, was sehr rationell und wirksam sein kann, weil insbesondere die Soziabilität viel deutlicher sichtbar wird als in Einzelgesprächen. Ein Verfahren, das deshalb oft in mittelständischen Unternehmen und vor allem in *kleinen Unternehmen,* in denen Teamarbeit einen existentiellen Stellenwert hat, Anwendung findet.

Größere Unternehmen benutzen Gruppengespräche auch bei einer zu großen Zahl von Bewerbern. Nach der Auswahl aufgrund der Bewerbungsunterlagen werden in Gruppengesprächen diejenigen Bewerber ausgewählt, mit denen danach ein längeres Einzelgespräch geführt werden soll.

Bei der Einladung der Bewerber zu einem Gruppengespräch sollte darauf geachtet werden, dass möglichst nur Kandidaten mit gleichartiger Vorbildung zusammenkommen. Auch das Alter und damit die Lebenserfahrung sollte nicht zu unterschiedlich sein. Insoweit bietet sich dieses Verfahren für Anfänger besonders an.

Rechtzeitig vor dem Termin sollte ein ungestörter Raum für die Durchführung des Gruppengespräches vorbereitet werden. Es hat sich als zweckmäßig erwiesen, Namensschilder der Beteiligten aufzustellen, die beidseitig beschriftet sein sollten. Das Gespräch mit verschiedenen Führungskräften sollte von einem geeigneten Moderator gesteuert werden. Die Aufgabe des Moderators besteht darin, für eine aufgelockerte, angstfreie Situation zu sorgen und die Gesprächsthemen vorzugeben. Wenn keine Wortmeldungen mehr zu einem Thema vorliegen, leitet der Moderator zum nächsten Thema über. Diese Funktion erfordert viel Fingerspitzengefühl.

Die Erfahrung hat gezeigt, dass es besser für die Bewerber ist, wenn der Moderator zunächst etwa 10 Minuten allein mit den Bewerbern spricht und sie über den Ablauf des Gespräches informiert, bevor die Führungskräfte als Beobachter und z.T. als Gesprächspartner hinzustoßen.

5. Zusatzinformationen und Entscheidung

Während dieser Zeit sollen Hemmungen abgebaut und die Bewerber auf das folgende Gespräch eingestimmt werden.

Danach werden die Führungskräfte der Gruppe vorgestellt.

In den letzten 10 Minuten des Gruppengespräches sollten auch die Beobachter noch Fragen an die Bewerber stellen können. Andererseits ist es zweckmäßig, auch noch den Bewerbern die Möglichkeit zu geben, Fragen zu stellen.

Für die Auswertung des Gruppengespräches sind in erster Linie die Beobachter zuständig, die das Gespräch anhand eines Beobachtungsbogens verfolgen.

Ein Gruppengespräch kann unter folgenden Gesichtspunkten beobachtet werden:

Auftreten und Umgangsformen, äußere Erscheinung, Sprechweise und Aussprache, Ausdrucksfähigkeit, Kontaktfähigkeit, Initiative und Mitarbeit, Allgemeinbildung und Bildungsniveau, Auffassungsgabe und Flexibilität, Interessen und Neigungen, Teamfähigkeit.

Bei der Gruppendiskussion sollen vor allem soziale Eigenschaften getestet werden, die zum Beispiel darin zum Ausdruck kommen, ob und wie der Teilnehmer auf personenbezogene, menschliche Probleme „anspricht", ob er in der Lage ist, sich argumentativ durchzusetzen, oder ob er die anderen durch egozentrische Aktivität behindert, zum Beispiel sie durch unangemessene Lautstärke zu übertönen versucht oder sie durch Gesten beziehungsweise Distanzgebärden übertreffen möchte.

Dem Ergebnis der Gruppendiskussion wird allgemein eine hohe Gültigkeit und Korrelation für den späteren beruflichen Erfolg zugesprochen. Dies gilt insbesondere für Tätigkeiten, die ein bestimmtes Maß an verbaler Kommunikation beziehungsweise verbalem Problemlösungsverhalten erfordern und bei denen die Akzeptanz durch andere wichtig ist.

Eine Weiterentwicklung des *Gruppengespräches* der beschriebenen Form ist das *„Konsensmanagement"*, das aus einigen teamorientiert geführten Unternehmen bekanntgeworden ist (siehe Hohmann, R. u. a. 1988). Hier wird das künftige Arbeitsteam in die Beurteilung einbezogen, wodurch das Vertrauen und die Unterstützung der Kollegen während der Einarbeitungszeit wesentlich verbessert wird. „Ein solches Verfahren wirkt auch jedem Verdacht von Begünstigung und willkürlicher Personalentscheidung entgegen. Dieses offene und faire Entscheidungsverfahren fördert gleichzeitig den Zusammenhalt der Belegschaft und kräftigt die Glaubwürdigkeit des Managements."

Als nachteilig wirkt sich der hohe Zeitaufwand partizipativer Entscheidungsfindung aus. Wie eben partizipatives Führen überhaupt anstrengend und zeitraubend ist, sich aber letztlich für das Unternehmen und die Mitarbeiter lohnt, insbesondere für klein- und mittelständische Betriebe.

Das *situative Bewerbergespräch* oder *situative Interview* ist eine spezielle Interviewphase im Rahmen des üblichen Vorstellungsgespräches. Fragen Sie den Bewerber, wie er in bestimmten Situationen handelt, die an seinem künftigen Arbeitsplatz schon aufgetreten sind oder auftreten können.

Weuster (1995) favorisiert dieses Verfahren:

„Die Entwicklung eines situativen Interviews setzt eine gründliche Ermittlung des jeweiligen Stellen- und Anforderungsprofiles voraus. Dabei sammelt der Personalleiter in Kooperation mit dem Fachvorgesetzten und eventuell dem derzeitigen Stelleninhaber positionsrelevante Geschäftsvorfälle und Ereignisse. In diesem Zusammenhang ist zu klären: Warum trat der Vorfall ein? Welche besonderen Umstände herrschten bei seinem Auftreten? Wie hat der Stelleninhaber reagiert? Zu welchem Erfolg oder Misserfolg führte sein Handeln? Welche Folgen hatten der Vorfall und die Reaktion mittelfristig?"

Auf der Basis der Vorfälle und Ereignisse werden Fragen formuliert, die Bewerbern gestellt werden können. Diese Fragen als Mini-Fallstudien müssen für externe Bewerber verständlich, eindeutig und nachvollziehbar sein. Die Formulierung muss neutral sein und darf keinen Hinweis auf die aus Arbeitgebersicht bevorzugte Antwort enthalten.

Für jede Frage wird eine dreistufige Antwortskala entwickelt. Den Antwortstufen werden für eine systematische Bewertung der Bewerberantworten Punkte zugeordnet.

Zum Beispiel: Gute Antwort = 4 Punkte, mittelmäßige, aber noch akzeptable Antwort = 2 Punkte, und inakzeptable Antwort = 0 Punkte. Die Einstufung von Antworten ist nicht immer leicht. Die betrieblichen Entscheidungsträger müssen sich aber auf bestimmte Antwortmöglichkeiten und ihre Bewertung einigen. Dabei kann vielleicht auf Handlungsalternativen zurückgegriffen werden, die im Unternehmen beim Auftreten des Geschäftsvorfalles diskutiert wurden. Die entwickelten Fragen und Antwortvarianten können vor ihrem Einsatz in Bewerbergesprächen vielleicht noch mit vergleichbaren Mitarbeitern getestet werden. Schließlich können Fragen und Antwortenalternativen nach jedem realen Einsatz im Bewerbergespräch überarbeitet werden. Die Verständlichkeit der Fragen kann verbessert werden. Fragen, die von allen Bewerbern gleich beziehungsweise gut beantwortet werden, sind zu ändern oder auszusortieren, da hier die zweckmäßigen oder erwünschten Lösungen wohl offensichtlich sind." Das situative Interview hat viele Vorteile. Es verbessert die Qualität der Entscheidung durch praxisnahe Informationen, es wird auch von Bewerbern akzeptiert und ist leicht zu handbaben – auch für Klein- und mittelgroße Unternehmen daher sehr geeignet – da nicht teuer. Die Durchführung sollte tunlichst von der Fachabteilung begleitet werden, die einen neuen Mitarbeiter sucht.

Die anspruchsvollste, aber auch aufwendigste Form des Gruppengespräches ist das Assessment-Center (AC).

Das *Assessment-Center* zeichnet sich vor allem durch seine Realitätsnähe aus. Man versucht, die wesentlichen Merkmale anforderungsspezifischer Situationen und ihrer Probleme nachzubilden und den Bewerber bei der Bewältigung der Probleme zu beobachten, insbesondere die Merkmale:

– interpersonelle Fähigkeiten,
– administrative Fähigkeiten,
– leistungsmotivation,
– arbeitsrelevante Persönlichkeitsdispositionen.

Es gibt inzwischen eine Vielzahl erprobter und bewährter Einzelkomponenten, aus denen ein AC zusammengestellt werden kann, wie z. B.

– Postkorb-Übungen,
– Gruppendiskussion,
– Management-Fragebogen,
– Spezialprobleme aus dem Unternehmen,
– Fallstudien,
– Interview,
– Selbsteinstufung,
– Gleichgestellten-Einstufung,
– Vorträge/Präsentationen,
– standardisierte Tests,
– Spiele/Rollenspiele.

Der große Unterschied zum Gruppengespräch ist der Inhalt. Hier geht es weniger um die Beantwortung vorgefertigter Fragenkataloge, sondern um eine *Arbeitsprobe* (ähnlich des Beispiels im „situativen" Interview). Auf der Grundlage vorher definierter Anforderungen am Arbeitsplatz werden anforderungsabgeleitete Arbeitsproben entwickelt, um die Realitätsnähe und Güte der Beurteilung so groß wie möglich zu machen.

Da im AC in aller Regel mehrere Teilnehmer in koope-rierenden, teilweise auch konkurrierenden Gruppen zusammengefasst werden, wird auch das Sozialverhalten einer Beobachtung und Beurteilung zugänglich. Schließlich, und das sollte nicht unterschätzt werden, wird die Einrichtung des AC von den Teilnehmern meistens akzeptiert und immer beliebter.

Viele große Unternehmen haben gute Erfahrungen mit dem AC gemacht. Insbesondere für die Beurteilung von Hochschulabsolventen oder bei der internen Potenzialanalyse für Aufstiegsentscheidungen hat sich das AC bewährt.

Das AC ist natürlich mit einem unverkennbaren Aufwand verbunden. Die Vorteile wiegen aber den Aufwand bei weitem auf, sobald ein solches Instrumentarium in die betriebliche Personalentwicklung voll integriert ist. Es liefert dann die bei weitem zuverlässigsten Informationen über die Eignung in Bezug auf bestimmte Positionen mit spezifischen Anforderungsbildern. Da der Aufbau eines AC nicht von vornherein festgelegt und deshalb den jeweiligen Anforderungen entsprechend ausgestaltet werden kann, besteht die Möglichkeit, psychologische Testverfahren und Eignungsinterviews in das Programm aufzunehmen. Auf diese Weise gelangt man zu einem umfassenden, allen theoretischen und vor allem praktischen Bedürfnissen gerecht werdenden Instrument der Eignungsauswahl.

Die Deutsche Unilever GmbH z. B. verwendet das AC für Hochschulabsolventen auf Grund der Erfahrung, dass es keine signifikante Korrelation zwischen Abschlussnote und Berufserfolg gibt und auch keine Korrelation zwischen Studiendauer und Berufserfolg erkennbar ist.

Das AC dauert eineinhalb Tage und umfasst insgesamt vier Leistungsblöcke. Die Ergebnisse der einzelnen Leistungsabschnitte werden auf einer Siebener-Skala festgehalten. Unilever betont die Wichtigkeit der Erläuterungen und Erklärungen der einzelnen Ergebnisse für die Teilnehmer. Dies ist deshalb so wichtig, weil am ersten Abend schon eine Selektion erfolgt, d. h. nicht alle Teilnehmer des ersten Tages nehmen noch an den Leistungsblöcken und weiteren Veranstaltungen des zweiten Tages teil. Um hier Frustration vorzubeugen, ist eine positive Erklärung der Ergebnisse zwingend erforderlich.

Während am ersten Tag mehr das Verhalten in der Gruppe analysiert wird, steht am zweiten Tag der einzelne Bewerber im Mittelpunkt. Für die Einzelpräsentation steht hierbei eine Vorbereitungszeit von 30 Minuten zur Verfügung. Die eigentliche Präsentation hat eine Dauer von 10 Minuten, wobei sich daran noch eine zehnminütige Nachfragephase anschließt. Bei der Bewertung der Präsentationen ist das Verhältnis zwischen Inhalt und der Darstellung $2/3$ zu $1/3$.

Das abschließende Einzelinterview ist halb strukturiert und wird mit einem Beurteilungsbogen ergänzt.

Der Preis? Experten schätzen ca. 50.000,– Euro für die Entwicklung eines eigenen Verfahrens. Es gibt nämlich keinen Standard-AC. Hinzu kommt die aufwendige Beobachterschulung.

Trotzdem haben über 200 große deutsche Unternehmen inzwischen ein eigenes AC entwickelt und wählen danach ihren Nachwuchs für wichtige Funktionen aus. Wer noch mehr über dieses Verfahren wissen möchte, liest am besten nach bei Werner Sarges, dem AC-Papst in unserem Lande (Sarges 2001).

Eine Abwandlung der beschriebenen Testverfahren ist insbesondere für die Beurteilung von Führungspotenzial *das Einzel-Assessment*. Hier werden arbeitsplatzbezogene komplexe Situationen für eine Einzelperson hergestellt. Viele Personalberatungsgesellschaften arbeiten mit diesem Verfahren erfolgreich. Arbeitsproben sind ähnlich denen in einem AC.

Arbeitsproben im Einzel-Assessment

- Mitarbeitergespräch,
- Computer-Simulation,
- Postkorb-Bearbeitung,
- Stärken-Schwächen-Analyse von betrieblichen Abteilungen,
- Konflikt-Diskussion,
- Entwicklung einer Marketing- oder Produktkonzeption.

Vorteil des „Einzel-Assessment" ist sicherlich der persönliche Bezug zu einer Person. Dabei können intensive Eindrücke und Beziehungen wirksam werden, die ein genaueres Kennenlernen des Probanden im sozialen Bereich ermöglichen.

Zur weiteren Veranschaulichung ist der Tagesplan eines Einzel-Assessments abgebildet (s. Abb. 50).

Eine hervorragende Charakterisierung gelingt Birkhan in seinem Beitrag: „Das Einzel-Assessment: Anatomie eines der wichtigsten Tage im Leben des Managers Herr Y" (in: Kleinmann/Strauß, 1998).

Abb. 50: Einzel-Assessment der Consulectra-Unternehmensberatung, Hamburg

Tagesprogramm eines Einzel-Assessment

9.00 Begrüßung, Überblick über den Tag, Selbsteinschätzung
9.30 Selbstpräsentation
10.00 Pause
10.10 Postkorb
11.40 Pause
12.00 Vorbereitung Fallstudie
12.30 Präsentation

12.50 Mittagspause

13.50 Postkorb/Nachgespräch
14.05 Vorbereitung Gesprächssituation
14.25 Gesprächssituation
14.45 Analyse Gesprächssituation
15.00 Interview
16.00 Feedback/Nachgespräch
17.00 Ende

5.4 Die Entscheidungsanalyse für die Einstellung

Das Studium der Bewerbungsunterlagen, die Vorstellungsgespräche und ggf. zusätzliche Tests sind Vorbereitungen für die Auswahl des geeignetsten Bewerbers für die vakante Position.

Bei einem anspruchsvollen Auswahlverfahren, wie z. B. bei der Colonia-Versicherung für Außendienstmitarbeiter (s. Abb. 51), ist der Ablauf entsprechend umfangreicher. Ziel ist es aber immer: Anforderungsprofil des Arbeitsplatzes und Eignungsprofil des Arbeitsplatzinhabers sollen sich so gut wie möglich decken (s. Abb. 52).

5. Zusatzinformationen und Entscheidung

Abb. 51: Ablauf des Bewerberauswahlverfahrens

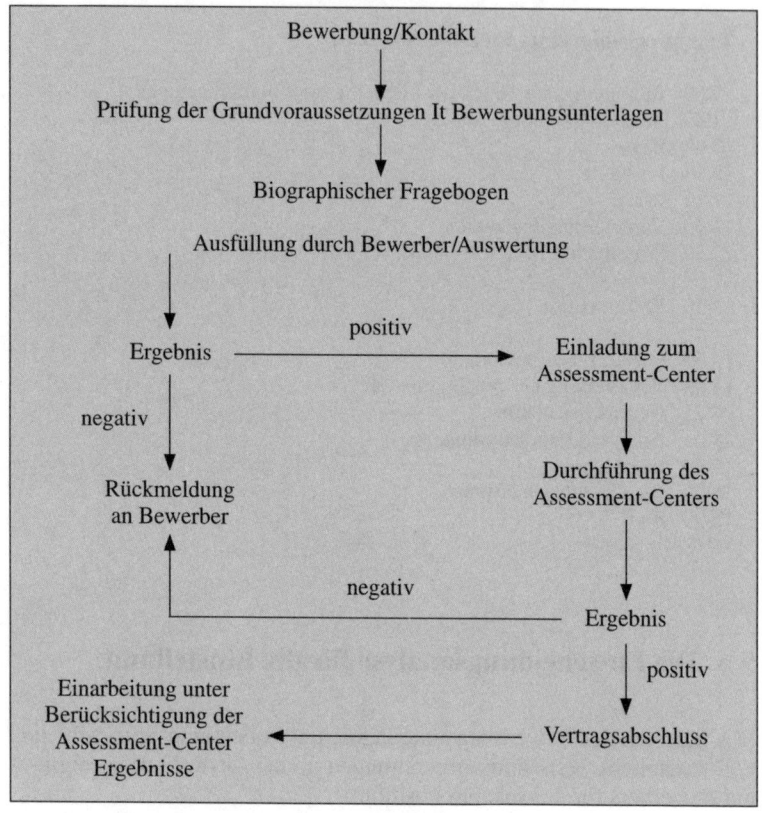

Abb. 52: Vergleich von Anforderungs- und Eignungsprofil

Anforderungs-merkmale	Anforderungsprofil					Eignungsprofil				
	wenig ausgeprägt	ausgeprägt	gut ausgeprägt	sehr gut ausgeprägt	hervorstechend	wenig ausgeprägt	ausgeprägt	gut ausgeprägt	sehr gut ausgeprägt	hervorstechend
1. Ausdrucksvermögen	1 2 3		4 5 6	7 8 9		1 2 3		4 5 6	7 8 9	
2. Mobilität	1 2 3		4 5 6	7 8 9		1 2 3		4 5 6	7 8 9	
3. Belastbarkeit	1 2 3		4 5 6	7 8 9		1 2 3		4 5 6	7 8 9	
4. Kreativität	1 2 3		4 5 6	7 8 9		1 2 3		4 5 6	7 8 9	
5. Einsatzbereitschaft	1 2 3		4 5 6	7 8 9		1 2 3		4 5 6	7 8 9	
6. Initiative	1 2 3		4 5 6	7 8 9		1 2 3		4 5 6	7 8 9	
7. Kontaktfähigkeit	1 2 3		4 5 6	7 8 9		1 2 3		4 5 6	7 8 9	
8. Kritisches Denken	1 2 3		4 5 6	7 8 9		1 2 3		4 5 6	7 8 9	
9. Personalführung	1 2 3		4 5 6	7 8 9		1 2 3		4 5 6	7 8 9	
10. Organisationsgeschick	1 2 3		4 5 6	7 8 9		1 2 3		4 5 6	7 8 9	
11. Fachkenntnisse	1 2 3		4 5 6	7 8 9		1 2 3		4 5 6	7 8 9	
12. Selbstvertrauen	1 2 3		4 5 6	7 8 9		1 2 3		4 5 6	7 8 9	
13. Sorgfalt	1 2 3		4 5 6	7 8 9		1 2 3		4 5 6	7 8 9	
14. Teamfähigkeit	1 2 3		4 5 6	7 8 9		1 2 3		4 5 6	7 8 9	
15. Flexibilität	1 2 3		4 5 6	7 8 9		1 2 3		4 5 6	7 8 9	
16. Zahlenverständnis	1 2 3		4 5 6	7 8 9		1 2 3		4 5 6	7 8 9	
17. Zukunftsorientierung	1 2 3		4 5 6	7 8 9		1 2 3		4 5 6	7 8 9	

Entscheidung
Ergebnis: wichtig   sehr
nicht geeignet/geeignet/sehr geeignet   wichtig

Die Auswertung der Ergebnisse bedeutet somit eine präzise Gegenüberstellung der unterschiedlichen Eignung verschiedener Bewerber mit den festliegenden Anforderungen an den zu besetzenden Arbeitsplatz. Da kaum ein Bewerber alle Anforderungen des Arbeitsplatzes hundertprozentig erfüllt, muss eine analytische Beurteilung des unterschiedlichen Erfüllungsgrades in den einzelnen Anforderungskriterien erfolgen, um zu einer sachlich einwandfreien und abgewogenen Entscheidung zu kommen. Hier bewährt sich ein Vorgehen im Sinne einer Entscheidungsanalyse.

Beim Festlegen der einzelnen Anforderungen an den zu besetzenden Arbeitsplatz wird sich in der Regel herausstellen, dass ganz bestimmte Anforderungen von jedem Bewerber unbedingt erfüllt werden müssen, damit er überhaupt für den Arbeitsplatz in Frage kommt. Diese Anforderungen sind *Muss-Anforderungen*. Daneben gibt es Anforderungen, die von dem Arbeitsplatzinhaber bestmöglich erfüllt werden sollten. Neben den Anforderungen für die Leistungsfähigkeit und Leistungsbereitschaft sind das z. B. die Voraussetzungen für eine optimale Integration der neuen Person in die bestehende Arbeitsgruppe und die soziale Umwelt des Unternehmens. Diese Anforderungen können als *Wunsch-Anforderungen* bezeichnet werden.

Die folgenden betrieblichen Beispiele zeigen, wie mittels einer kritischen, präzisen Analyse ein genauer Vergleich zwischen den Anforderungen und Eignungen möglich und eine objektivere Entscheidung zu erreichen ist (s. Abb. 51 + 52 Entscheidungsanalyse).

5.5 Interview-Trainings

Das umfassende Interviewertraining beinhaltet neben Wissensvermittlung und praktischen Übungen auch Rückmeldungen an die Trainierten in allen drei Phasen des Gespräches, also Planung, Durchführung und Auswertung. Verzerrungen menschlicher Informationsverarbeitung können hierdurch minimiert werden und der Interviewer wird unterstützt, die komplexen Anforderungen des Gespräches zu bewältigen. Eine differenzierte Feststellung der Stärken und Schwächen der Interviewer sollte als Grundlage wirksamer Trainingsinterventionen dienen.

Allerdings werden zahlreiche Seminare auf dem Markt angeboten mit den verschiedensten Themenschwerpunkten und sehr unterschiedlicher Qualität. Es ist darauf zu achten, dass Schulungen keine Werbeveranstaltungen spezieller Standardprogramme beinhalten, Schwerpunkte setzen, auf das Wesentliche konzentrieren und praktische Anwendungen in den Vordergrund stellen. Sarges warnt davor, „dass im schnellen Wechsel der Trainings-Moden einfache, aber richtige Lehren leicht vergessen werden" (in Voß 1994).

Im Zentrum sollte also immer die konkrete Durchführung verschiedener Interviewsequenz mit anschließendem Feedback stehen. Ein besonderer Reiz besteht darin, nach der Einführung, echte Vorstellungsgespräche zu führen, also keine simulierten Rollenspiele, sondern reale Bewerbersituationen zu erfahren. Da auch der Bewerber ebenfalls ein differenziertes Feedback bekommt, ist hier für ihn ebenfalls ein Anreiz gegeben.

Der Trainer muss sich auf die Bedürfnisse der Teilnehmer individuell einstellen können. Die Gruppe sollte nicht allzu heterogen sein. Die Seminardauer darf einen Tag nicht unterschreiten. Zur besseren Einübung sind zwei Tage Dauer durchaus angemessen.

Beispielhaft wird der Seminarfahrplan eines 2-tätigen „Interview-Trainings nach Sarges" abgebildet (s. Abb. 53).

Abb. 53: Seminar-Fahrplan Interviewtraining nach Sarges

1. Tag	9.00	Bekanntmachung, Erwartungen
	9.10	Eignungsdiagnostische Verfahren: Überblick und Stellung des Interviews
	9.40	Anforderungsprofile
	10.30	Bewerbungsunterlagen (evtl. tel. Kurzinterviews)
	11.00	Theoretisches Konzept des Interviews
	13.00	*Mittagessen*
	14.00	1. Kandidat (Muster-Interview durch Trainer) Nachbesprechung dieses Interviews
	16.00	2. Kandidat (Interview durch Teilnehmer 1) Nachbesprechung
	18.00	Resümee
	18.30	*evtl. Abendessen*
2. Tag	8.30	3. Kandidat (Interview durch Teilnehmer 2) Nachbesprechung
	10.30	4. Kandidat (Interview durch Teilnehmer 3) Nachbesprechung
	12.30	*Mittagessen*
	13.30	5. Kandidat (Interview durch Teilnehmer 4) Nachbesprechung
	15.30	6. Kandidat (Interview durch Teilnehmer 5) Nachbesprechung
	17.30	Resümee und Feedback
	17.45	*Schluss*

Literaturverzeichnis

Althoff, K.   Zur prognostischen Validität von Intelligenz- und Leistungstests im Rahmen der Eignungsdiagnostik, in: Zeitschrift für Arbeits- und Organisationspsychologie, 28/1984, S. 144–148

Aretz, G.   Zum Biografischen Informationsbogen, in: Frankfurter Allgemeine Zeitung vom 10.1.1985

Barthel, E./ Schuler, H.   Nutzenkalkulation eignungsdiagnostischer Verfahren am Beispiel eines biographischen Fragebogens, in: Zeitschrift für Arbeits- und Organisationspsychologie, 33/1989, S. 78-83

Bay, R.   Erfolgreiche Gespräche durch aktives Zuhören, 4. Aufl. Stuttgart 2000

Beck, C.   Professionelles E-Recruitment, Neuwied 2002

Bellgardt, P.   Recht und Taktik des Bewerbungsgesprächs, 2. Aufl., Heidelberg 1992

Bellgardt, P.   Empfehlungskatalog, Einstellungsinterview, in Personalführung, 2/1993

Bisani, F.   Anforderungs- und Qualifikationsprofil, in: Handbuch für Personalmarketing, Wiesbaden 1993

Block, B.   Die Eignungsprofilerstellung von Führungspersonen des mittleren Managements zur Auslese externer Bewerber, Bochum 1981

Bohlen, F.   Bewerber per Telefon selektieren, in: Personal, 9/1997, S. 453

Bohlen, F.   Das Bewerber-Auswahl-Gespräch, 2. Aufl., Leonberg 2002

Böhm, W./ Justen, R.   Bewerberauswahl und Einstellungsgespräch, Bern 1996

Borchers, M.   Interview über telefonische Bewerberauswahl, in: Personalwirtschaft, 12/1999

Brake, J./ Zimmer, D.   Praxis der Personalauswahl, 3. Aufl., Würzburg 2002

Brocher, T.   Gruppendynamik und Erwachsenenbildung, Wiesbaden 1999

Comelli, G.   Training und Beitrag zur Organisationsentwicklung, München 1987

Delle, J.   Das situative Interview, in: Personalführung, 6/1992

Dürr, C./   Anforderungsprofil, in: Das Büro-Personal, Gruppe 7,
Mentzel, W.   Freiburg 4/1996,

Eilles-Matthiessen, C./ Schlüsselqualifikationen, Bern 2002
Hage, N. el/Janssen, S./
Osterholz, A.

Epe, G.   Zur Interviewtechnik, in: Handelsblatt, 21/1989

Fear, R. A.   The evaluation interview (2nd ed.). New York 1978

Fernandez-Araoz, C.   Führungspositionen richtig besetzen, in: Havard Business
                            Manager, 1/2000

Freimuth, J.   Der Umgang mit Bewerbern, in: Personalführung, 2/1991

Friedrichs, P.   Beurteilung von Führungskräften, in: Management-Zeit-
                            schrift, 53/1984

Friedrichs, P.   Managementpotentialanalyse, in: Handbuch für Personal-
                            marketing, Wiesbaden 1993

Fruhner, R./   Einige Determinanten der Bewerbung von Personalaus-
Schuler, H./   wahlverfahren, in: Zeitschrift für Arbeits- und Organisa-
Funke, U./Moser, K.   tionspsychologie, 35/1991, S. 170-178

Gerpott, T. J.   Gleichgestelltenbeurteilung, in: R. Selbach u. K.K. Pul-
                            ling, Handbuch Mitarbeiterbeurteilung, Wiesbaden 1992

Gesteland, R. R.   Global Business Behaviour, München 2002

Heinl, H./Petzold, H./   Das Arbeitspanorama, in: H. Petzold, H. Heinl (Hrsg.),
Fallenstein, A.   Psychotherapie und Arbeitswelt, Paderborn 1983

Heinz, B.   Graphologie, in: W. Sarges (Hrsg.), Management-Diag-
                            nostik, Göttingen 1995, S. 361-371

Hofmann, E.   Einstellungsgespräche führen, 3. Aufl., Neuwied 2002

Hohmann, R./   Konsensmanagement, in: Personalwirtschaft, 11/1988
Lamers, W./
Stubenrauch, W.

Hollmann, H.   Validität in der Eignungsdiagnostik, Göttingen 1991

Hufnagl, H.   Multimodale Personalauswahl, Würzburg 2002

Literaturverzeichnis

Hünninghausen, L. (Hrsg.)	Die Besten gehen ins Netz, 2. Aufl., Düsseldorf 2002
Jeserich, W.	Mitarbeiter auswählen und fördern, München 1991
Jetter, W.	Effiziente Personalauswahl, 2003
Jetter, W.	Psychologie im Personalwesen, Bonn 1988
Jetter, W.	Strukturierte Interviews und PC-gestützte Auswahlverfahren, in: Personalwirtschaft, 6/1998, S. 43
Justen, R.	Bewerberauswahl im Einstellungsgespräch, München 1978
Kaufmann, W.	Die Technik des Vorstellungsgespräches, in: Personal, 6/1987
Kempe, H.	Vorstellungsinterview, in: Personalführung, 2/1982
Kempe, H.	Bewerberauswahl, Kreissparkasse Ludwigsburg 1994
Kersting, M.	Diagnostik und Personalauswahl mit computergestützten Problemlöseszenarien?, Göttingen 1999
Kleinmann, M./ Strauß B.	Potentialfeststellung und Potentialentwicklung, „Das Einzelassessment: Anatomie eines der wichtigsten Tage im Leben des Managers Herr Y", Göttingen 1998, S. 151-174
Klinzing, R.	Nichtverbale Kommunikation und Ausdrucksmanagement, München 1992
Knebel, H.	Taschenbuch für Bewerberauslese, 7. Aufl., Heidelberg 1996
Knebel, H.	Wie bewerbe ich mich richtig, 18. Aufl., München 2000
Knebel, H.	Auswahl und Belohnung von Managern, in Personal, 4/1994
Knebel, H.	Personalbeurteilung, 11. Aufl., Heidelberg 1999
Knebel, H.	Das Vorstellungsgespräch, Stiefkind der Personalarbeit, in: Personal, 1/1995
Knebel, H./ Schneider, H.	Taschenbuch für Stellenbeschreibung, 7. Aufl., Heidelberg 2000
Knebel, H./ Schneider, H.	Team und Teambeurteilung, Freiburg 1995
Knebel, H./ Zander, E.	Taschenbuch für Arbeitsbewertung und Eingruppierung, 2. Aufl., Heidelberg 1990
Knebel, H./ Zander, E.	Praxis der Leistungsbeurteilung, Heidelberg 1994

Kompa, A.   Assessment Center, Bestandsaufnahme und Kritik, München und Mering 1999

Kompa, A.   Personalbeschaffung und Personalauswahl, 2. Aufl., Stuttgart 1989

König, R.   Das Interview, Köln 1966

Kroeber-Keneth, L.   Erfolgreiche Personalpolitik, 2. Aufl., München 1995

Kudl, L./Dotzel, J.   Personalauswahl in deutschen Unternehmen, in: Personal, 2/1996

Leicher, R.   Die Spreu vom Weizen trennen – Tipps für Vorstellungsgespräche, in: Management-Zeitschrift, Zürich 1995, 1-2

Liebler, R./   Interviewtechnik, in: Blick durch die Wirtschaft vom
Borkenau, H.   2.3.1992

Mackay, E.   Mit den Haien schwimmen, Frankfurt 1990

Maudrich, E.   in: Personalmagazin, 2/1999, S. 32

Maudrich, H.   Im Umgang mit den Bewerbern können die Unternehmer noch vieles verbessern, in: Handelsblatt, Karriere, 17/1987

Mell, H.   Bewerbung auf dem Prüfstand, Stuttgart 1988

Mell, H.   Bewerberansprache und Bewerberanalyse, in: Handbuch für Personalmarketing, Wiesbaden 1993

Molcho, S.   Körpersprache als Dialog, München 1992

Müller, S.   Fallen und Fluchtweg im Stress-Interview, in: Wirtschaftswissenschaftliches Studium, 1/1991, S. 49-50

Neuberger, O.   Das Mitarbeitergespräch, 4. Aufl., Leonberg 2001

Neuberger, O.   Führen und führen lassen, 6. Aufl., Stuttgart 2002

Petzold, H. G.   Integrative Therapie, Paderborn 1993

Pillat, R.   Neue Mitarbeiter – erfolgreich anwerben, auswählen und einsetzen, 6. Aufl., Freiburg 1994

Popp, G.   Stellenanzeigen contra Legen, in: Personal, 12/1997

Reitzig, G.   Interviewtraining, Hamburg 1994

Ringelband, O./   Einzel-Assessment: Erfahrungen mit einem entwicklungs-
Reitzig, G.   orientierten Verfahren der Management-Diagnostik, Vortrag, 17. Kongress für Angewandte Psychologie, Bonn 1993

225

Literaturverzeichnis

Rosenstiehl, L. v.	Motivation im Betrieb, 9. Aufl., Leonberg 1996
Rückle, H./ Mutefoff, A./ Riekehof, R.	Personalentwicklung, Düsseldorf 1994
Sabel, H.	Bewerbungsgespräche – richtig vorbereiten und erfolgreich führen, 3. Aufl., Würzburg 2001
Sanborn, M.	Teamarbeit, Heyne-Kompaktwissen, Mainz 1994
Sarges, W.	Interview, in: Werner Sarges, Management-Diagnostik, Göttingen 1990, S. 371-384,
Sarges, W.	Management-Diagnostik, 2. Aufl., Göttingen 1995
Sarges, W.	Weiterentwicklung der Assessment-Center Methode, Göttingen 2001
Sarges, W./ Weinert, A. B.	Früherkennung von Führungstalent, in: Personal, Frankfurt 1991
Sarges, W./ Wottawa, H.	Handbuch wirtschaftspsychologischer Testverfahren, Lengerich 2001
Savage, A. W.	Biographische Fragebogen: Neuere Ergebnisse aus England, in: H. Schuler u. W. Stehle (Hrsg.), Biographische Fragebogen als Methode der Personalauswahl, 2. Aufl., Göttingen 1990, S. 69-79
Schaal, W.	Die ganzheitliche Personalarbeit, Heidelberg 1997
Schmidt, H.	Bewerbungsgespräche – schlechte Noten für Personalverantwortliche?, in: Personalführung, 12/1999
Schmidt, R.	Suche und Auswahl von Führungskräften, Wiesbaden 1993
Schmitz, H.	Leib und Gefühl, Paderborn 1992
Schuler, H.	Personalauswahl im europäischen Vergleich, Göttingen 1993
Schuler, H.	Auswahl von Mitarbeitern, in: L. v. Rosenstiel, E. Regnet u. M. Domsch (Hrsg.), Führung von Mitarbeitern, Stuttgart 1991, S. 100-125
Schuler, H./ Funke, U.	Eignungsdiagnostik in Forschung und Praxis, Göttingen 1991
Schuler, H./ Moser, K.	Die Validität des multimodalen Interviews, in: Zeitschrift für Arbeits- und Organisationspsychologie, 1/1995

Schuler, H./ Moser, K.	Entscheidung von Bewerbern, in: K. Moser, W. Stehle u. 'H. Schuler (Hrsg.), Personalmarketing, Göttingen 1992
Schuler, H./ Stehle, W. (Hrsg.)	Biographische Fragebogen als Methode der Personal-Aus- wahl, 2. Aufl., Göttingen 1990
Schulz v. Thun, Fr.	Miteinander reden lernen, Band II, Reinbek (Hamburg) 1989
Stehle, W.	Personalauswahl mittels biographischer Fragebogen, in: H. Schuler u. W. Stehle (Hrsg.), Biographische Frage- bogen als Methode der Personalauswahl, Stuttgart 1986, S. 17-57
Stroebe, R./ Stroebe, G	Grundlagen der Führung, 11. Aufl., Heidelberg 2002
Swan, W. S.	Den richtigen Mitarbeiter finden. Das erfolgreiche Einstel- lungsgespräch, München 2002
Ulrich, G. A.	Assessment Center, in: Handbuch für Personalmarketing, Wiesbaden 1993
Voß, B.	Kommunikations- und Verhaltenstrainings, Göttingen 1994, S. 136-156
Waczkewitz, M.	Bewerberauswahl gut gemacht, in: Mensch und Arbeit, 3/1997
Walker, D.	Einstellungsgespräche professionell führen, Landsberg am Lech 2001
Watermann, R.	Die Suche nach Spitzenleistungen, Wien 1994
Weinert, A. B.	Möglichkeiten der Früherkennung von Führungstalent, in: Zeitschrift für Personalforschung, 5/1991
Weinert, A. B.	Persönlichkeitstests, in: Werner Sarges, Management-Diag- nostik, Göttingen 1990, S. 420-428
Weinert, A. B.	Internationalität/Interkulturalität der Konstrukte und Messinstrumente, in: W. Sarges, Management-Diagnostik, Göttingen 1990, S. 356-360
Weinert, A. B.	(in Vorbereitung): Testmanual zum revidierten Deutschen CPI 462. Bern/Göttingen
Weuster, A.	Zum Interview, in: Capital, 5/1993
Wildemann, B.	Professionell führen, Freiburg 1994
Winter, J. P.	Personalrecruiting, München 2002

Literaturverzeichnis

Winter, J. P.	Das Vorstellungsgespräch, München 2001
Wottawa, H.	Entwicklungstrends psychologischer Eignungsdynamik in: Forschung und Praxis, Göttingen 1991, S. 1-5
Yate, M. J.	Das erfolgreiche Bewerbungsgespräch, Frankfurt 2002
Zürn, P.	Das Profil der Anforderungen, in: Beiträge aus Wissenschaft + Praxis, Baden-Baden 1988

- Informationsdienst des Instituts der deutschen Wirtschaft 31/1999 S. 4

- Personalauswahl (Karrierenachwuchs), in: Managermagazin, 5/1996

- Kosten sparen bei Personalauswahl (Telefoninterview), in: Motivation, 5/1999, S. 52

- Exzellente Auslese, in: Wirtschaftswoche, 27/1997

- Arbeitgeberauskunft über früheren Mitarbeiter, in: Schnellbrief Arbeitsrecht, 9/1999, München

- Rastetter, D., Das Einstellungsinterview: ein Name, viele Verfahren, in: zfo, 1/1999

- Weuster, A., What would you do if...? in: Personalwirtschaft, 5/1995

- Vorstellung in Fernsehen und Internet, Länderreport, in: Arbeitgeber, 10/51, 1999

- Mut zur Lücke, in: Die Zeit, Chancen, 2.3.2000

- Wie wirkt man am Telefon überzeugend?, in: Welt am Sonntag, Gehalt & Karriere, 17.9.2000

- Die Bewerbung mit der Maus, in: Die Zeit, Chancen, 12.10.2000

- Die richtige Software will gut geplant sein, IT-gestütztes Bewerbermanagement, in: Personalmagazin, 9/2002

- Keine manuelle Datenerfassung mehr, IT-gestütztes Bewerbermanagement, in: Personalmagazin, 9/2002

- Online-Jobbörsen wachsen weiter, in: Personalmagazin, 11/2001

- Online zum Job, Karriere IT-Branche, in: Managermagazin, 3/2000

- Welche Vorteile hat die Bewerberauswahl via Internet?, in: Welt am Sonntag, 18.3.2001

- Virtuelle Mitarbeiter, Erfolg/Personalauswahl, in: Wirtschaftswoche, 25.5.2000

Sachregister

Sachregister

Taschenbücher für die Wirtschaft